Steuerung der Leercontainerströme

Wertschöpfungsmanagement

Herausgegeben von Hans-Dietrich Haasis

Band 8

PETER LANG

Frankfurt am Main · Berlin · Bern · Bruxelles · New York · Oxford · Wien

Matthias Bastian Theubert

Steuerung der Leercontainerströme

Simultane, dezentral koordinierte Allokation verfügbarer Ressourcen auf Basis der Vickrey-Auktion

PETER LANG
Internationaler Verlag der Wissenschaften

Bibliografische Information der Deutschen Nationalbibliothek
Die Deutsche Nationalbibliothek verzeichnet diese Publikation in der Deutschen Nationalbibliografie; detaillierte bibliografische Daten sind im Internet über http://dnb.d-nb.de abrufbar.

Zugl.: Göttingen, Univ., Diss., 2010

Umschlaggestaltung:
Olaf Glöckler, Atelier Platen, Friedberg

Gedruckt auf alterungsbeständigem,
säurefreiem Papier.

D 7
ISSN 1863-169X
ISBN 978-3-631-60522-6

Geleitwort

Der angewachsene Bestand an großen Containern ist in den industriellen Bereichen der Wirtschaft sowie auf Straßen, Bahnhöfen und in Häfen unübersehbar. Von außen kann nicht erkannt werden, dass vielfach unter den beobachteten Containern eine beachtliche Anzahl vorübergehend oder mittelfristig unbeladener Einheiten, Leercontainer, vorkommen.

An vielen Orten entstehen zwischen Bedarf und Aufkommen von Leercontainern beachtliche Disparitäten, die ein Leercontainer Management rechtfertigen, das Leercontainer den Bedarfspunkten in zielgerechter Weise zuführt. Diese Fragestellung wird von dem Autor in engagierter und wohlbedachter Form aufgegriffen und mit großer Gründlichkeit untersucht. Die hier vorgelegte Schrift zeigt mehrere Modelle, die wirtschaftliche Sachverhalte der Leercontainerfragen abbilden und die Möglichkeiten der Zuordnung von Leercontainern zu Bedarfspunkten beschreiben.

Die eigentliche Zielsetzung einer Leercontainer Disposition in Industrie- und Logistikbetrieben sollte in einer Maximierung des Deckungsbeitrags ausgedrückt werden, der durch den zukünftigen Einsatz der Leercontainer zu erreichen ist.
Diese Gedankenführung entwickelt der Autor konsequent.
Seine intensive Analyse führt zu dem Konzept des Einsatzes von Vickrey-Auktionen, um Leercontainer für die erneute Verwendung zu ersteigern. Die Vorteilhaftigkeit derartiger Versteigerungen von Leercontainern wird an verschiedenen Bedarfsfällen demonstriert. Auch die zielgerechte Zuordnung der Leercontainer auf mehrere Nachfrager, wenn die Leercontainer aus mehreren Quellen (Depots) angeboten werden und Transportkosten zu berücksichtigen sind, wird eingehend demonstriert und diskutiert.
Die Argumentation des Autors zeigt, dass in Vickrey - Auktionen für Leercontainer der von einem Teilnehmer zu zahlende Preis sich aus den verdrängten und verringerten Deckungsbeiträgen der konkurrierenden Teilnehmer ergibt.

Die in diesem Buch vorgeführte neuartige Ausrichtung eines zielorientierten Leercontainer Managements wird in beeindruckender Weise erläutert und begründet.

Die Lektüre dieser wissenschaftlichen Schrift verspricht jedem Leser einen hohen Informationsgewinn und kann sowohl den Praktikern in der Container Logistik als auch interessierten Wissenschaftlern und Studierenden sehr empfohlen werden.

J. Bloech

Vorbemerkung

Wirtschaftliches Handeln beinhaltet die Lösung unterschiedlichster Entscheidungsprobleme im System *Unternehmen - unternehmensspezifische Umwelt - globale Umwelt.*

Ein System besteht aus Elementen und Beziehungen zwischen diesen Elementen, woraus sich die Struktur des Systems ergibt. Je höher die Anzahl der Elemente oder der Beziehungen ist, desto komplexer ist die Struktur des Systems.

Reale Entscheidungsprobleme sind in der Regel durch eine sehr hohe Komplexität gekennzeichnet. Zur Bestimmung der optimalen Handlungsweise müssen die Wirkungen der verschiedenen Alternativen analysiert, bewertet und miteinander verglichen werden. Ohne den Einsatz modellgestützter Verfahren ist es daher nur selten möglich, optimale Entscheidungen zu treffen.

Ein Modell stellt ein vereinfachtes Abbild eines Ausschnitts der Realität dar. In den Wirtschaftswissenschaften wird zwischen *Beschreibungsmodellen*, *Erklärungsmodellen* und *Entscheidungsmodellen* unterschieden, die in der genannten Reihenfolge aufeinander aufbauen.[1]

Entscheidungsmodelle repräsentieren reale Entscheidungsprobleme. Aus ihrer Lösung lassen sich Handlungsempfehlungen zur Lösung des realen Problems ableiten. Ein *gutes Modell* wählt einen angemessenen Ausschnitt der Realität. Es sollte nicht mit zu restriktiven Annahmen verbunden sein, die die Übertragung der Lösung auf das reale Problem erschweren und die Anwendbarkeit des Modells einschränken.

In den Anfängen der Unternehmensforschung standen bestimmte Entscheidungsprobleme im Mittelpunkt der Betrachtung, die noch heutzutage als typische Probleme des Operations Research (OR) genannt und anhand derer der Aufgabenbereich des OR und charakteristische, angewandte Lösungsverfahren beispielhaft erläutert werden.[2]

Die zur Lösung dieser Probleme entwickelten Lösungsverfahren, Modelle, Mechanismen und Algorithmen zeichneten sich oft durch eine hohe rechentechnische

---

[1] Vgl. Götze und Bloech (2004).

[2] Beispielsweise das *Travelling Salesman Problem*, das *Rucksackproblem* oder auch das *Königsberger Brückenproblem* als Problem der Graphentheorie.

Effizienz oder eine besonders geeignete, neuartige Ansatzweise aus, sodass zunehmend die Prüfung ihrer Übertrag- und Anwendbarkeit auf andere Probleme ins Zentrum der Aufmerksamkeit rückte. Ausgangspunkt vieler Forschungsarbeiten war oftmals also nicht mehr die Analyse eines Problems als solches, sondern ein bereits entwickeltes Lösungsverfahren, in dessen Kontext nun die Lösung anderer Probleme untersucht wurde.

Dieter Schneider kritisiert dies bereits im Jahr 1972:

> „Das Bemühen des Wirtschaftswissenschaftlers muss vor allem darin bestehen, die Schwierigkeiten zu lösen, die dem ‚hinreichend genauen' Abbilden der wirtschaftlichen Wirklichkeit in Modellen entgegenstehen. Wie das Optimum ausgerechnet werden kann, das ist eine Frage zweiter Ordnung. Demgegenüber verläuft der Weg der Unternehmensforschung regelmäßig umgekehrt: Man übernimmt oder entwickelt eine Rechentechnik, für die dann Anwendungsfälle gesucht werden."
>
> (SCHNEIDER (1972), S. 461)

Auch heutzutage konzentrieren sich wirtschaftswissenschaftliche Arbeiten bisweilen auf die Prüfung der Anwend- und Übertragbarkeit bestehender und bekannter Modellierungs- und Lösungsansätze auf andersartige oder lediglich erweiterte Problemstellungen. Dabei wird nicht selten, wenn auch mit durchaus plausibler Vorüberlegung, von dem jeweiligen, gewählten Verfahren ausgegangen. Die *Natur des Problems* wird erst an zweiter Stelle, sozusagen aus dem Blickwinkel des Verfahrens, oder zumindest mit der vorgefertigten Absicht, dieses Verfahren anzuwenden, betrachtet.

Jedoch gilt es im Operations Research nicht nur das betrachtete, reale Entscheidungsproblem zu lösen. Der Forscher selbst steht, gewissermaßen auf übergeordneter Ebene, vor dem - durchaus subjektiven - Entscheidungsproblem, einen der Natur des Problems seiner Meinung nach angemessenen Modellierungsansatz zu wählen.
Einen bestimmten Mechanismus, statt des Problems selbst, als Ausgangspunkt zu wählen, birgt die Gefahr der Unterschlagung dieses übergeordneten Entscheidungsproblems. Vielmehr sollte der letztendlich gewählte Mechanismus ausgehend vom Problem, genauer gesagt, was als Problem verstanden wird, entwickelt oder zumindest gewählt werden.

Dieser Modellbildungsprozess ist die grundlegende Aufgabe des Forschers, auf dessen Basis seine weitere Arbeit aufbauen sollte.

Die Betonung des Problems selbst darf hier jedoch nicht als Befürwortung der *abbildungsorientierten Modelltheorie*, d.h. der Annahme, der Gegenstand der Modellbildung sei bereits in der Realität als vorstrukturierter Komplex gegeben und vom Forschenden lediglich zu entdecken, missverstanden werden.[3]
Absicht dieser Ausführungen ist vielmehr die Schärfung des Modellverständnisses der *konstruktionsorientierten Modelltheorie*. Nach deren Verständnis ist die Wirklichkeit immer strukturierungsbedürftig, um sie modellierbar zu machen. Modelle sind demnach Konstruktionen von empirischen Originalen, Vorstellungen und Interpretationen von dem, was als Problem empfunden wird.

Daraus ergibt sich eine speziellere Definition von Modellen als „Konstruktionen von Ausschnitten der Realität" (vgl. BERENS ET AL. (2004)).

Bei diesem Modellverständnis ist der aktive Prozess der Modellbildung grundlegend. Im Modellbildungsprozess wird einem bestimmten Objektsystem, den realen Gegebenheiten, als Ergebnis ein anderes System, das Modell, gegenübergestellt (vgl. KNAPP (1978)).
Dem Durchführenden kommt dabei besondere Bedeutung zu, da Prozess und Ergebnis der Modellbildung auf seinem problemspezifischen Hintergrundwissen, seinen Kenntnissen, seiner Erfahrung und seinen Fähigkeiten basieren.

Jedoch scheint gerade die Modellbildung zunehmend aus dem Blickfeld wirtschaftswissenschaftlicher Forschungsarbeiten zu geraten.
Die hier vorgebrachte Kritik richtet sich dabei nicht gegen individuelle, subjektabhängige Strukturierungen einer Problemstellung, sie soll vielmehr deren Bedeutung betonen. Kritisiert wird der Verzicht auf den ein subjektabhängiges Problemverständnis voraussetzenden Prozess der Modellbildung zugunsten einer "mechanismusbasierten Forschung", d.h. einer bloßen Übernahme oder Anpassung bekannter Modelle und Verfahren sowie einer, wenn auch nicht explizit von ihnen ausgehenden, so doch auf sie ausgerichteten Argumentation.

[3] Zur Vertiefung abbildungsorientierter und konstruktionsorientierter Modelltheorie vgl. beispielsweise BERENS ET AL. (2004).

Toulmin (1968) schreibt hierzu in „*Voraussicht und Verstehen - Ein Versuch über die Ziele der Wissenschaft*“:

> „Es gibt nur eine Methode, die Brille, die man aufhat, deutlich zu sehen: man nimmt sie ab. Es ist unmöglich, gleichzeitig sie selbst und durch sie hindurch zu sehen. Bei den fundamentalen Begriffen der Wissenschaft liegen die Begriffe ähnlich. Das Bild, das wir von der Welt haben, wird in einem solchen Ausmaß durch sie bestimmt, dass wir vergessen, wie die Welt ohne sie aussehen würde; wir sind so befangen, dass wir anderen Möglichkeiten gegenüber leicht blind werden. Wir werden jedoch nur dann einen richtigen Sinn für die Entwicklung unserer Ideen bekommen, wenn wir bereit sind, sie in Gedanken zurückzunehmen. Unser Vertrauen in sie ist ja nur deshalb und nur in dem Maße gerechtfertigt, in dem sie ihren Wert im Wettbewerb mit anderen Möglichkeiten bewiesen haben.“
>
> (Toulmin (1968), S. 121)

Das zugrunde liegende Problem und die Struktur des zu analysierenden Systems - genauer gesagt, wie der Autor diese auffasst - bilden daher den Ausgangspunkt der Betrachtung und des Modellbildungsprozesses der folgenden Arbeit.
Die daraus folgende Modellierung wurde nicht ex-ante als möglicher Mechanismus vorausgesetzt oder angestrebt. Zu Beginn der Arbeit war keine besondere Affinität zu den später angewandten Verfahren vorhanden. Sie ergaben sich, nach der hier vertretenen Meinung folgerichtig, aus dem subjektiven Verständnis der Problemstruktur und konsequenter Weiterführung der Gedanken.
Der Schwerpunkt der Arbeit liegt daher auf der Darstellung einer möglichen Verständnisweise der Zusammenhänge in der Problemstruktur und nicht auf der Nutzung bereits entwickelter Verfahren und deren Übertragung auf das Problem.

Inhaltsverzeichnis

Abbildungsverzeichnis

Tabellenverzeichnis

1 Einleitung

1.1 Einführung und Motivation

Leercontainer stellen als verfügbare Kapazität zur Durchführung von Transportdienstleistungen eine der Hauptressourcen einer Reederei dar. Um Transportaufträge ausführen zu können, müssen die Leercontainer an den Orten zur Verfügung stehen, an denen sie benötigt werden.

Bestehen Ungleichgewichte im Ladungsstromaufkommen, da sich eingehende und ausgehende Ladungsströme eines Ortes in Art oder Menge unterscheiden, führt dies an Orten mit Importüberhang zu einem nicht in gleicher Menge benötigten Leercontainerangebot und an exportdominierten Orten zu einem nicht allein durch die eingehenden Ladungsströme verfügbaren Container zu deckendem Bedarf.

Die hierdurch notwendige Repositionierung überschüssiger Leercontainer zu den Bedarfsorten stellt eine große logistische und kostenintensive Herausforderung für Reedereien und Containerleasinggesellschaften dar. Durch zeitweilig ungenutzte, leer lagernde Container entstehen den Unternehmen zudem Lager- und Kapitalbindungskosten als Leerkosten.[4]

Aufgabe der Leercontainerlogistik ist, durch entsprechende Maßnahmen die bestehenden Ungleichgewichte auszugleichen und so die Bereitstellung der Leercontainer an den Bedarfsorten, wie beispielsweise Häfen und Inlanddepots, sicherzustellen.

Reedereien übernehmen heutzutage nicht nur den reinen Seetransport der zu transportierenden Güter. Sie führen auch den Landtransport zwischen Häfen, Inlanddepots und Kunden aus. Die angebotenen Leistungen konkurrierender Reedereien sind nahezu homogen. Daher erwarten die Kunden von einer Reederei eine hohe Servicequalität bei der Durchführung der Transporte.

Bei der Wahl einer Reederei sind insbesondere der *Transportpreis* und die *Lieferzuverlässigkeit* von Bedeutung. Die Kunden erwarten einerseits eine hohe *Termintreue* und andererseits eine hohe *Flexibilität* der Reederei bei der Übernahme

---

[4] Leerkosten stellen unter dem jeweiligen Fristigkeits- und Entscheidungshorizont fixe Kosten für - gegebenenfalls zeitweilig - ungenutzte Kapazität dar.

kurzfristig auftretender Ladungen. In der Terminologie von HILL (1991) stellen diese Merkmale die *order winners*[5] einer Transportgesellschaft dar.
Folglich sind diese Wettbewerbsparameter sehr wichtige Marketinginstrumente der Reedereien. Sie stehen in direktem Zusammenhang mit der Leercontainerlogistik, welche einerseits eine hohe Lieferfähigkeit und Flexibilität durch rechtzeitige, gegebenenfalls auch kurzfristige Bereitstellung von Leercontainern, sowie andererseits niedrige, konkurrenzfähige Preise durch möglichst geringe Leertransportkosten und durch die Vermeidung infolge hoher Lagerbestände entstehender Lager- und Kapitalbindungskosten ermöglichen soll.

Bereits im Jahr 2003 verursachten nach einer Studie von *Drewry Shipping Consultants* die Leerbewegungen von Containern weltweit Kosten in Höhe von ca. 11 Milliarden US-Dollar. Für das Jahr 2008 sind die durch Repositionierungen verursachten Kosten weltweit auf etwa 16 Milliarden US-Dollar geschätzt worden. Die Kosten für Repositionierungsmaßnahmen stellen einen bedeutenden Anteil der Gesamtkosten einer Reederei dar. Daher würde eine Reduzierung dieser Kosten durch verbesserte Leercontainerlogistik einen immensen finanziellen Vorteil für eine Reederei darstellen.

Zu Zeiten des sogenannten Containerbooms während der 1980er und 1990er Jahre nahm die Nachfrage nach Transportkapazitäten stark zu. Das Angebot an Transportkapazität war jedoch noch gering. Dies führte zu einem starken Anstieg der Charterraten, d.h. der Preise für Transportleistungen pro Container. Folglich konzentrierten sich Reedereien in jener Zeit vorwiegend auf die Ausweitung ihrer Transportkapazitäten, um der immer stärker zunehmenden Nachfrage, bei gleichzeitig steigenden Erlösen, gerecht werden zu können.
Die zunehmende Transportkapazität durch die Entwicklung neuer Containerschiffstypen führte zu einer Abnahme der Transportkosten pro Container im Hochseetransport. In diesem idealen Marktumfeld schien den Reedereien eine besondere Beachtung der Transportkosten im Allgemeinen - und der Leerbewegungskosten im Besonderen - zweitrangig.

---

[5] *Order winners* bezeichnen die von den Kunden wahrgenommenen Merkmale eines Produktes oder einer (Dienst-)Leistung, die sie veranlassen, dieses Produkt bzw. diese (Dienst-)Leistung den von der Konkurrenz angebotenen Alternativen vorzuziehen. HILL (1991) nennt beispielhaft Preis, Qualität, Liefergeschwindigkeit und Verlässlichkeit als typische *order winners*.

Das vergangene Jahrzehnt war jedoch durch eine beginnende Veränderung der unternehmensspezifischen und globalen Umweltbedingungen gekennzeichnet. Unternehmenszusammenschlüsse führten zur Bildung weniger, großer internationaler Reedereien. Im Jahr 2008 waren etwa 50% der Weltcontainerflotte in Besitz der 10 weltgrößten Reedereien. Die 20 größten Reedereien verfügten zusammen über knapp 70% der Containerflotte.[6] Dieser Konzentrationsprozess erhöhte zudem die Konkurrenz zwischen den Unternehmen, da die angebotenen Leistungen, wie beispielsweise Fahrtgebiete, Transportzeiten und transportierbare Güter, immer gleichartiger wurden.

Das Wachstum bestehender und die Erschließung neuer Märkte ließen das globale Transportaufkommen in bis dahin ungekanntem Maße zunehmen, durch die starke Export- oder Importorientierung ganzer geographischer Regionen stiegen jedoch die Ungleichgewichte im Ladungsaufkommen der Transportrouten überproportional an.
Ebenfalls stärker als das Transportaufkommen stieg das Angebot an Transportkapazität durch eine zunehmende Zahl an Schiffsneubauten und durch neue, größere Containerschifftypen, um deren Auslastung die Reedereien seitdem bestrebt sein müssen. Dies führte zu sinkenden Charterraten und einem verstärkten Preiskampf. Zur Erhaltung der Wettbewerbsfähigkeit sind Kosteneinsparungen notwendig.

Diese Entwicklung wurde im Jahr 2008 durch die weltweite Finanz- und Wirtschaftskrise nochmals verstärkt. So ist beispielsweise nach Angabe des Instituts für Seeverkehrswirtschaft und Logistik (ISL) der Howe-Robinson-Container-Index, der die Charterraten für Containerschiffe angibt, von Frühjahr bis Herbst 2008 um fast 60% gefallen.

Darüber hinaus erhöhen folgende Entwicklungen die Wichtigkeit sich mit der Leercontainerproblematik auseinanderzusetzen.
Die Produktionskosten für Standardcontainer sind von 2001 bis 2005 um etwa 50% gestiegen.[7] Während niedrige Containerproduktionskosten es früher zeitweise ökonomisch sinnvoll machten, einen neu produzierten Container z.B. in China

---

6 Quelle: UNCTAD, *Containerisation International Online*, Fleet Statistics, www.ci-online.co.uk

7 Quelle: UNCTAD, basierend auf *Containerisation International* August 2006, Februar 2007 und Mai 2008.

zu kaufen, ihn für eine Tour in die USA einzusetzen und ihn dort zur Verschrottung an die US-amerikanische Stahlindustrie zu verkaufen, ist diese Möglichkeit durch die stark gestiegene Nachfrage nach Stahl und daraus folgenden hohen Stahlpreisen in Asien, insbesondere in China, heutzutage in der Regel nicht mehr vorteilhaft.
Auch weltweit steigende Energiepreise erhöhen die Stahlpreise und die Produktionskosten von Containern. Daraus resultieren höhere Kapitalbindungskosten für die Containerflotte und höhere Leerkosten für ungenutzte Kapazitäten.

Steigende Energiekosten erhöhen zudem die Betriebskosten der Transportmittel und somit die Transportkosten. Dies reduziert zwangsläufig das durch den Ladungstransport erzielte Ergebnis der Reedereien. Somit wird es umso wichtiger, insbesondere im Rahmen der Leertransporte bestehende Kosteneinsparungspotentiale bestmöglich auszuschöpfen, um im derzeitig und auch künftig weiterhin schwierigen Marktumfeld sinkender Charterraten, zunehmender Ungleichgewichte der Ladungsströme und steigender Transportkosten bestehen zu können.

Die Erhaltung bzw. Steigerung der Wettbewerbsfähigkeit durch eine intelligente, bedarfsgerechte Steuerung der Leercontainerströme gehört daher zu den aktuellen Herausforderungen vor denen Reedereien derzeit stehen.

Um die steigenden Kosten für Leerbewegungen auszugleichen, erheben Reedereien auf bestimmten Transportrouten, die durch besonders hohe Ungleichgewichte im Ladungsstromaufkommen gekennzeichnet sind, Zuschläge zwischen 100 und 1.000 US-Dollar für die Bewegung beladener Container. Dies trifft insbesondere Staaten in Afrika oder der Karibik, da sich für diese Staaten Importe durch die erhobenen Zuschläge stark verteuern. Höhere Preise der für die heimischen Unternehmen notwendigen Importgüter schädigen die dortige Wirtschaft. Somit ist eine Senkung der Leertransportkosten auch unter diesem Gesichtspunkt wünschenswert.

Auch für die kommenden Jahre wird von einem Anhalten der beschriebenen, derzeitigen Entwicklungen ausgegangen. Daher wird der in der vorliegenden Arbeit behandelte Themenkomplex weiter an Bedeutung gewinnen.

Bei einer globalen Betrachtung der Leercontainerlogistik einer Reederei nimmt das Problem allerdings allein durch den geographischen Umfang und die Größe der Containerflotte schnell beachtliche Ausmaße an. Da das Problem zudem

durch viele dynamische Zusammenhänge gekennzeichnet ist, müssen auch Entscheidungen und deren Auswirkungen zu späteren Zeitpunkten, d.h. die dynamische Struktur des Systems, berücksichtigt werden.
Dies erhöht den Problemumfang um ein Vielfaches. Sind dynamische Aspekte in der Struktur eines Systems zu beachten, lassen die Verbindungen der Systemelemente über verschiedene Zeitpunkte als zusätzliche Beziehungen die Komplexität des Systems nochmals stark ansteigen.

Die künftige Entwicklung vieler Größen, beispielsweise des kurz- als auch langfristigen Leercontainerbedarfs bzw. -zuflusses verschiedener Orte, ist naturgemäß unsicher und wird in der Regel erst kurzfristig bekannt. Es gilt diese Unsicherheit und die Unmöglichkeit einer genauen Antizipation der künftigen Entwicklung durch die Ermöglichung einer kurzfristigen, flexiblen Anpassung[8] der Planungsgrößen bei dem Modellentwurf in geeigneter Weise zu berücksichtigen.

Über die dargestellte Aktualität der Problematik hinaus ist die Auseinandersetzung mit der Steuerung der Leercontainerströme eine besonders interessante Herausforderung, da viele Verbindungen zu Fragestellungen anderer Probleme, wie beispielsweise *Netzwerkflussprobleme*, *Transportprobleme*, *Fragestellungen nach optimalen Lagerbeständen* oder *Kapazitätszuweisungsprobleme*, bestehen. Dies macht eine umfassende Betrachtung des Problemkomplexes notwendig.

1.2 Abgrenzung des Untersuchungsgegenstandes, Intention und Zielsetzung

Untersuchungsgegenstand der vorliegenden Arbeit ist die Leercontainerproblematik einer Reederei auf operativer Ebene.
Ziel ist, die Struktur des zugrunde liegenden, realen Objektsystems, gekennzeichnet durch die Elemente und deren Beziehungen, durch einen geeigneten Ansatz in einem Modell angemessen darzustellen. Um die aus dem Modell abzuleitenden Handlungsempfehlungen auch auf die Realität übertragen und bei der operativen Planung nutzen zu können, wird versucht, einen angemessen Ausschnitt der

[8] Auch Flexibilität muss durch eine geeignete Planung erst ermöglicht werden. Vgl. hierzu auch Kapitel 3.4.1.

Realität zu wählen und auf zu stark einschränkende Annahmen möglichst zu verzichten.

Gegeben ist dabei eine Menge von Orten, an denen Leercontainer zur Verfügung stehen oder benötigt werden. Leercontainerangebot und -bedarf fallen räumlich als auch zeitlich auseinander, sodass Umverteilungen notwendig sind, um die verfügbaren Ressourcen des Systems optimal einzusetzen.
Gesucht wird die mit Blick auf die Unternehmenszielsetzung(en) effiziente Allokation der verfügbaren Container. Dazu wird eine Verbesserung des Leercontainerallokationsprozesses gegenüber den bisher angewandten Methoden angestrebt. Die zwischen den sich bietenden Handlungsoptionen bestehenden Interdependenzen sind dabei in angemessener Weise durch die Koordination der Entscheidungen zu berücksichtigen.

Das besondere Optimierungspotential besteht in der Austauschbarkeit von Leercontainern gleichen Typs. Im Gegensatz zum Transport beladener Container mit festem Start- und Zielpunkt bietet sich den Reedereien bei der Leercontainerbereitstellung eine Vielzahl an Dispositionsmöglichkeiten hinsichtlich der Wahl von Transportweg, Transportmittel und Transportzeitpunkt. Auch bestehen in der Regel zusätzliche Optionen zur Bereitstellung eines benötigten Containers, wie beispielsweise der Tausch von Containern mit anderen Unternehmen oder der Anmietung bzw. Rückgabe von Leasingcontainern.
Die Aktionen sind in geeigneter Weise abzustimmen, da nur so, auch aus Gesamtunternehmenssicht optimale Entscheidungen möglich sind. Somit besteht durch die verbesserte Koordination der Einzelentscheidungen mit Hilfe eines geeigneten Mechanismus ein zusätzliches Optimierungspotential. Dies ist besonders mit Blick auf den durch das starke Wachstum des Transportaufkommens immens gestiegenen Umfang von zunehmender Bedeutung.

Ein ökonomisches Modell ist eine Abbildung ausgewählter Parameter eines Systems und Formulierung der relevanten Beziehungen zwischen dessen Elementen. Es eröffnet wertvolle Einblicke in die Funktionsweise des Betrachtungskomplexes und die Folgen von Eingriffen in das System.
Das zu entwickelnde Modell soll dazu dienen, Wirkungszusammenhänge in der Leercontainerstromsteuerung zu verdeutlichen, den Vergleich und die Bewertung von Handlungsalternativen zu erleichtern und somit eine adäquate Beurteilung

ihrer Vorteilhaftigkeit ermöglichen. Im Gegensatz zu den bisher in der Praxis angewandten ‚rules of the thumb' führt eine formalisierte, modellhafte Darstellung zu einem besseren Verständnis der Zusammenhänge und macht Entscheidungen nachvollziehbar. Die Anwendung eines geeigneten Modells ermöglicht eine Verbesserung der Planung.

In der vorliegenden Arbeit wird *Planung* als informationssammelnder und informationsverarbeitender, zukunftsorientierter, rational gerichteter Prozess verstanden. Ziel der Planung ist das Erreichen eines oder mehrerer künftiger Zustände des Planungsobjektes, indem sie versucht, die künftige Entwicklung gemäß der zugrundeliegenden Ziele aktiv zu gestalten.[9]
Eine verbesserte Planung hilft die Größe der Containerflotte zu reduzieren und Kosten zu senken. Einsparungspotentiale bei den Bereitstellungskosten, d.h. Kosten für Leertransport, Lagerung, Leasing etc., können so besser ausgeschöpft und gleichzeitig eine hohe Lieferservicequalität, inklusive hoher Flexibilität,[10] gewährleistet werden.

Auch die inhärente Unsicherheit über künftige Containerbedarfe macht die Erhaltung einer hohen Flexibilität notwendig, um auf kurzfristige Abweichungen der Planungsgrößen schnell reagieren zu können und Planung und Entscheidungen dementsprechend anzupassen.

Eine überlegene Bereitstellungsstrategie[11] würde somit einen immensen Wettbewerbsvorteil für eine Reederei darstellen. Die organisierte und koordinierte Steuerung der Containerflotte ist daher essentiell wichtig zur Sicherung und zum Ausbau der Profitabilität und der Konkurrenzfähigkeit des Unternehmens.

---

9 Weitere Ausführungen hierzu finden sich beispielsweise bei BLOECH (2003) sowie bei BERENS ET AL. (2004).

10 Die Darstellung der verschiedenen Elemente des Lieferservice findet sich auf S. 30.

11 Die Containerbereitstellung beschränkt sich nicht nur auf die Repositionierung der Leercontainer, sondern schließt Lagerhaltungsentscheidungen und verschiedene weitere Beschaffungsmöglichkeiten, wie beispielsweise die Anmietung von Leasingcontainern oder den Containeraustausch mit Partnerunternehmen etc., mit ein. Da eine gute Repositionierungsstrategie jedoch alle anderen Bereitstellungsmöglichkeiten mit in der Entscheidung berücksichtigen sollte, wird der Begriff *Bereitstellungsstrategie* im Folgenden gleichbedeutend mit *Repositionierungsstrategie* verwendet. Bevorzugt wird jedoch letzterer verwendet, da der Großteil der Bereitstellungen durch Repositionierungsmaßnahmen erfolgt.

Nicht betrachtet werden in dieser Arbeit die Leerbewegungen auf unterster Ebene, beispielsweise innerhalb eines Depots bzw. auf dem Hafengelände oder zwischen Depots und Kunden.[12]
Ferner wird die Leercontainerlogistik in der vorliegenden Arbeit nicht als Bestandteil der *Retrologistik* verstanden.[13]

[12] Hierzu wird teilweise vorgeschlagen, die Container, nachdem sie vom Kunden entladen wurden, direkt an den nächsten Kunden weiterzugeben, ohne zuvor (unbeladen) in ein Depot zurückzukehren. Jedoch ergeben sich Probleme hinsichtlich der Haftung für eventuelle Beschädigungen am Container. Zudem ist dieses Vorgehen nur dort möglich, wo sowohl ausreichend Importe eingehen als auch genügend Exporte ausgehen. An dem großen Problem der Ungleichgewichte des Ladungsaufkommens und des damit verbundenen Containerausgleichs geht diese Betrachtung vorbei.

[13] Die Retrologistik befasst sich zwar auch mit der Rückführung von Mehrwegverpackungen, sodass in einer größeren Dimension auch die Rückführung der Transportbehälter in die Retrologistik einbezogen werden könnte. Allerdings liegt der Fokus der Retrologistik eher auf der an die Nutzung anschließenden Rückführung von Abfallprodukten. Sie weist viele Gemeinsamkeiten mit der *Entsorgungslogistik* auf und ist Bestandteil einer *lebenszyklusorientierten Logistikkonzeption*. Nach dem hier vertretenen Verständnis ist die Nutzung und Rückführung von Transportbehältern dem Einsatz einer Transportmittelflotte ähnlicher und wird daher nicht als Teilbereich der Retrologistik gesehen.

1.3 Aufbau der Arbeit

Die vorliegende Arbeit gliedert sich wie folgt.

In Kapitel 1 wurde bereits eine Einführung in die Problemstellung gegeben. Anschließend wurde der Untersuchungsgegenstand der vorliegenden Arbeit abgegrenzt und deren Zielsetzung formuliert.

Das folgende Kapitel 2 ist rein deskriptiv gehalten. Darin wird das Transportbehältersystem *Container* genauer betrachtet. Es werden dessen zeitliche Entwicklung und die daraus resultierenden Wirkungen auf die Weltwirtschaft dargestellt, sowie ein grundlegender Überblick über wichtige Containertypen, mögliche Gestaltungsformen von Containerleasingverträgen, Containerlagerplätze und Reedereien gegeben.

Anschließend erfolgt die Beschreibung der Problemstellung. Dabei wird insbesondere auf Ungleichgewichte im Transportaufkommen, das besondere Optimierungspotential in der Leercontainerallokation, die relevanten Entscheidungsvariablen und die Unsicherheit von Planungsdaten eingegangen.
Die Problematik wird nach verschiedenen Gesichtspunkten strukturiert und als time-space-Netzwerk dargestellt. Um ein möglichst umfassendes Problemverständnis zu erlangen, werden ähnliche Problemstellungen und Strukturierungsansätze betrachtet sowie die bisher veröffentlichten Arbeiten beschrieben, deren Untersuchungsgegenstand Gemeinsamkeiten mit dem Untersuchungsgegenstand der vorliegenden Arbeit aufweist.

Ziel von Kapitel 2 ist, einen möglichst umfassenden Einblick in die Situation und die Problematik zu geben, um so eine gute Basis für das weitere Vorgehen - insbesondere für das Problemverständnis und die Entwicklung eines angemessenen Modells - zu schaffen.

Aufbauend auf dieser Grundlage, wird in Kapitel 3 ein Modell zur operativen Steuerung der Leercontainerströme entwickelt. Zunächst erfolgt die Festlegung der Zielgröße durch Vergleich der Eignung von Kostenminimierung und Gewinnmaximierung als operativer Zielgröße der Leercontainersteuerung. Anschließend wird eine geeignete Grundlage zur Zuordnung der Erfolgsbeiträge von Leerbewegungen und Ladungstransporten ermittelt. Die dynamischen Wirkungen einer

Containerbewegung im Transportnetzwerk werden verdeutlicht und Ansätze zur Lösung des Problems der lokalen Bewertung vorgeschlagen.

In Kapitel 3.4 werden die Vorzüge dezentraler Planungsansätze dargestellt. Die besondere Eignung der Anwendung dezentraler Verfahren im Rahmen der Leercontainersteuerung wird aufgezeigt. Zur Koordination der dezentral organisierten Aktivitäten werden anschließend Auktionen als marktbasierte Koordinations- und Allokationsmechanismen betrachtet.

Kapitel 3.5 befasst sich mit Auktionen als dezentral organisierte Allokations- und Koordinationsmechanismen. Die Grundlagen von Auktionsverfahren werden beschrieben, verschiedene Auktionstypen vorgestellt und deren Eigenschaften verglichen.

Die Ergebnisse werden in Kapitel 3.6 zusammengeführt. Darauf aufbauend erfolgt im anschließenden Kapitel 3.7 die Entwicklung eines Mechanismus zur Allokation der verfügbaren Leercontainer auf Basis von Deckungsbeiträgen mit Hilfe eines Auktionsmechanismus.
In Kapitel 3.8 wird untersucht, ob eine Aggregation von Entscheidungsstufen möglich beziehungsweise sinnvoll ist.
Es folgt die Betrachtung und Beurteilung von Erweiterungsmöglichkeiten des entwickelten Mechanismus.
Der Hauptteil der vorliegenden Arbeit (Kapitel 3) schließt mit einer Skizze zur Implementierung des entwickelten Verfahrens als Multiagentensystem.

In der Schlussbetrachtung in Kapitel 4 erfolgt die Zusammenfassung der vorliegenden Arbeit und der Ergebnisse. Abschließend werden Ansatzpunkte zur Weiterführung der vorliegenden Arbeit vorgeschlagen.

Folgende Abbildung stellt die Struktur der Arbeit dar. Sie dient der Verdeutlichung der Zusammenhänge und der Orientierung. Aus Gründen der Übersichtlichkeit und um eine reine Wiedergabe des Inhaltsverzeichnisses zu vermeiden, wurde eine gröbere Strukturierung gewählt.

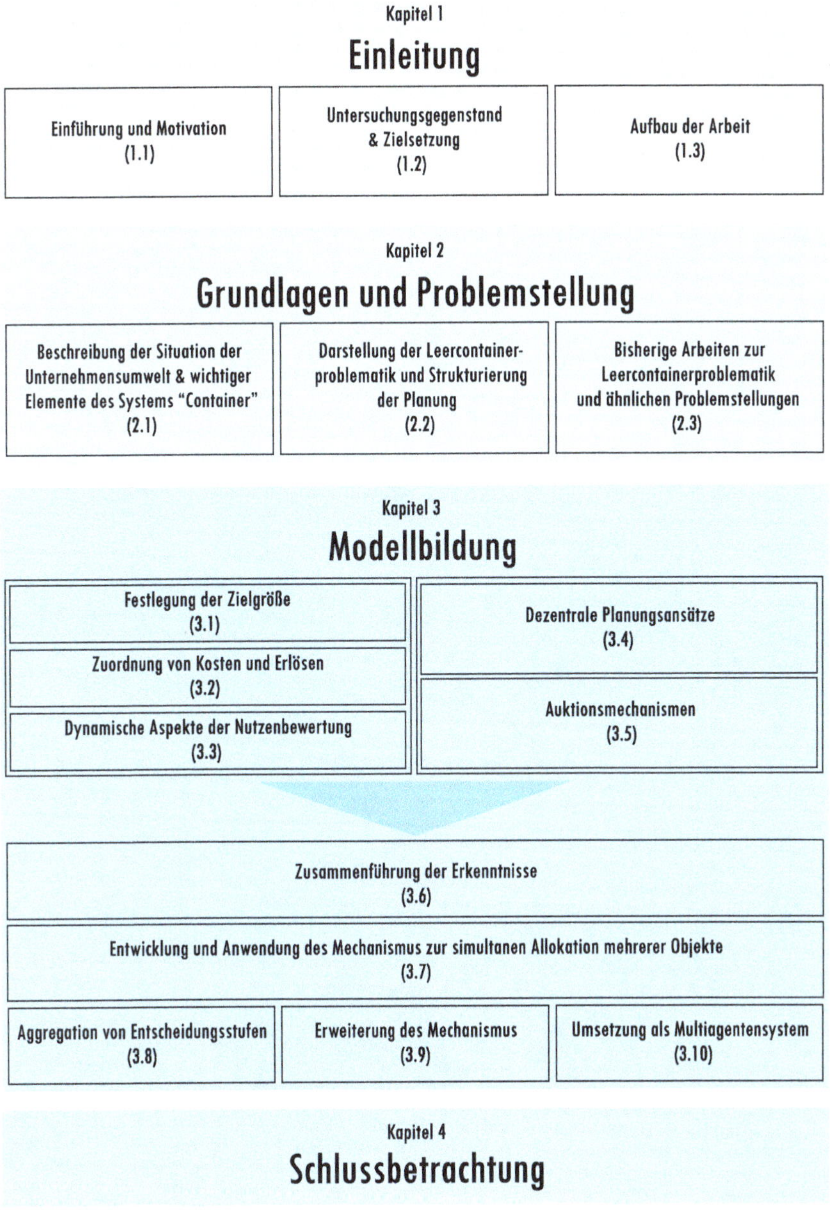

Abbildung 1: *Struktur der vorliegenden Arbeit*

2 Grundlagen und Problembeschreibung

2.1 Das Transportbehältersystem *Container*

2.1.1 Die Entwicklung des Containersystems und seine Wirkung auf die Globalisierung

Am 26. April 1956 verließen die ersten 58 Container der Welt auf dem umgebauten Öltanker "*Ideal X*" den Hafen von Newark, New Jersey. Damit begann der beeindruckende Siegeszug des Containers rund um die Welt.[14]
Ziel dieses neuen Transportsystems war, das zeit- und personalaufwendige Be- und Entladen der Schiffe zu vereinfachen bzw. zu beschleunigen und so durch verringerte Lade- und Löschzeiten die Personalkosten zu reduzieren. Die dadurch ermöglichte Zunahme der internationalen Handelsbeziehungen und Entwicklung globaler *supply chains* im heutigen Ausmaß übertrifft die ursprünglich mit der Entwicklung des Systems verbundenen Ziele bei weitem und dürfte in diesem Umfang vor 50 Jahren von niemandem vorhergesehen worden sein.
Die meisten Reedereien standen dem neuen System noch viele Jahre äußerst kritisch gegenüber. Erst nachdem Container durch das US Marine Corps im Vietnamkrieg erfolgreich zum Transport großer Gütermengen genutzt worden waren,[15] setzte sich ihre Nutzung auch in der Privatwirtschaft zunehmend durch.

Durch die Verwendung von Containern als Transportbehälter entfällt häufiges, stückweises Umpacken des Transportgutes. Container verkürzen die Be- und Entladezeit der Transportfahrzeuge sehr stark und lassen die Vorteile eines intermodalen[16] Transportes voll zur Geltung kommen.

---

[14] Die Idee, durch normierte Holzkisten als Transportbehälter den Transportvorgang zu vereinfachen, formuliert bereits 1801 der britische Ökonom Dr. James Anderson (vgl. MULLER (1961)).

[15] Auch hierbei war insbesondere das rasche Entladen der Schiffe in den Häfen und der schnelle Weitertransport der Güter von Bedeutung.

[16] Intermodaler Verkehr bezeichnet einen Transportvorgang, bei welchem mindestens zwei unterschiedliche Transportmittel (Lkw, Bahn, Containerschiff etc.) Verwendung finden und spezielle, standardisierte Behälter zum Transport des Gutes benutzt werden. Die Begriffe *intermodaler*, *multimodaler*, *gebrochener* und *kombinierter Verkehr* werden häufig synonym

Die heutige Form einer globalisierten Weltwirtschaft und die starke Zunahme internationaler Handelsbeziehungen wäre ohne das Transportbehältersystem *Container* nicht denkbar. Der Einsatz von Containern ließ insbesondere den Hochseetransport sehr kostengünstig werden. Für den Stückguttransport ist derzeit kein anderes Transportsystem auf längeren Strecken auch nur annähernd so kosteneffizient wie Container und Containerschiffe.

Dies führte zu grundlegenden Veränderungen im Welthandel. Nach Angaben des Internationalen Währungsfonds stieg das weltweite Exportvolumen von 5.324 Mrd.US-Dollar im Jahr 1996 auf 11.920 Mrd.US-Dollar im Jahr 2006. Der Handel von Gütern gewinnt gegenüber ihrer Herstellung überdurchschnittlich an Bedeutung. Die jährliche Zunahme des Welthandels lag in den vergangenen Jahren jeweils über den Wachstumsraten der Weltwirtschaft.

Auch die Struktur des Transportgutaufkommens verändert sich. Der Transport von Fertig- und Halbfertigerzeugnissen wächst derzeit doppelt so stark wie der Handel mit landwirtschaftlichen Produkten.
Die globalen Handelsbeziehungen nehmen ebenfalls durch sogenannte „*Basarökonomie*" zu. Dies bedeutet, dass ein großer Anteil der zur Herstellung der Exportgüter benötigten Komponenten zuvor importiert wurde. Folglich steigen sowohl die Import- als auch die Exportzahlen der Region.

Die Möglichkeit eines sehr viel kostengünstigeren Hochseetransports über große Entfernungen half dem Container sich zu etablieren. Beispielsweise erhöht eine Verdopplung der Transportstrecke im Hochseetransport, etwa ein Hochseetransport von Hongkong nach Los Angeles, statt von Tokyo nach Los Angeles, die Schiffstransportkosten lediglich um etwa 18%.
Im Vergleich zum Landtransport ist der Seetransport sehr günstig. Die Weltbank berichtete im Jahr 2002, dass die Kosten des Transports eines Containers von einer zentralchinesischen Stadt zum nächstgelegenen Hochseehafen an der chinesischen Küste etwa dreimal so hoch seien, wie die Kosten für den Transport über den Pazifik von China in die USA (vgl. CARRUTHERS AND BAJPAI (2002)).

---

verwendet, wobei kleinere Unterschiede zwischen ihnen bestehen. Multimodaler bzw. gebrochener Verkehr bezeichnet die Nutzung verschiedener Transportmittel auch ohne die Nutzung spezieller Transportbehälter. Im kombinierten Verkehr wird versucht den Hauptteil der Transportstrecke mit Bahn oder Schiff zurückzulegen und die Transportstrecken per Lkw, den sogenannten Vor- bzw. Nachlauf, so gering wie möglich zu halten.

Jedoch bieten Container auch im Landtransport sehr viele Kostenvorteile gegenüber traditionellem Stückguttransport und führten auch bei reinem Landtransport zu einer Zunahme der Handelsvolumina.

Die Nähe der Produktionsstätte zum Beschaffungs- oder Absatzmarkt verlor mit dem Sinken der Transportkosten an Bedeutung. Hohe Transportkosten stellen ein Handelshemmnis (*trade barrier*) dar. Niedrige Transportkosten, auch über große Distanzen, machte die Produktion in Regionen mit niedrigen Grundstückspreisen, geringeren Personalkosten und möglicherweise rechtlichen und steuerlichen Vorteilen attraktiv. Selbst Unternehmen, die sich nur auf ihren regionalen Absatzmarkt beschränken wollten, mussten erkennen, dass sie nun weltweit mit anderen Unternehmen zu konkurrieren haben.

Zudem machte der Einsatz von Containern die Nutzung und Unterhaltung großer Lagerhäuser, wie z.B. in der Hamburger Speicherstadt, weitestgehend überflüssig. Das Transportgut ist im Container vor Witterung u.ä. geschützt, sodass nun zur Lagerung ein Stellplatz mit ausreichend festem Untergrund genügt.

In Containern lassen sich Güter schnell und sicher transportieren. Dies führte zu einer Verringerung der Verpackungskosten, da die einzelne Produktverpackung nicht so haltbar und stoßfest sein muss, wie sie es bei einem Stückguttransport zu sein hätte.

Container verbesserten die Umschlagtechnik, da bei ihrem Einsatz ein Umpacken der Ladung nicht nötig ist. Die Verminderung der Gefahr von Verlust (z.B. durch Diebstahl) und Beschädigung beim Ladungstransport in Containern, führte zudem zu geringeren Transportversicherungsprämien und vergünstigte so den Transport zusätzlich.

Die Einsparungen an Fracht- und Lagerkosten und die Verkürzung der Lade- und Transportzeiten ermöglichte die geographische Ausdehnung der Wertschöpfungs- bzw. Lieferketten (*supply chains*) und die Nutzung kostengünstigerer Produktionsstätten im Rahmen einer internationalen Arbeitsteilung. Unternehmen eröffnete sich die Möglichkeit, Produkte oder Komponenten von Lieferanten in entfernten Ländern zu beziehen oder deren Herstellung in andere Regionen zu verlagern.

Als Folge der durch den Einsatz von Containern verursachten Verkürzung der Transportzeiten begannen japanische Unternehmen, allen voran die *Toyota Mo-*

tor Corporation, große Lagerbestände abzubauen und zu einer *just in time* Produktion überzugehen. Ein intermodaler Transport durch schnelles, vereinfachtes Umladen zwischen verschiedenen Transportmitteln wie Containerschiff, Binnenschiff, Zug, Lkw etc. führte zu einer höheren Lieferzuverlässigkeit.

Lagerbestände verursachen Lager- und Kapitalbindungskosten. Die Weiterentwicklung der Transportlogistik durch den Containereinsatz hat somit nicht nur direkt zu einer Ersparnis im Bereich der Transportkosten, sondern durch die Ermöglichung neuer Produktions- und Zulieferstrategien auch zu einer Reduzierung der Lagerbestände und -kosten geführt.

Dieses kosteneffiziente Transportsystem ermöglichte erst die heutige internationale Arbeitsteilung, deren Vorteile auch weiterhin zum Wachstum des Welthandels führen werden. Zweistellige Zuwachsraten des Containerverkehrs in bestimmten geographischen Regionen zeigen, dass auch in der jüngeren Vergangenheit diese Entwicklung nicht an Dynamik verloren hat.

Für das Jahr 2009 geht das Institut für Seeverkehrswirtschaft und Logistik von einer Zunahme des weltweiten Containerumschlags um 1% aus. Im folgenden Jahr wird jedoch bereits wieder ein Wachstum von 6% des Containerumschlags prognostiziert. Auch die Analyseinstitute *Drewry* und *Ocean Shipping Consultants* gehen, nach einem wachstumsschwächeren Jahr 2009, wieder von einem stärkeren Aufschwung des Containerumschlags für 2010 aus.

Das weitere Wachstum neuer Märkte, wie z.B. in Asien, wird auch in den kommenden Jahren für einen anhaltenden Container-Boom sorgen. Auch Südamerika versucht nun zunehmend seine Stellung in der Weltwirtschaft und seine Anbindung an den Hochseetransport auszubauen. Daher wird in den nächsten Jahren besonders für diese Region ein erhöhtes Wachstum erwartet.

Das aktuelle Umfeld ist jedoch von Umweltveränderungen geprägt.
Steigende Energiepreise führen zu steigenden Bunkerkosten. Der Preis für Schiffsdiesel hat im Jahr 2008 um über 70% gegenüber den Vergleichswerten des Vorjahres zugenommen. Er erreichte erstmalig die 100 US-Dollar pro barrel Marke und stieg im Juli 2008 sogar bis auf 145 US-Dollar pro barrel. Bereits im Laufe des Jahres 2007 war der Preis um über 60% gestiegen.[17]

[17] Energy Information Administration, International Energy Price Information veröffentlicht am 23. September 2008 http://www.eia.doe.gov/emeu/international/prices.html#Crude

Laut dem Germanischen Lloyd betragen die Treibstoffkosten 63% der Gesamtbetriebskosten eines 8.000 TEU Containerschiffes.[18] Gleichzeitig sinken die Frachtraten, da durch Schiffsneubauten das Angebot an Frachtraum beträchtlich zunimmt.
Der starke Import- oder Exportüberschuss vieler Volkswirtschaften und ganzer geographischer Regionen führt zu zunehmenden Ungleichgewichten in den Ladungsströmen.[19] Dies macht ertragslose Leertransporte notwendig.

Damit die beschriebenen Vorzüge des Transportsystems *Container* auch weiterhin effizient genutzt werden können, gilt es Methoden zu entwickeln, die den Herausforderungen, die durch die Veränderungen in der Unternehmens- und globalen Umwelt bewirkt wurden, gerecht werden.
Durch die genannte Dynamik der Branche und zunehmende Komplexität besteht weiterhin hoher Forschungsbedarf in nahezu allen Teilbereichen. Wie groß in Zukunft der durch den Containereinsatz bewirkte Nutzenzuwachs für die globale Wirtschaft sein wird, hängt davon ab, ob es gelingt, die Containerumläufe in effizienter Weise zu steuern.

2.1.2 Unterscheidungskriterien von Containern

Container können nach *physischen Merkmalen*, wie beispielsweise Containertypen und -größen, als auch nach *rechtlichen Merkmalen* des Eigentums unterschieden werden.

2.1.2.1 Containertypen

Es gibt eine große Zahl verschiedener Containertypen, deren Einsatz von Art, Menge und Größe des Transportgutes abhängt. So lassen sich Container zum einen nach ihrer Größe, d.h. Länge und Höhe, und zum anderen nach dem Typ, d.h. nach speziellen konstruktiven Eigenschaften des Containers, unterscheiden. Die Standardlängen gemäß ISO 668 sind 20' (Fuß) und 40'. Ein 20-Fuß-Container ist die Grundlage der in der Containerbranche verwendeten Maßeinheit TEU (=

---

[18] Dynamar B.V. Transport and Shipping Information, DynaLiners, Weekly News Summary, Analysis and Commentaryon Liner Shipping, 47/2007, 23. November 2007, S.6.

[19] Vgl. Kap. 2.2.2.

twenty feet equivalent unit). Ein 20-Fuß-Container entspricht einer TEU, ein 40-Fuß-Container zwei TEU. In TEU werden z.B. die Staukapazitäten von Containerschiffen etc. angegeben.[20] Viele weitere Kennzahlen der Containerbranche, wie z.B. Lade- oder Löschgeschwindigkeiten von Containerbrücken, beziehen sich auf die Maßeinheit TEU.
Die Standardhöhe aller Containertypen beträgt 8'6" (ca. 2,6 m). Daneben gibt es viele Containertypen auch im Format *High Cube* mit einer Höhe von 9'6" (ca. 2,9 m).
Die Produktionskosten eines 20-Fuß-Standardcontainers betragen derzeit etwa 2.000 US-Dollar. Die eines 40-Fuß-Standardcontainers etwa 3.000 US-Dollar.

Bei den Containertypen lässt sich eine Vielzahl verschiedener Varianten unterscheiden. Am gebräuchlichsten sind Standardcontainer (*general purpose*) in beiden genannten Längen 20 Fuß bzw. 40 Fuß.
Einen großen Anteil der Containerflotte vieler Reedereien nehmen auch Kühlcontainer ein. Es gibt zwei Typen von Kühlcontainern. Sogenannte Conair-Container werden mit von außen zugeführter Luft gekühlt. Dazu verfügen sie über Öffnungen, die an eine entsprechende Kühlanlage angeschlossen werden können. Der zweite Kühlcontainertyp Integral-Reefer verfügt jeweils über ein eigenes Kühlaggregat, welches lediglich an eine Stromversorgung angeschlossen werden muss. Der Vorzug dieses Typs besteht darin, dass jeder Container separat auf eine Temperatur eingestellt werden kann. Aufgrund dessen sind bei Linienreedereien mittlerweile fast ausschließlich Integral-Reefer im Einsatz, welche auch in der Regel gemeint sind, wenn heutzutage von Kühlcontainern gesprochen wird.
Daneben gibt es eine Reihe weiterer Typen, wie z.B. Open Top-, Tank-, Flat-Rack-, Platform-Container etc., welche für spezielle Transportgüter benötigt werden, deren Anteil an der Containerflotte einer Reederei aber zumeist gering ist.

Im Anhang der vorliegenden Arbeit befindet sich eine Aufstellung der gebräuchlichsten, existierenden Containertypen von Reedereien und Containerleasinggesellschaften.

[20] Die momentan weltgrößten Containerschiffe sind die der *Emma Mærsk-Klasse* mit einer von der Reederei angegebenen Transportkapazität von 11.000 TEU bei 14 Tonnen Ladegewicht pro TEU. Die reine Stellplatzkapazität ist nicht offiziell bekannt und wird zwischen 13.000 und 15.200 TEU geschätzt.

Zwischen verschiedenen Containertypen[21] können Substitutionsbeziehungen bestehen. So kann es möglich sein, statt eines 40-Fuß-Standardcontainers zwei 20-Fuß-Standardcontainer oder einen 40-Fuß-Kühlcontainer einzusetzen.
Allerdings bestehen diese Substitutionsmöglichkeiten nicht grundsätzlich. Zur Beurteilung, ob die Verwendung eines anderen Containertyps möglich ist, ist für jeden einzelnen Transportauftrag zu prüfen, ob die Möglichkeit aufgrund der Beschaffenheit der Ladung überhaupt besteht, ob der Kunde damit einverstanden und ob es wirtschaftlich sinnvoll[22] wäre. Dies zu beurteilen, dürfte allein den Agenten der Reederei vor Ort in Abstimmung mit den Kunden möglich sein.
In der operativen Planung der Unternehmen und den bisherigen wissenschaftlichen Veröffentlichungen finden die Substitutionsmöglichkeiten, bis auf deren knappe Erwähnung und eine von CRAINIC ET AL. (1993) dargestellte Erweiterung ihres Standardmodells, kaum Beachtung. Lediglich ABRACHE ET AL. (1999) befassen sich explizit mit diesem Aspekt.
Eine generelle Berücksichtigung der Substitutionsmöglichkeiten in der Leercontainersteuerung und in dem zu entwickelnden Modell scheint aus den genannten Gründen schwierig, da dies die Komplexität wiederum stark erhöhen würde. Die Reduktion der Kosten durch optimales Ausschöpfen der Substitutionsmöglichkeiten dürfte aufgrund ihres eher seltenen Auftretens zudem nur sehr gering sein. Eine getrennte Betrachtung verschiedener Containertypen scheint daher durchaus vertretbar. Allerdings darf nicht unbeachtet bleiben, dass verschiedene Containertypen um Transportkapazität (z.B. auf Containerschiffen) konkurrieren. Um dies zu berücksichtigen, könnte es jedoch ausreichen, eine sukzessive Optimierung der Transporte einzelner Containertypen in der Reihenfolge abnehmender Bedeutung für das Unternehmen durchzuführen oder jedem Containertyp einen bestimmten Kapazitätsanteil möglicher Transportengpässe zuzuweisen und, falls dieser nicht ausgeschöpft werden sollte, die Restkapazität zusätzlich für die übrigen Containertypen zu nutzen.

---

[21] Im weiteren Verlauf der vorliegenden Arbeit wird nur noch dort begrifflich zwischen Containertyp und Containergröße unterschieden, wo dies relevant ist. Ansonsten schließt der Ausdruck *Containertypen* auch verschiedene Größen mit ein.

[22] Kühlcontainer für den Transport von Gütern zu nutzen, die den Container beschädigen könnten, ist durch den hohen Anschaffungspreis und die Empfindlichkeit der Kühlcontainer wenig sinnvoll. Zudem sind bei Kühlcontainern für Lebensmittel Hygienebestimmungen zu beachten.

2.1.2.2 Unterscheidung von Containern nach der rechtlichen Stellung des Eigentums

Ein weiteres wichtiges Unterscheidungskriterium ist die rechtliche Stellung des Eigentums der Container. Container, deren Eigentümer die Reederei ist, können von solchen, die im Rahmen von Leasingverträgen gemietet wurden und daher Eigentum einer Leasinggesellschaft sind, unterschieden werden. Bei Leasingcontainern besteht unter Umständen eine höhere Entscheidungsflexibilität durch die mögliche Rückgabe der Container und der daraus folgenden Vermeidung von Leerkosten und Repositionierungsmaßnahmen.

Leasingcontainern können unterschiedlich gestaltete Verträge zugrunde liegen. Es wird zwischen *langfristigen Leasingverträgen*, *Master-Lease-Abkommen* und *kurzfristigen Leasingverträgen* unterschieden.

Bei *kurzfristigen Leasingverträgen* (*trip lease*) werden Container kurzfristig angemietet, für wenige Touren, gegebenenfalls nur eine einzige, verwendet und danach wieder an die Leasinggesellschaft zurückzugeben. Da auch Leasinggesellschaften von Ungleichgewichten im Transportaufkommen und den Folgen für den Containerbedarf betroffen sind, gibt es, je nachdem wie problematisch die Bereitstellung eines Containers ist, für jeden Ort verschiedene Anmietungs- und Rückgabegebühren, sogenannte *on-hire* und *off-hire charges*.
Um die Leercontainerströme gemäß der Nachfrage zu lenken, bieten Leasinggesellschaften mitunter sogar Prämien, falls Container in einer Region aufgenommen werden, in der das Leercontainerangebot der Leasinggesellschaft deren dortigen Leercontainerbedarf übersteigt.
Für Reedereien kann es kostengünstiger sein, Container kurzfristig anzumieten, als sie selbst zum Bedarfsort zu repositionieren. Dies ist möglich, da Leasinggesellschaften mit verschiedenen Reedereien zusammenarbeiten, deren Kunden aus verschiedenen Branchen stammen können und deren Einsatzgebiete sich somit gut ergänzen, sodass sich Ungleichgewichte, die für einzelne Reedereien bestehen, über Dreiecksbewegungen o.ä. teilweise ausgleichen lassen. Zudem kann eine kurzfristige Containeranmietung dazu dienen, entstehende Engpässe zu vermeiden, die durch die Repositionierung eigener Container nicht mehr rechtzeitig zu bedienen wären.

Bei *langfristigen Leasingverträgen* mit einer unter Umständen mehrjährigen Laufzeit besteht die Möglichkeit zur vorzeitigen Rückgabe nicht oder nur gegen hohe Gebühren. Auf operativer Planungsebene können diese Container aufgrund ähnlicher Entscheidungsmöglichkeiten und Flexibilität mit den reedereieigenen Containern gleichgesetzt und zusammengefasst betrachtet werden.

Eine weitere Gruppe gebräuchlicher Leasingkontrakte sind *Master-Lease-Abkommen*. Dabei ist zwischen Leasinggesellschaft und Reederei nur eine Mindestmenge geleaster Container vereinbart, die nicht unterschritten werden darf. Es können jedoch im Rahmen von Master-Lease-Verträgen zusätzliche Container angemietet bzw. Container bis zur Mindestmenge zurückgegeben werden. Dafür fallen Aufnahme- und Rückgabegebühren - sogenannte *pick-up* bzw. *drop-off charges* - an, deren Höhe je nach Ort und Zeitpunkt unterschiedlich ist.

Auch für Containerleasinggesellschaften wird das Marktumfeld schwieriger. Einerseits bestehen für sie die gleichen globalen Transportstromungleichgewichte, sodass auch Leasinggesellschaften in zunehmendem Maße Repositionierungsmaßnahmen durchführen müssen und sich die damit verbundenen Kosten in den Anmietungs- bzw. Rückgabeentgelten für die Kunden widerspiegeln. Ein Ausgleich der Ungleichgewichte, beispielsweise durch eine gute Ergänzung der Transportgebiete, gelingt nur noch in sehr begrenztem Umfang.
Andererseits ist der Transportsektor in den letzten Jahrzehnten durch einen starken Konzentrationsprozess gekennzeichnet.[23] Große Reedereien agieren global und haben daher die gleichen Möglichkeiten wie eine Containerleasinggesellschaft Ungleichgewichte teilweise durch Weitergabe der Container zwischen Fahrtgebieten auszugleichen. Zudem sind diese Unternehmen finanzstark genug, um selbst eine große Containerflotte zu unterhalten. Die Nutzung eigener Container ist unter diesen Voraussetzungen in der Regel kostengünstiger.
Mehrere große Reedereien verzichten daher nahezu vollständig auf den Einsatz von Leasingcontainern. Nur bei unerwarteten, nicht anders auszugleichenden Engpässen werden zu deren Vermeidung Leasingcontainer angemietet.

2.1.3 Containerdepots und Häfen

Zum Umschlag und zur vorübergehenden oder längerfristigen Lagerung beladener und unbeladener Container nutzen Reedereien, Speditionen und Containerleasinggesellschaften Containerdepots.

---

[23] Vgl. Kapitel 1.

Diese befinden sich an verkehrstechnisch günstigen Orten, welche eine gute Verteilung der Container ins Umland des Depots zulassen oder in unmittelbarer Nähe der Umschlagplätze, wie z.B. Bahnknotenpunkten, Hochsee- oder Binnenhäfen, die einen einfachen Weitertransport ermöglichen.

Reedereien und Containerleasinggesellschaften besitzen nicht immer eigene Depots, sondern nutzen häufig bestehende unternehmensfremde Lagerplätze. Diese liegen zumeist in der Nähe von Verkehrsknotenpunkten und werden in der Regel von den Unternehmen betrieben, welche die Verkehrsinfrastruktur zur Verfügung stellen. Im Binnenland sind dies vor allem Depots der Eisenbahngesellschaften an wichtigen Umschlagplätzen. Nahe der Binnen- und Hochseehäfen werden Containerdepots von Eisenbahn- und Hafenbetriebsgesellschaften, wie z.B. die *Hamburger Hafen und Logistik AG (HHLA)* oder *Eurogate GmbH & Co. KGaA, KG*, betrieben. Auch in den Häfen selbst steht Containerlagerkapazität im sogenannten Yard zur Verfügung. Bis zum Weitertransport per Schiff, Bahn oder Lkw verbleiben die Container dort. Durch das zunehmende Transportaufkommen war in den letzten Jahren eine ständige Erweiterung der Lagerplätze notwendig.[24]

Über die Nutzung bestimmter Depots wird von Reedereien und Containerleasinggesellschaften auf strategischer oder taktischer Planungsebene entschieden und ist nicht Bestandteil des operativen Entscheidungsspektrums. Auf operativer Ebene wird lediglich festgelegt, welche Containermengen zwischen den zu nutzenden Depots bewegt werden sollen.
Die Fragestellung der optimalen Depotauswahl wird in der vorliegenden Arbeit nicht behandelt und stattdessen auf Gendron et al. (2003) oder Crainic et al. (1993) und die dort angegebene Literatur verwiesen.

Der Begriff Depot schließt im Folgenden sowohl den geographischen Ort als auch die Mitarbeiter der Reederei mit ein, die Entscheidungen über die Verwendung der im Depot verfügbaren Container treffen können.

[24] Die *Yardplanung* ist ein Teilproblem des Untersuchungsgegenstandes der Hafenlogistik. Vgl. hierzu beispielsweise Meier (2008) oder Steenken et al. (2004).

2.1.4 Reedereien und Nischencarrier

Neben den großen Linienreedereien gibt es kleine *Nischencarrier* mit einem gemischten Transportangebot. Das Transportangebot von Nischencarriern umfasst neben dem Containertransport auch den Stück- und den Schüttguttransport. Ein direkter Vergleich der Bedeutung dieser drei Transportangebote ist aufgrund unterschiedlicher Raumbeanspruchung nicht ohne weiteres möglich. Auch ein Vergleich der monetären Bedeutung, z.B. mit Blick auf die Erträge, sei nach Auskunft eines entsprechenden Unternehmens schwierig, als Richtgröße könne jedoch von einer gleichmäßigen Bedeutung aller drei Transportangebote ausgegangen werden.

Die Schiffs- und Transportbehälterflotte eines Nischencarriers ist an der Art des Transportbedarfs ausgerichtet. So wird der Laderaum der Schiffe meist mit Schüttgut gefüllt. Auf dem Deck werden bis zu drei Lagen Container gestapelt. Darauf lagert in der Regel eine Ebene Platform-Container (siehe Anhang), auf welcher dann Stückgüter transportiert werden können.
Der Containertransport ist für Nischencarrier daher nur ein Teilbereich ihres Transportgeschäftes. Dies hat zur Folge, dass diese Unternehmen oft keinen umfassenden Transport der Container im Inland übernehmen. Bei häufig genutzten Hinterlandrouten wird gegebenenfalls ein eigenes Binnenschiff eingesetzt, sodass in der Regel ein Vergleich verschiedener Transportwege und -mittel überflüssig ist. Bei Routen mit geringem Ladungsaufkommen wird der Inlandstransport oft an Dritte vergeben. Durch die mitunter recht geringen Transportmengen zu vielen Hinterlanddestinationen scheint somit eine allzu intensive, differenzierte Betrachtung aufgrund mangelnder Bedeutung nicht sinnvoll. Zudem ist die Prognosefähigkeit der Transportmengen zu diesen Destinationen meist stark eingeschränkt, da es sich oft um Einzeltransporte handelt. Der Landtransport von Leercontainern zum Ausgleich der Bestände zwischen Inlanddepots stellt für Nischencarrier somit eher die Ausnahme dar. Häufig erfasst die EDV nur den Transport der Ladung bis zum Löschhafen.
Nischencarrier profitieren besonders von speziellen Transportbedarfen zwischen Industrie- und Schwellenländern. Diese Transporte umfassen neben containerisierter Ladung sehr häufig auch Rohstoffe als Schüttgut oder Maschinen, Fahrzeuge und technisches Gerät als Stückgut. Hinzu kommt Transportbedarf von landwirtschaftlichen Erzeugnissen mittels Kühlcontainer aus den Schwellenländern in Richtung der Industrieländer.

Kennzeichnend ist allerdings auch ein eingeschränktes Fahrtgebiet, auf welchem der Carrier seine besondere Stärke hat. Der im Rahmen dieser Arbeit genauer betrachtete Carrier verfügt über eine südgehende und eine nordgehende Route. Die sehr unterschiedlichen Ladungsarten eines Nischencarrier haben tendenziell eine noch stärkere Unpaarigkeit der Ladungsströme zur Folge, sodass auch Nischencarrier vor große Probleme beim Ausgleich der Leercontainerbestände gestellt sind. Da der Inlandtransport entweder nur auf wenigen Routen mit einem Transportmittel (z.B. Binnenschiff) durchgeführt wird oder die Ladungsmengen in bestimmten Hinterlanddepots extrem gering sind und im Hochseetransport ebenfalls kaum verschiedene Reiserouten bestehen, ist das Optimierungspotential durch mangelnde Transportwege- bzw. Transportmittelwahl begrenzt. Für Nischencarrier ist die Nutzung von Leasingcontainern daher tendenziell von höherer Bedeutung als für große Linienreedereien.

2.2 Problembeschreibung

2.2.1 Ladungsstromungleichgewichte im Containerverkehr

Verfügbare Leercontainer stellen die von der Reederei einsetzbare Transportbehälterkapazität dar. Sie sind somit als Medium zur Erbringung von Dienstleistungen eine wichtige Ressource für Reedereien und andere Transportgesellschaften. Dazu müssen die Leercontainer jedoch an den Orten verfügbar sein, an denen auch Transportbedarf besteht. Ohne Anpassungsmaßnahmen ist dies durch bestehende Ungleichgewichte in den Ladungsströmen jedoch selten der Fall. Der Zweck von Leercontainertransporten ist daher die Verlagerung und Bereitstellung von Transportbehälterkapazität.

Leercontainermangel und -überschuss ergeben sich durch Ungleichgewichte zwischen den ein- und ausgehenden Ladungsströmen eines Ortes.[25]

[25] Eine Unpaarigkeit der Ladungsströme liegt vor, wenn zwischen zwei Orten Transportbewegungen bestehen, aber sich diese in der Höhe oder Art des Transportbedarfes unterscheiden, sodass die Transportmittel auf Hin- und Rückweg unterschiedlich stark ausgelastet sind. Da es sich bei den Routen von Containerschiffen im Hochseetransport als auch den Containerbewegungen im Landtransport fast ausschließlich um Drei- oder Mehrecksverkehre handelt, ist es angemessener von Ungleichgewichten zwischen Im- und Exporten zu sprechen als von Unpaarigkeiten. Letztere stellen einen Sonderfall von Im- und Exportungleichgewichten dar, welcher

Unausgeglichenheiten des Ladungsaufkommens können in räumlicher, aber auch in zeitlicher Sicht bestehen.[26]

Der originäre Leercontainerzufluss eines Ortes entspricht den eingehenden Ladungsströmen (Importe) und der originäre Leercontainerbedarf den ausgehenden Ladungsströmen (Exporte), jeweils differenziert nach den verschiedenen Containertypen und -größen. Die Differenz zwischen Importen und Exporten stellt den Leercontainerbedarf bzw. -überschuss des Ortes ohne Repositionierungsmaßnahmen dar. Übersteigen die Exporte die Importe, ist die Differenz negativ und es besteht an dem Ort ein nicht durch die Importe gedeckter Leercontainerbedarfsüberhang. Im umgekehrten Fall ist die Differenz positiv und es besteht ein überschüssiges Leercontainerangebot.

Die folgende Abbildung verdeutlicht diese Zusammenhänge.

$$\underbrace{Exporte}_{Bruttobedarf} - \underbrace{Importe}_{originärerZufluss} = Nettobedarf$$

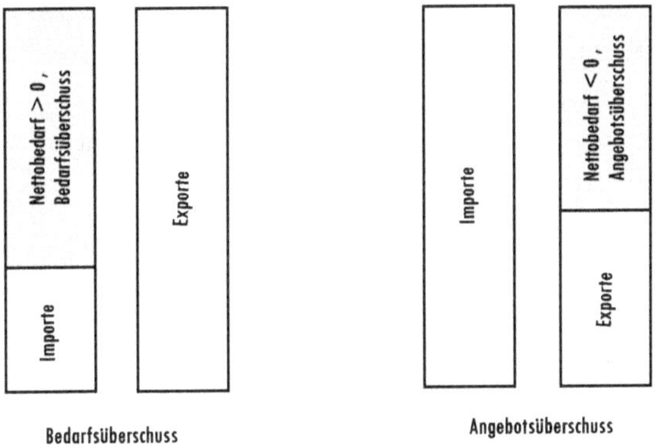

Abbildung 2: *Schematische Darstellung von Leercontainermangel und Leercontainerüberschuss*

---

sich lediglich auf die Betrachtung von Hin- und Rückfahrt zwischen zwei Orten beschränkt.

[26] Zeitliche Ungleichgewichte im Transportaufkommen bestehen beispielsweise im öffentlichen Personennahverkehr. Morgens nutzen viele Personen die stadteinwärtigen Fahrtrouten. Stadtauswärtige Fahrten werden jedoch nicht direkt im Anschluss, sondern erst in den Nachmittags- und Abendstunden in ähnlichem Maße benötigt. Vergleichbar ist die Situation bei saisonalem Transportaufkommen.

Dies führt zum notwendigen Transport unbeladener Container, von den Orten, an denen sie verfügbar werden, zu den Orten, an denen sie benötigt werden.

Die Mehrfachverwendung der Transportbehälter ist trotz der mit ihr verbundenen Maßnahmen zum Ausgleich der Ungleichgewichte einer Einwegnutzung vorzuziehen.
Versuche, kostengünstigere Container zur Einwegnutzung oder leichter zu repositionierende, faltbare Container zu konstruieren, blieben bisher erfolglos. Die Vorteile der derzeitigen, soliden Bauweise liegen in der geringen Reparaturanfälligkeit, im guten Schutz des Transportgutes und den daraus folgenden niedrigen Versicherungsprämien und Lagerkostenersparnissen durch Erübrigung großer Lagerhäuser.

Ungleichgewichte zwischen ein- und ausgehenden Ladungsströmen können bei dem gesamten Containerumschlag eines Ortes bestehen, sich auf einige Containertypen beschränken oder sogar für bestimmte Containertypen genau entgegengesetzt auftreten.
Beispielsweise importieren afrikanische Länder in erster Linie Güter, wie z.B. industrielle Fertigprodukte, die in Standardcontainern transportiert werden. Exportiert werden hingegen zum großen Teil Früchte u.ä., zu deren Transport Kühlcontainer benötigt werden. Eine ähnliche Situation besteht in Argentinien mit Blick auf den dortigen Export von Rindfleisch.

Da der Anschaffungspreis eines Kühlcontainers den eines Standardcontainers um ein Vielfaches übersteigt, Kühlcontainer zur Vermeidung von Beschädigungen vorsichtiger behandelt werden müssen und bei ihrer Nutzung zudem Hygienebestimmungen einzuhalten sind, ist es nicht sinnvoll, die Standardgüter in Kühlcontainern zu transportieren.[27]

Auch in zeitlicher Hinsicht können unausgeglichene Ladungsströme auftreten. So ist die Nachfrage nach Kühlcontainern für den Transport landwirtschaftlicher Erzeugnisse durch die Erntezeiten saisonalen Schwankungen unterworfen, die sich in den Ladungsstromungleichgewichten dieser Transportrouten erkennen lassen.

Noch bis 1996 sank der Anteil der Leercontainer am gesamten Transportaufkommen. In den letzten Jahren hat der Anteil jedoch wieder überproportional zu-

[27] Zur Substitution vgl. Kapitel 2.1.2.1.

genommen. Durch zunehmende Ungleichgewichte der Ladungsströme wächst die Zahl der Leertransporte stärker als das Gesamthandelsvolumen. Derzeit beträgt der Anteil der Leerbewegungen etwa 22 % der gesamten Containerbewegungen.

In vielen Regionen sind die Ungleichgewichte der beschriebenen Arten in den letzten Jahren gestiegen.
Ein Grund sind die asiatischen Exportmärkte, welche eine sehr viel höhere Menge an Gütern ausführen, als sie importieren. In den USA ist die Situation umgekehrt. Dort kann derzeit nur die Hälfte der durch Importe verfügbaren Container für Exporte eingesetzt werden.
Verschiedene Studien weisen darauf hin, dass sich diese Entwicklung in der kommenden Dekade noch verstärken wird.
Dies führt zu einer Zunahme des Leertransportbedarfs, bei einer zusätzlichen Erhöhung der Komplexität der Transportvorgänge. Gleichzeitig ist zur Sicherung der Wettbewerbsfähigkeit die Gewährleistung einer hohen Lieferservicequalität und das Ausschöpfen von Kostensenkungspotentialen notwendig.

Engpässe bei der Bereitstellung benötigter Leercontainer führen zu sinkender Kundenzufriedenheit. Ohne geeignete Steuerungsinstrumente, kurzfristige Anpassungsmaßnahmen und vorausschauende Planung sind hohe Sicherheitsbestände an den Lagerplätzen notwendig, um die rechtzeitige Bedienung der Kundenbedarfe gewährleisten zu können. Gegebenenfalls legen die Agenten der Reederei zur Sicherung einer hohen Lieferfähigkeit vor Ort auch eigenmächtig zusätzliche Sicherheitsbestände an, indem Planungsdaten ungenau erfasst werden. Beispielsweise werden durch Rückgabe von Kunden verursachte Leercontainerzugänge zu einem späteren Zeitpunkt erfasst, als diese tatsächlich verfügbar sind.

Werden überschüssige Container aus Depots mit einem Leercontainerüberhang nicht zeitnah an die Bedarfsorte weitergeleitet, ergeben sich dort hohe Lagerbestände.
Hohe Lagerbestände führen durch eine sinkende Auslastung zu einer ineffizienten Nutzung der Transportbehälter und zu einer unnötig hohen Transportbehälterflotte. Daraus ergeben sich unnötig hohe Kapital- und Lagerkosten.
Die folgende, an HOLMBERG ET AL. (1998) angelehnte Abbildung gibt einen Überblick über die Zusammenhänge.

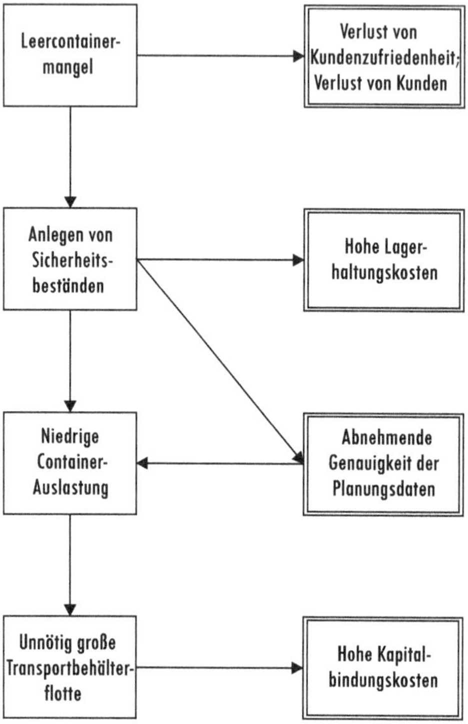

Abbildung 3: *Beziehungen zwischen Ursachen und Problemen in der Leercontainerplanung*

Zum Entscheidungszeitpunkt sind die künftige Transportnachfrage und die benötigten Containermengen noch nicht vollständig bekannt. Um die künftig benötigten Container rechtzeitig bereitstellen zu können, ist es nötig, Entscheidungen über Leerbewegungen zu treffen, bevor alle planungsrelevanten Informationen verfügbar sind.

Würden Entscheidungen erst getroffen, wenn alle notwendigen Informationen vollständig bekannt sind, wären die benötigten Container nicht mehr rechtzeitig oder nur durch Nutzung schneller, kostenintensiver Transportwege und -mittel bereitzustellen. Um kostengünstige Transportwege nutzen zu können und Bereitstellungsengpässe zu vermeiden, sind Entscheidungen zu treffen, bevor alle relevanten Informationen bekannt werden. Werden neue Informationen verfügbar, ist zu überprüfen, ob getroffene Entscheidungen angepasst werden sollten. Der Entscheidungs- und der Informationsgewinnungsprozess müssen daher parallel ablaufen.

Zunehmendes Ladungsaufkommen, überproportional wachsende Ungleichgewichte, steigende Kosten, verschärfte Konkurrenz und eine insgesamt steigende Prozesskomplexität führen zu einem zunehmenden Problemdruck für die Unternehmen. Um ihre Wettbewerbsfähigkeit zu erhalten, müssen sich Reedereien und Containerleasinggesellschaften den damit verbundenen, bestehenden Herausforderungen stellen.

Besteht an einem Ort Transportbedarf für eine Ladung, so ist rechtzeitig ein Transportbehälter für ihre Beförderung bereitzustellen. Waren Leercontainer nicht in ausreichender Menge vorhanden, musste die erwartete Fehlmenge von anderen Orten beschafft oder durch Anmietung von Leasingcontainern ausgeglichen werden. In analoger Weise ist an anderen Orten über die Verwendung überschüssiger, d.h. nicht zum Ladungstransport benötigter Leercontainer zu entscheiden.

Funktion der Leercontainerlogistik ist, durch Anwendung geeigneter Verfahren, eine optimale Nutzung der Containerflotte einer Reederei auf operativer Ebene sicherzustellen.
Gemäß PLOWMANS *Six Rights* (*6 r's*) ist die Aufgabe der Logistik, die richtigen Objekte, in der richtigen Menge und der richtigen Qualität, am richtigen Ort, zum richtigen Zeitpunkt, zu den richtigen Kosten bereitzustellen.[28] Nach heutigem Verständnis geht die Logistik allerdings über reine Güterflüsse hinaus.

Logistik umfasst in Anlehnung an BAUMGARTEN (1996) die ganzheitliche Planung, Steuerung, Koordination, Durchführung und Kontrolle aller unternehmensinternen und unternehmensübergreifenden Güter- als auch Informationsflüsse.
Nach KIRSCH (1978) stellt Logistik die Gestaltung, Steuerung, Regelung und Durchführung des gesamten Flusses an Energie, Informationen, Personen, insbesondere jedoch von Stoffen innerhalb und zwischen Systemen dar und kann als der Inbegriff aller Prozesse in sozialen Systemen definiert werden, die der

[28] Die Konzeption der *‚rights‘* wird von verschiedenen Autoren unterschiedlich angelegt. So nennt PFOHL (2004a) beispielsweise nur 4 *r's*, SHAPIRO AND HESKETT (1985) hingegen 7.

Raumüberwindung und Zeitüberbrückung sowie der Steuerung und Regelung dienen.

Eine leistungsfähige Logistik ist von wettbewerbsstrategischer Bedeutung für die Unternehmung.
PFOHL (2004b) nennt die Erzielung von Wettbewerbsvorteilen, die Verbesserung von Durchlaufzeiten, die Lagerbestandsreduzierung als Charakteristika einer „exzellenten Logistik“ (Pfohl) und subsumiert sie unter das Oberziel der Unternehmensgewinnmaximierung.
Ein durch den Kunden wahrgenommenen Teil der Logistikleistung eines Unternehmens bildet der Lieferservice. Der Lieferservice stellt allerdings nur das Ergebnis einer ganzen Reihe von vorgelagerten Logistikprozessen dar. Abbildung 4 zeigt die verschiedenen Bestandteile des Lieferservice nach PFOHL (2004b).

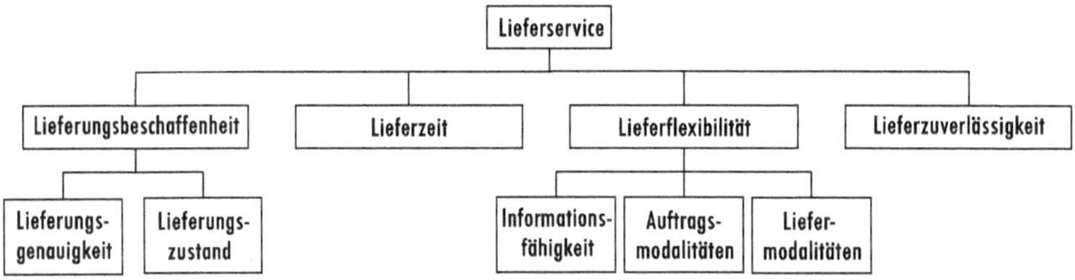

Abbildung 4: *Elemente des Lieferservice*

Ein gewisses Maß an Leerbewegungen ist zur notwendigen Raumüberwindung und zur Zeitüberbrückung vorübergehend ungenutzt lagernder Container unausweichlich. Ziel der Betrachtung ist auch nicht eine vollständige Beseitigung von Leerbewegungen, sondern die Optimierung des Einsatzes der Containerflotte durch das Treffen guter Entscheidungen und die bestmögliche Abstimmung der notwendigen Maßnahmen.

Durch Gestaltung logistischer Prozessketten und durch Erhöhung der unternehmensspezifischen Logistikkompetenz wird das strategische Ziel verfolgt, bestehende Wettbewerbsvorteile zu sichern und neue zu schaffen.
Die entsprechenden Entscheidungsvariablen und das besondere Optimierungspotential werden im folgenden Kapitel genauer betrachtet.

2.2.2 Besonderheiten unbeladener Container, Entscheidungsvariablen und Zielsetzung

Ist ein Container beladen, so ist dessen Bewegung in dem Transportnetzwerk durch Start- und Zielpunkt des Ladungstransportes sowohl räumlich als auch zeitlich weitestgehend festgelegt.
Im Gegensatz dazu sind Leercontainer gleichen Typs untereinander austauschbar. Wird an einem Ort ein Leercontainer benötigt, kann dafür grundsätzlich jeder rechtzeitig verfügbare Leercontainer eingesetzt werden.

Aus diesem Umstand bestehender Handlungsalternativen ergibt sich das besondere Optimierungspotential der Leercontainersteuerung. Um dieses auch zu nutzen, ist zu entscheiden, welcher der potentiell einsetzbaren Container sinnvollerweise gewählt werden sollte.
Sofern kein Container an dem Bedarfsort verfügbar ist, sind Herkunftsort, Zeitpunkt des Transportbeginns, Transportweg und Transportmittel der Repositionierung zu bestimmen oder eine andere Beschaffungsmöglichkeit zu wählen. Aus der Sicht verfügbarer Leercontainer ist dementsprechend zu entscheiden, wie diese bestmöglich einzusetzen sind. Für verfügbare, unbeladene Container bestehen grundsätzlich vier Arten von Verwendungsmöglichkeiten:

- Einsatz zum Ladungstransport
- Leerbewegung in ein anderes Depot
- Lagerhaltung am aktuellen Standort
- Verlassen des Systems durch Verkauf, Verschrottung oder Rückgabe

Die erste Möglichkeit ist zumeist die sinnvollste[29], da Ladungstransporte der Zweck des Containereinsatzes sind. Das Bestehen von Transportbedarf wird jedoch durch die Kunden exogen vorgegeben und entzieht sich dem Einflussbereich des Unternehmens. Dementsprechend steht diese Option nicht immer zur Wahl. Jeder unterschiedliche Ladungstransport stellt dabei eine eigene Verwendungsmöglichkeit dar.

[29] Bei der später erweiterten Betrachtung kann unter Umständen eine Leerbewegung mit günstigem Zielort aus Gesamtsicht sinnvoller sein als eine Vollbewegung mit geringem Ertrag und ungünstigem Zielpunkt.

Ob die Leerbewegung in ein anderes Depot möglich ist, hängt davon ab, ob zum betrachteten Zeitpunkt eine Transportmöglichkeit/-verbindung zwischen den beiden Orten besteht. Dies ist besonders im Hochsee-, Binnenschiff- und Bahnverkehr von den Fahrplänen und der Verfügbarkeit freier Transportkapazitäten abhängig.[30]

Die Lagerung am aktuellen Standort sollte nahezu immer möglich sein. Allerdings können auch hier mögliche Lagerkapazitätsbeschränkungen einzuhalten sein.

Ob ein Verkauf, eine Verschrottung oder im Falle von Leasingcontainern eine Rückgabe möglich ist, hängt vom Einzelfall ab und kann nicht allgemein festgelegt werden. Besonders die Verschrottung von Containern ist als Extremfall anzusehen, die nur im Zusammenhang mit anderen Ereignissen, wie beispielsweise die Beschädigung des Containers oder das Erreichen des Endes seiner Lebensdauer, sinnvoll sein dürfte.

Für jeden Container besteht mindestens eine der genannten Optionen. In der Regel ist jedoch zwischen mehreren, verschiedenen Optionen zu wählen. Daher kann angenommen werden, dass die Zahl aller verfügbaren Optionen die der verfügbaren Container grundsätzlich übersteigt. Selbst wenn zu einem Zeitpunkt nur ein kleiner Teil der Containerflotte für positive Erfolgsbeiträge erzielende Verwendungen (Ladungstransporte) einsetzbar ist, ist zu entscheiden, welche Container hierfür eingesetzt werden sollten, während für die übrigen andere Verwendungen wie beispielsweise Lagerhaltung oder Leertransport zu wählen sind.
Die Verwendungen der jeweils verfügbaren Container stellen die Entscheidungsvariablen der Steuerung der Leercontainerströme dar. Für jeden Container, über dessen Einsatz zu entscheiden ist, ist die im Gefüge der gesamten Containerflotte bestmögliche Nutzung zu bestimmen.

Der Transport von einem Depot in ein anderes stellt sowohl eine Bewegung durch die Dimension Raum, wie auch, infolge der benötigten Transportzeit, eine Bewegung durch die Dimension Zeit dar (Raumüberwindung und Zeitüberbrückung), während die Lagerhaltung eines Leercontainers in einem Depot lediglich eine Bewegung durch die Zeit, ohne Veränderung des Ortes ist (Zeitüberbrückung).

---

[30] Zwar unterliegen die Fahrpläne eigener Schiffe der Disposition der Reederei, jedoch sind diese nicht Gegenstand der operativen Planung und daher auf dieser Ebene als Datum anzusehen.

Auf manchen Transportstrecken stehen für die Bewegung der Container verschiedene Transportmittel zur Verfügung. Besonders im Binnenland sind dies in der Regel Bahn, Lkw und Binnenschiffe, aber auch vor der Küste kann die Wahl zwischen verschiedenen Schiffstypen und unter Umständen zwischen verschiedenen Anbietern von Transportleistungen bestehen. Da mit verschiedenen Transportmitteln auch unterschiedliche Transportkosten und -zeiten verbunden sind, stellt jedes Transportmittel und dessen Nutzung eine eigene Verwendungsoption dar.

Über den optimalen Einsatz der verfügbaren Containerflotte ist nicht nur einmalig zu entscheiden. Notwendig ist eine sogenannte rollende Planung[31] als ein kontinuierlich zu wiederholender Entscheidungsprozess, da sich die Entscheidungsbasis im Zeitverlauf ändert.
Container, die zum Ladungstransport eingesetzt werden, sind nicht länger disponibel, andere Container werden verfügbar. Auch ergeben sich im Zeitverlauf neue Verwendungsoptionen.
Sobald neue Informationen zu berücksichtigen sind, ist das neue optimale Entscheidungsgefüge und die effiziente Allokation der verfügbaren Container zu bestimmen. Dabei sind nicht nur neue Entscheidungen zu treffen, sondern gegebenenfalls auch frühere Entscheidungen anzupassen oder zu revidieren. Wurde beispielsweise festgelegt eine bestimmte Leercontainermenge per Containerschiff von A nach C zu transportieren, so besteht immer noch die Möglichkeit einen Teil dieser Menge in einem vor C anzulaufenden Hafen B zu löschen, falls in der Zwischenzeit neue Informationen verfügbar werden, die dies sinnvoll machen.

Zur optimalen Nutzung der Containerflotte ist die bestmögliche Verteilung der verfügbaren Container auf die bestehenden Verwendungsoptionen zu bestimmen. Eine effiziente Nutzung der Containerflotte ist gekennzeichnet durch:

[31] Rollende Planung bezeichnet eine sich wiederholende Planungsprozedur. Nach Ablauf einer Periode wird der Planungshorizont um die sich an den bisherigen Planungshorizont anschließende Periode erweitert und die bisherige Planung fortgeschrieben. Dies ermöglicht die Reaktion auf die in der abgelaufenen Periode eingetretenen Umstände und die systematische Aktualisierung der Pläne (vgl. beispielsweise Wöhe und Göring (2002)).

Merkmal	*Wirkung*	
Vermeidung unnötiger Bewegungen	Transportkosten	↓
Wahl der erfolgversprechendsten Verwendungsoptionen	Deckungsbeitrag	↑
Wahl kosten- bzw. zeitoptimaler Transportwege und -mittel	Transportkosten	↓
hohe Flexibilität und schnelle Reaktionsmöglichkeit	Kundenzufriedenheit	↑
Vermeidung von Versorgungsengpässen	entgangene Gewinne Kundenzufriedenheit	↓ ↑
Vermeidung unnötig hoher Lagerbestände und Leerzeiten	Lager-, Leer- und Kapitalbindungskosten	↓

Tabelle 1: *Merkmale einer effizienten Nutzung der Containerflotte und deren Wirkungen*

Effizient bedeutet hierbei, dass keine andere Zuordnung von verfügbaren Containern und Verwendungsoptionen zu einem höheren Gesamtnutzen, d.h. der Summe der Einzelnutzen, führt. Die verfügbaren Container sollten folglich denjenigen Optionen zugeordnet werden, die mit dem größten erwarteten Nutzen für die Unternehmung verbunden sind. Dies ist nur mit einer guten Planung, verstanden als Gesamtheit der untereinander zusammenhängenden Entscheidungen über eine verfügbare Ressource, und deren Vorbereitung möglich.

Die große Menge an Containern, der geographische Umfang, die notwendige dynamische Betrachtung, d.h. Einbeziehung der zeitlichen Dimension, und eine Vielzahl miteinander in Verbindung stehender Elemente, führen zu einer hohen Komplexität des realen Systems. Wie erwähnt, besteht zur Nutzung einer Option oft die Wahl zwischen mehreren potentiell einsetzbaren Containern. Andererseits stehen für jeden Container in der Regel auch verschiedene Verwendungen zur Wahl. Aufgrund dieser zwischen den Zuordnungen bestehenden Interdependenzen können die einzelnen Zuordnungsentscheidungen nicht isoliert betrachtet werden. Um die effiziente Allokation zu erreichen, ist ein geeigneter Koordinationsmechanismus notwendig, welcher die bestehenden Verbindungen berücksichtigt und so die einzelnen Verwendungsentscheidungen abstimmt. Die Verdeutlichung der Zusammenhänge erfolgt in Kapitel 2.2.4.2.

Eine verbesserte Nutzung der Containerflotte und optimierte Transportbewegungen sind nicht nur für das Unternehmen wirtschaftlich sinnvoll, sondern führen durch Vermeidung von Ineffizienzen auch zur Reduzierung von unnötigem Ressourcenverbrauch und zur Minderung der Umweltbelastung durch Abgase und Verkehrsaufkommen.

2.2.3 Unsicherheit der Planungsdaten

Um die Leercontainerströme einer Reederei optimal steuern zu können, ist eine gute, vorausschauende Planung erforderlich. Zur Vermeidung hoher Lagerbestände und einer unnötig großen, ineffizient genutzten Containerflotte gilt es, die verfügbaren Container bestmöglich einzusetzen. Dazu sind sie rechtzeitig, aber auch zeitnah an den Bedarfsorten zur Verfügung zu stellen. Sofern dies möglich ist, sollte beim Inlandtransport auf kostengünstige Transportmittel wie Binnenschiffe und Eisenbahnen zurückgegriffen werden. Diese sind allerdings mit längerer Transportdauer als Transporte per Lkw verbunden, was eine umso weiter in die Zukunft blickende Planung notwendig macht. Auch der interregionale Transport von Leercontainern per Containerschiff erfordert die Antizipation künftiger Containerbedarfe der verschiedenen Regionen und Häfen. Die endgültige Entscheidung, wie viele Leercontainer in welcher Region gelöscht werden, kann zwar in Verlauf der Reise immer noch angepasst werden, allerdings gilt es zuvor zu entscheiden, wie viele Leercontainer das Schiff laden sollte.

Die Planung der Leercontainerstromsteuerung basiert daher auf künftigen und in der Regel noch nicht vollständig bekannten Daten. Zum Entscheidungszeitpunkt besteht oft noch eine hohe Unsicherheit über die tatsächliche Höhe der eintretenden Containerbedarfe und die Zahl der verfügbaren Container.
Eine hohe Unsicherheit besteht hinsichtlich der zu einem künftigen Zeitpunkt auftretenden Kundennachfrage nach Transportkapazität. Ein großer Teil der Kundenanfragen tritt erst wenige Tage vor dem gewünschten Bereitstellungszeitpunkt ein. Die Kunden erwarten von dem Transportunternehmen die kurzfristige Bedienung ihrer Nachfrage und häufig eine hohe Flexibilität hinsichtlich des Bereitstellungszeitpunktes. Eine hohe Kundenzufriedenheit ist wichtig, da ein Wechsel

der Kunden zu einem anderen Transportunternehmen aufgrund der Ähnlichkeit der angebotenen Leistungen relativ einfach möglich ist.
Bei einigen Transportgütern bestehen starke Schwankungen im Ladungsaufkommen und daher im erforderlichen Transportbedarf. Insbesondere bei landwirtschaftlichen Erzeugnissen ist dies durch variierende und erst kurzfristig festgelegte Erntezeitpunkte etc. der Fall. Gleichzeitig ist bei verderblicher Ware, wie beispielsweise Früchten, ein rascher Transport der Produkte unverzichtbar.

Unsicherheit besteht auch über den Zeitpunkt, wann ein von einem Kunden genutzter Container entladen ist und vom Kunden zurückgegeben wird. Schwankungen des Wiederverfügbarkeitszeitpunktes der Container für die Reederei von mehreren Werktagen sind nicht ungewöhnlich.

Auch die Transportzeit von Containern ist mit Unsicherheiten verbunden. Bei sämtlichen Transportmitteln können Verspätungen nicht ausgeschlossen werden. Dies führt ebenfalls zu Unsicherheiten, wann Container tatsächlich in einem Depot verfügbar sein werden.

Um eine möglichst gute Antizipation der künftigen Leercontainerbedarfe und -überschüsse zu erreichen, sind geeignete Prognosemodelle zu entwickeln und anzuwenden.
Eine exakte Prognose wird dennoch kaum möglich sein. Daher ist es höchst notwendig, durch die Planung eine hohe Flexibilität zu ermöglichen, um auf kurzfristig verfügbar werdende, neue Informationen in geeigneter Weise reagieren zu können. Der Aufwand der notwendigen Anpassungsmaßnahmen sollte möglichst gering sein. Die Durchführung eines komplett neuen Planungsprozesses wäre kaum praktikabel.

2.2.4 Planungsstruktur der Containerstromsteuerung

2.2.4.1 Hierarchische und geographische Unterteilung der Planungsstruktur

Gliederung nach hierarchischen Aspekten

Die Leercontainerlogistik einer Reederei wird von Entscheidungen auf der strategischen, der taktischen und der operativen Planungsebene der Unternehmung beeinflusst.

Entscheidungen auf der strategischen Ebene beziehen sich in der Regel auf das Gesamtunternehmen, sind eher struktur- denn prozessorientiert und auf die Schaffung und Sicherung von Erfolgspotentialen des Unternehmens ausgerichtet. Maßnahmen auf der strategischen Ebene sollen dem Unternehmen die Fähigkeit geben, künftig Gewinne zu erwirtschaften.[32] Zudem betreffen diese Entscheidungen die Beziehungen der Unternehmung zu dessen Umwelt und gehen über die rein unternehmensinterne Organisation hinaus (vgl. MÜLLER-MERBACH (1978)).[33]

Die für die Leercontainerlogistik relevanten strategischen Planungsaktivitäten betreffen grundlegende Entscheidungen der Reederei über Ausgestaltung des physischen Transportnetzwerks, wie z.B. die Festlegung des Operationsgebietes und der zu bedienenden Regionen, die Struktur der Schiffsflotte sowie Entscheidungen über die Nutzung von Depots und die Struktur der Containerflotte hinsichtlich Containertypen und Leasingcontainern. Aber auch Entscheidungen über die angebotenen Dienste, wie z.B. alleiniger Hochseetransport oder auch Landtransport, und die Tarifpolitik gegenüber Kunden(-gruppen) sind strategische Entscheidungen einer Reederei.
Die Entwicklung neuer Ansätze zur Organisation der Leercontainerlogistik einer Reederei und die damit zusammenhängende Analyse und Modellierung selbst können der strategischen Planungsebene zugeordnet werden, da die damit verbundenen Maßnahmen auf die Schaffung und Sicherung von Erfolgspotentialen und Wettbewerbsvorteilen für die Unternehmung abzielen und die Ausgestaltung der Beziehungen zu Kunden, Geschäftspartnern und Konkurrenten betreffen.

Die Aktivitäten auf der taktischen Ebene betreffen, nach dem Verständnis der vorliegenden Arbeit[34], die Ableitung unternehmensinterner Handlungsweisen zur

---

[32] Die Gewinnerwirtschaftung als solche stellt eine operative Zielgröße dar. Auch wenn sie oft als ein Hauptziel einer Unternehmung genannt wird, darf die Schaffung von Erfolgspotentialen nicht durch eine Fokussierung auf die Gewinnmaximierung verdrängt werden. In heutiger Zeit gerät dies teilweise aus dem Blickfeld, da Unternehmensführungen hauptsächlich anhand des innerhalb eines Jahres oder Quartals erzielten Gewinnes o.ä. beurteilt werden. Geschaffene Erfolgspotentiale, die sich erst später in den genannten Erfolgsgrößen widerspiegeln, lassen sich hingegen nur schwer messen und haben kurzfristig nur geringe oder gar negative Erfolgswirkungen.

[33] Zu weiteren Merkmalen der strategischen Planung vgl. bspw. GÖTZE UND MIKUS (2006).

[34] Der Begriff der *taktischen Planung* wird in der wirtschaftswissenschaftlichen Literatur unterschiedlich definiert und ist daher eher vage umrissen, denn präzise abgegrenzt. Vgl. hierzu

Konkretisierung der festgelegten strategischen Maßnahmen.
Im Rahmen der Leercontainerlogistik sind dies vor allem die Analyse aktueller Entwicklungen sowie zu treffende Prognosen über das künftige Transportaufkommen in verschiedenen Regionen und daraus abzuleitende Maßnahmen hinsichtlich der Anpassung von Lager- und Lagermindestbeständen als auch Vorgaben für Lieferzuverlässigkeit und -dauer. Zudem sind auf dieser Ebene grundlegende Entscheidungen über die derzeitige Gestaltung und Organisation von Repositionierungsmaßnahmen und die Vorgabe von Handlungsempfehlungen zum Umgang mit Ungleichgewichten zu treffen.

Auf der operativen Ebene erfolgt schließlich die Umsetzung des von der strategischen Ebene vorgegebenen und durch die taktische weiter ausgearbeiteten Handlungsrahmens in konkreten Aktionen. Die zu treffenden Entscheidungen betreffen daher eher Prozesse und weniger die ihnen zugrundeliegende Systemstruktur. Es ist über die einzelnen Bewegungen beladener und unbeladener Container zu entscheiden. Dabei ist auch festzulegen, wie mit den derzeit verfügbaren Containern zu verfahren ist, d.h. wohin und wie viele Container jedes Typs repositioniert werden sollten bzw. müssen, welches Transportmittel und welcher Transportweg hierfür genutzt werden sollte, und ob zusätzliche Container angemietet oder Leasingcontainer zurückgegeben werden.

Gliederung nach geographischen Aspekten

Die Problem- und Planungsstruktur lässt sich außerdem nach geographisch-organisatorischen Gesichtspunkten gliedern. Aufgrund des Problemumfangs ist besonders auf operativer Ebene eine weitere, sukzessive Strukturierung des Problems nach geographischen Aspekten naheliegend. Jedoch kann diese auch bereits auf taktischer Ebene beginnen.

Das Einsatzgebiet einer Reederei lässt sich anhand ihrer Organisationsstruktur nach geographischen Gesichtspunkten unterteilen.
Im Hochseetransport erfolgt eine Unterteilung nach Schifffahrtslinien wie z.B. *Europa - Nordamerika*, *Europa - Südostasien* oder *amerikanische Ostküste*. Die Schifffahrtslinien können weiter in Routen unterteilt werden, z.B. *südgehend*, *nordgehend* etc.

PFOHL UND STÖLZLE (1997), BEA ET AL. (2005) sowie WELGE UND AL-LAHAM (2003).

Kontinente werden zudem weiter in sukzessiv kleinere Räume wie beispielsweise Regionen, Gebiete u.ä. unterteilt.
Mit Blick auf den erwähnten Umfang und die Komplexität des globalen Gesamtproblems empfiehlt sich eine derartige Unterteilung. Hingegen scheint ein einziges Modell, welches versucht die Leercontainerlogistik einer Reederei weltweit zu optimieren, kaum umsetzbar sowie nicht mit vertretbarem Aufwand zeitnah lösbar und daher wenig sinnvoll.
Eine Aufteilung des Problems nach räumlichen und organisatorischen Aspekten könnte daher bereits bei der Modellformulierung berücksichtigt werden. Ein mögliches Vorgehen ist in Anlehnung an SHEN AND KHOONG (1995) in der nächsten Abbildung dargestellt.

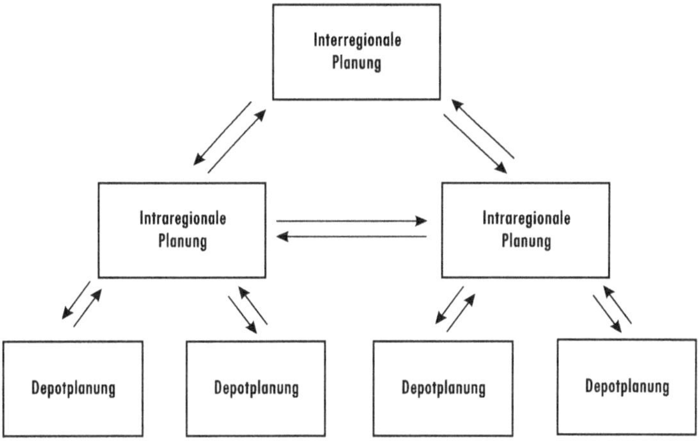

Abbildung 5: *Geographische Gliederung der Planungsebenen*

Die unterste Ebene der operativen Planung bildet die Planung innerhalb eines Depots oder Hafens. Da diese allerdings nicht Bestandteil der vorliegenden Arbeit ist, sei zu diesem Thema auf MEIER (2008) verwiesen.[35]

[35] Der Fokus des OR im Rahmen der Containerlogistik lag in den letzten Jahren auf den Aktivitäten im Hafen, wie z.B. Liegeplatzplanung, Yardplanung oder Containerbrückenzuweisung. So findet sich eine Vielzahl von Artikeln zu diesem Thema (vgl. hierzu auch STEENKEN

Der von der vorliegenden Arbeit betrachtete Ausschnitt beginnt mit der darüberliegenden Stufe. Um bestehende oder erwartete Ungleichgewichte in den Ladungsströmen auszugleichen, gilt es Leercontainer zu repositionieren. Es wird versucht auf der nächsthöheren Ebene, d.h. der intraregionalen Planung einen Ausgleich der Ungleichgewichte zu erreichen und Leercontainer entsprechenden Typs aus anderen Depots und gegebenenfalls Häfen derselben Region zu repositionieren.
Sofern innerhalb einer Region kein vollständiger Ausgleich der Ungleichgewichte möglich ist, da in der Region insgesamt ein Leercontainerüberschuss oder -mangel besteht, wird die Überschussmenge bzw. der Fehlbetrag an die interregionale Planungsebene weitergegeben, welche versucht, diese Ungleichgewichte durch Leercontainerbewegungen mit anderen Regionen auszugleichen.
Dieses sukzessive Vorgehen kann gerechtfertigt werden, da eine Repositionierung auf intraregionaler Ebene immer kosten- und auch zeitgünstiger sein dürfte als auf interregionaler Ebene und daher, sofern möglich, bevorzugt gewählt werden sollte.

Ein abnehmender Detaillierungsgrad wäre mit steigendem räumlichen Umfang vertretbar und so eine stufenweise Vergröberung der Planung möglich. Beispielsweise kann für die Bereitstellung eines zu einem künftigen Zeitpunkt in Asien benötigten Containers auf die Betrachtung jedes einzelnen, derzeit in Europa verfügbaren Containers und auf die kleinstmögliche Gliederung hinsichtlich seines aktuellen Aufenthaltsortes verzichtet werden, wenn diese Aspekte bei entsprechender Planung innerhalb der Region berücksichtigt werden.

2.2.4.2 Darstellung der Planungsstruktur der Leercontainersteuerung als time-space-Netzwerk

Zur Umsetzung der auf operativer Ebene entschiedenen Repositionierungsmaßnahmen nutzt eine Reederei ein bestehendes physisches Transportnetzwerk. Dieses besteht aus Häfen, Depots und nutzbaren Transportverbindungen zwischen diesen Orten. Die Transportverbindungen werden durch Schiffsrouten und -fahr-

---

ET AL. (2004)). Die Dissertation von MEIER (2008) zeichnet sich durch einen umfassenderen Blick auf die Operationen aus und die übergreifende Optimierung der Aktions- und Entscheidungsketten der Containerumschlagprozesse im Hafen.

pläne, Eisenbahnverbindungen und Transportmöglichkeiten per Lkw vorgegeben. Schematisch lässt sich dies wie folgt darstellen.

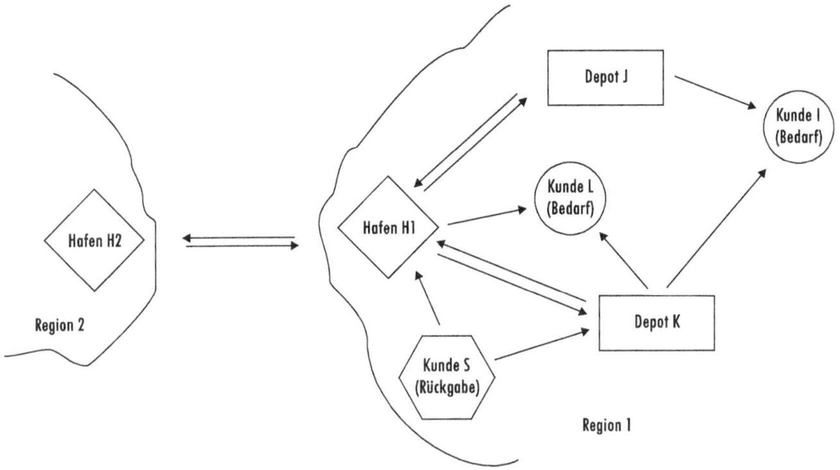

Abbildung 6: *Schematische Darstellung einer beispielhaften Situation*

Zwischen dem Hafen $H1$ und den Depots J und K bestehen zum betrachteten Zeitpunkt jeweils Transportmöglichkeiten in beide Richtungen. Zu Kunde L bestehen Transportwege sowohl von Hafen $H1$ als auch von Depot K, sodass sein aktueller Bedarf über diese Transportwege bedient werden könnte. Die Bedienung des Bedarfs von Kunde I ist in der dargestellten Situation nur von Depot J und Depot K aus möglich. Für Lieferungen aus Hafen $H1$ zum Kunden I besteht entweder keine direkte Transportverbindung oder entsprechenden Lieferungen würden trotz grundsätzlich bestehender Transportwege durch eine zu hohe Transportdauer nicht rechtzeitig beim Kunden eintreffen. Die Rückgabe der verfügbaren Container von Kunde S kann in Depot K oder Hafen $H1$ erfolgen. Zudem besteht die Möglichkeit des Containeraustauschs zwischen Hafen $H1$ und Hafen $H2$. Der Übersichtlichkeit halber ist nur ein Ausschnitt des Transportnetzwerks abgebildet. Auf die Darstellung weiterer Depots, Kunden und Transportverbindungen des ähnlich organisierten Hinterlandes von Hafen $H2$ und die Aufnahme weiterer Häfen wurde verzichtet.

Die Darstellung bildet jedoch nur die räumliche Dimension zu einem bestimmten Zeitpunkt ab, also eine statische Situation. Es können somit nur Bewegungen durch die Dimension *Raum* dargestellt werden, jedoch keine Bewegungen durch die Dimension *Zeit*. Mit jeder Raumüberwindung ist durch die Transportzeit zwangsläufig eine Bewegung durch die Zeit verbunden. Zudem ist die Zeitüberbrückung der Zweck von Lagerhaltungsentscheidungen. Um die Wirkungen und Verbindungen abbilden zu können, sind mehrere Zeitpunkte in der Darstellung zu berücksichtigen. Die folgende Abbildung stellt den Ausschnitt von Region 1 als time-space-Netzwerk dar.

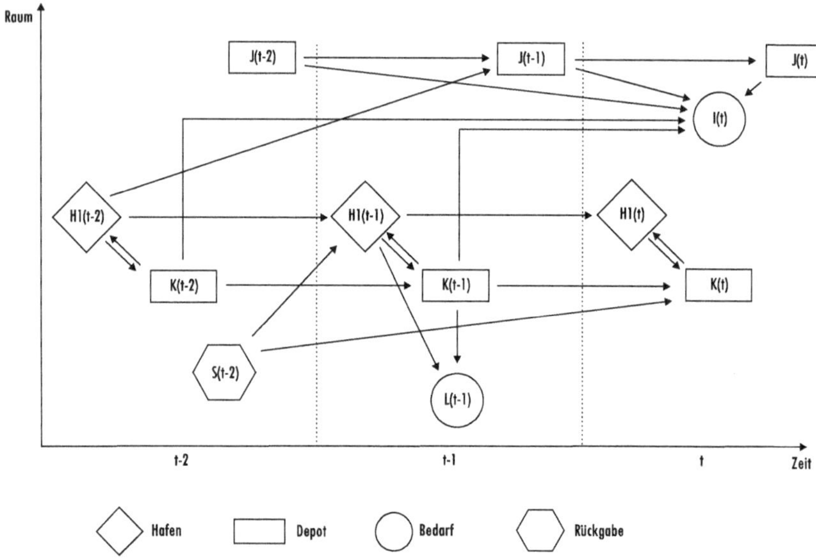

Abbildung 7: *Darstellung der Situation in Region 1 als time-space-Netzwerk*

In der gewählten Darstellungsweise wird jedes Depot und jeder Hafen nicht nur einmal, sondern jeweils zu jedem betrachteten Zeitpunkt abgebildet. So lassen sich die Zeitüberbrückung und die dynamische Struktur des Problems darstellen und Entscheidungs- bzw. Handlungsmöglichkeiten zu verschiedenen Zeitpunkten berücksichtigen. Die Pfeile $[J(t-2); J(t-1)]$ und $[J(t-1); J(t)]$ stellen die Lagerhaltung von Containern in Depot J dar. Gleiches gilt für Hafen $H1$ und Depot

K. Für die Rückgabe der zum Zeitpunkt $t-2$ bei Kunde S verfügbaren Container bestehen zwei Möglichkeiten. Entweder kann er mit der Transportdauer von einer Zeiteinheit in den Hafen $H1$ geliefert werden oder mit der Transportdauer von zwei Zeiteinheiten an Depot K. Zur Bedienung des Bedarfs von Kunde I zum Zeitpunkt t kommen Lieferungen von Depot J zu den Zeitpunkten $t-2$, $t-1$ und aufgrund einer vernachlässigbar geringen Transportdauer auch t in Betracht oder Lieferungen von Depot K zu den Zeitpunkten $t-2$ und $t-1$, da bei der Bedienung des Bedarfs ein Lieferfenster von zwei Zeiteinheiten besteht. Eine ähnliche Darstellung findet sich bei Crainic et al. (1993), allerdings enthält die dortige Abbildung und die Erläuterung einige Ungenauigkeiten bzw. Fehler.

In einer weiter abstrahierten Darstellungsweise werden Depots und Häfen nur noch als Knoten des Systems berücksichtigt. Auf diese Weise können die Struktur des Systems, einzelne Containerströme durch das Netzwerk und die mit ihnen verbundenen Wirkungen übersichtlicher dargestellt werden.

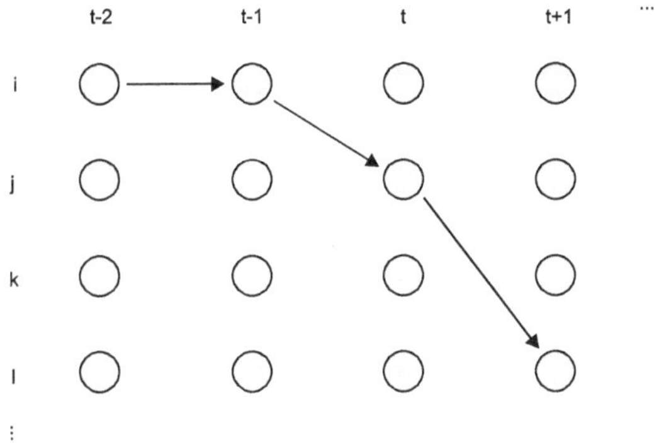

Abbildung 8: *Darstellung einer Containerbewegung durch das Transportnetzwerk*

An einer derartigen Darstellung lässt sich auch die Dynamik von Entscheidungen innerhalb des Systems gut darstellen. Dies geschieht in Kapitel 3.3.1.

2.2.5 Ähnliche Problemstellungen und Strukturierungsansätze

Die Betrachtung realer Probleme ist nie kontextfrei und somit nicht isoliert möglich. Vor allem schwierige und komplexe Probleme machen es erforderlich, den Betrachtungskontext zu wechseln und das Problem aus verschiedenen Perspektiven zu betrachten, um so eine gute Modellbildung zu ermöglichen.

Der Prozess der Modellbildung ist daher durch die Wahl der Betrachtungszusammenhänge des Forschers beeinflusst. Der von ihm als Problem verstandene Komplex, die daraus folgende Wahl des betrachteten Ausschnittes der Realität und dessen Strukturierung wird durch die ihm vertrauten Denkweisen und Kenntnisse bestimmt. Im vorliegenden Kapitel werden daher verwandte, d.h. ähnliche, Problemstellungen und theoretische Ansätze betrachtet, die zu einem umfassenderen Problemverständnis beitragen können. Eine einseitige, stereotypisierende Betrachtung soll vermieden werden, um durch Berücksichtigung verschiedener Blickwinkel und Ideen eine umfassendere Darstellung und ein schärferes Verständnis zu ermöglichen.

Die Steuerung der Leercontainerströme stellt ein komplexes Entscheidungsproblem dar. Teilaspekte weisen Parallelitäten zu anderen Problemstellungen auf, die gedanklich ähnlich strukturierbar sind und deren Betrachtung daher für Problemverständnis und Modellbildung hilfreich sein kann.[36] Das Spektrum reicht dabei von physisch ähnlichen Bereichen, wie z.B. der Bewegung unbeladener Waggons einer Eisenbahngesellschaft, über Fragestellungen, die sich mit Strukturausschnitten des realen Problems befassen[37], wie z.B. der Produktions- und Distributions- oder Lagerhaltungsplanung, sowie Konzepten ohne direkten Anwendungsbezug wie Markow-Ketten bis hin zu anders gearteten Sicht- und Verständnisweisen des Problems, z.B. der Warteschlangentheorie. Solche Probleme vermitteln Verständnisse, Kenntnisse und Denkweisen, die bei der Problemstrukturierung und Modellbildung des betrachteten, realen Problems helfen können.

Im Folgenden werden verschiedene denkbare Perspektiven kurz vorgestellt. Nicht alle können im Rahmen dieser Arbeit erschöpfend behandelt werden. Ziel dieses Abschnittes ist es, das reale Problem aus verschiedenen Blickwinkeln zu betrach-

---

[36] Ziel ist dabei nicht eine bloße Übernahme, Übertragung und Anwendung bekannter Verfahren o.ä., sondern eine Inspiration bei der Betrachtung des realen Problems. Jede Strukturierung erfordert den Rückgriff auf gewohnte Denkmuster. Je umfassender die Betrachtung erfolgt, d.h. je mehr bekannte Denkmuster einbezogen werden, desto besser ist das Ergebnis, da die Beeinflussung durch einzelne Sichtweisen weniger stark ist.

[37] Wo eine ähnliche Strukturiertheit bzw. Strukturierbarkeit erkannt oder gesehen wird, ist infolge der Abhängigkeit vom Betrachter mitunter subjektiv.

ten und Parallelitäten zu anderen Konzepten zu verdeutlichen. Auf diese Weise soll ein möglichst umfassendes Problemverständnis erreicht werden, von dem die Modellbildung profitiert und welches außerdem zu weiteren, über diese Arbeit hinausgehenden Ansätzen anregen soll.

Optimale Flottengröße und optimaler Leasingcontaineranteil

Zur Betrachtung der Leercontainerproblematik können Modelle und Ansätze herangezogen werden, die sich mit der Frage der optimalen Containerflottengröße oder dem optimalen Leasingcontaineranteil befassen, da diese Entscheidungen Einfluss auf die Bereitstellungs- und Repositionierungsmaßnahmen haben. Da es sich jedoch dabei nicht um Maßnahmen des operativen Entscheidungsspektrums, sondern um von taktischer oder strategischer Ebene vorgegebene Rahmenbedingungen handelt, sei zur genaueren Beschäftigung mit dieser Problematik beispielsweise auf LI ET AL. (2007) verwiesen.

Netzwerkflussproblem

Wie im vorhergehenden Kapitel gezeigt, ist die Bestimmung optimaler Bewegungen durch ein Transportnetzwerk ein Teilaspekt der Steuerung der Leercontainerströme.

Ein Netzwerk (N, A) besteht aus der Menge N der Knoten (*nodes*) und der Menge A der Pfeile (*arcs*) als gerichtete Kanten. Die Menge A besteht aus geordneten Paaren (i, j) welche eine Verbindung von Knoten i zu Knoten j anzeigen. Mit jedem Knoten $k \in N$ ist eine Mengenangabe a_k des betrachteten Gutes verbunden. Im Falle von $a_k > 0$ handelt es sich um einen Angebotsknoten, bei $a_k < 0$ um einen Bedarfsknoten und bei $a_k = 0$ um einen sogenannten Umladeknoten. Die Pfeile können mit Parametern bewertet sein. Diese stellen den maximalen Fluss m_{ij} über einen Pfeil (i, j) oder die mit dem Fluss über den Pfeil (i, j) verbundene Veränderung des Zielfunktionswertes c_{ij} dar (vgl. auch folgende Abbildung).

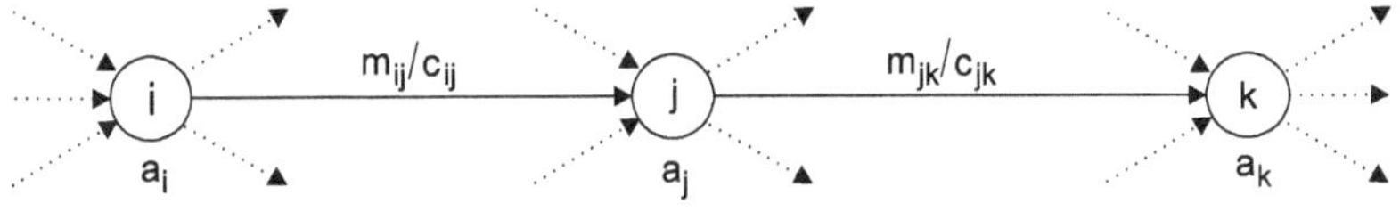

Abbildung 9: *Ausschnitt der Darstellung eines Netzwerkflussproblems*

Das Basisproblem der Netzwerkflusstheorie ist das *Maximalflussproblem*, d.h. die Ermittlung des insgesamt möglichen Flusses durch das System.
Darüber hinaus gibt es noch weitere wichtige Netzwerkflussprobleme und Anwendungsbereiche. Ist nicht die maximale, sondern lediglich eine vorgegebene Flussmenge durch ein Netzwerk zu senden, so handelt es sich um ein Minimalkosten-Netzwerkflussproblem, welches anhand des klassischen Transportproblems im Folgenden dargestellt wird. Eine ausführliche Darstellung verschiedener Netzwerkflussprobleme und Ansätze zu deren Lösung findet sich bei ARLT (1994).

Klassisches Transportproblem (TPP)

Das *klassische Transportproblem* zählt zu den Minimalkosten-Netzwerkflussproblemen. Hierbei ist ein bestimmtes Gut an m Angebotsorten (Angebotsknoten) verfügbar und wird an n Nachfrageorten (Bedarfsknoten) in einer bestimmten Quantität benötigt. Die Möglichkeiten des für den Erfolg des Systems *Container* so wesentlichen intermodalen Transports, lassen sich durch sogenannte Umladeknoten ohne eigenen Bedarf berücksichtigen.
Gerichtete Kanten stellen Transportwege zwischen zwei Orten i und j dar. Sie sind mit Parametern c_{ij} belegt. Gesucht werden die optimalen, d.h. z.B. kosten- oder transportzeitminimalen Transportmengen und -wege, welche die Angebote und Bedarfe unter Einhaltung der Restriktionen, beispielsweise der maximalen Flüsse der Kanten, ausgleichen. Die Entscheidungsvariablen x_{ij} geben dabei an, wie viele Mengeneinheiten über den Transportweg von i nach j bewegt werden. Formal lässt sich das klassische Transportproblem wie folgt formulieren:

$$ZF = \sum_{(i,j)\varepsilon A} c_{ij}\, x_{ij} \rightarrow min$$

unter den Nebenbedingungen

$$\sum_{j\,\varepsilon\{j:\,(k,j)\,\varepsilon A\}} x_{kj} \;-\; \sum_{i\,\varepsilon\{i:\,(i,k)\,\varepsilon A\}} x_{ik} = a_k \qquad k\varepsilon N$$

$$0 \leq x_{ij} \leq m_{ij}, \qquad (i,j)\varepsilon A$$

mit

x_{ij} : Fluss über die Kante von i nach j

c_{ij} : Kosten pro Mengeneinheit bei Fluss von i nach j

m_{ij} : Maximaler Fluss auf der Kante von i nach j

a_k : Angebot bzw. Bedarf des betrachteten Gutes an Knoten k

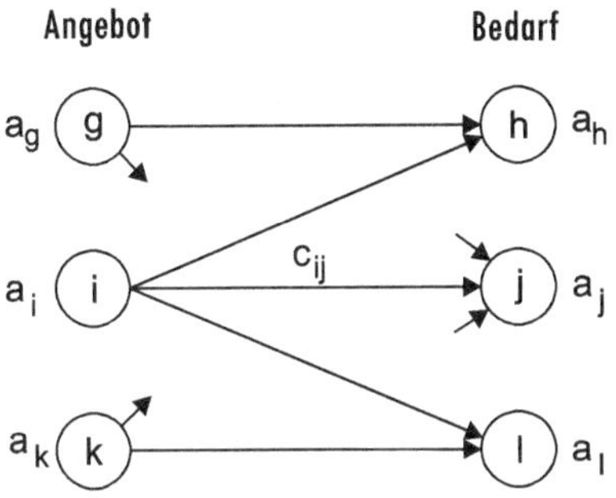

Abbildung 10: *Transportbeziehungen zwischen Angebots- und Bedarfsknoten*

Eine ausführliche Beschreibung des Problems und möglicher Lösungsalgorithmen findet sich beispielsweise bei MÜLLER-MERBACH (1970), BLOECH (2003) sowie DOMSCHKE UND SCHOLL (2005).
Da sich die beschriebene Struktur nicht nur auf die räumliche, sondern auch auf die zeitliche oder sachliche Verteilung eines Gutes anwenden lässt, wird diese Problematik auch als *Verteilungsproblem* bezeichnet. Der Begriff „Verteilung" ist in diesem Zusammenhang als *Distribution* zu verstehen. Die Distribution umfasst dabei allein die Bestimmung der Transportwege und die technische Umsetzung der Transporte hinsichtlich Wahl von Transportzeit, Transportmenge, Transportmittel, Transportorganisation u.ä., also nur die Bewegung von den Angebots- zu den Bedarfsorten.

Vehicle Allocation Problem

Im Gegensatz zur Distribution schließt die *Allokation* die optimale Aufteilung im Sinne des effizienten Einsatzes eines Gutes in die Betrachtung mit ein. Betrachtet wird somit auch die Frage, welche Knoten welche Menge der verfügbaren Ressource abgeben bzw. erhalten sollten.
Das *vehicle allocation problem* befasst sich mit dem optimalen Einsatz einer Flotte von Fahrzeugen bzw. Transportmitteln oder auch -behältern. Dabei werden sowohl die Frage des optimalen räumlichen Einsatzes der entsprechenden Transportmittelflotte durch Zuordnung der Transportmittel zu Depots oder anderen Orten als auch die damit verbundene, notwendige Distribution der Transportmittel betrachtet und Fragen der technischen Umsetzung von Bewegungen innerhalb

des Netzwerkes, wie beispielsweise Transportwege, -zeiten etc., berücksichtigt. Werden mehrere Zeitpunkte in der Betrachtung berücksichtigt, handelt es sich um ein dynamisches Problem. Das Problem der *Steuerung der Leercontainerströme* lässt sich somit als *vehicle allocation problem* klassifizieren.
Die Verteilung leerer Eisenbahnwaggons stellt ebenfalls ein *vehicle allocation problem* dar (vgl. hierzu auch Kapitel 2.3 und HOLMBERG ET AL. (1998)). Weitere Anwendungsgebiete der als *vehicle allocation* zu klassifizierende Probleme sind z.B. die Organisation von Mietwagenflotten, Lkw-Flotten von Speditionen etc.

Abstrahiert man vom Transportbereich, gelangt man zur Gruppe der Ressourcen-Allokations-Probleme, zu denen auch das Kapazitätszuweisungsproblem bei der Bestimmung des optimalen Produktionsprogramms durch optimalen Einsatz begrenzt verfügbarer Ressourcen zählt (vgl. beispielsweise GÖTZE (2007)).[38]

Allokationsprobleme weisen verschiedene Eigenschaften auf. Das weite Feld der Allokationsprobleme lässt sich daher weiter unterteilen. Je nach Struktureigenschaften und Modellierung kann eine Einteilung hinsichtlich der Kriterien *deterministisch* oder *stochastisch* sowie *statisch* oder *dynamisch* erfolgen.
Die erste Unterteilung bezieht sich auf die Sicherheit der Daten. Werden diese für den gesamten Planungshorizont als sicher und bekannt angenommen, handelt es sich um ein deterministisches Modell. In stochastischen Modellen wird hingegen die Unsicherheit von Planungsdaten explizit im Modell berücksichtigt.

Mit Blick auf den Planungs- und Entscheidungshorizont werden statische und dynamische Modelle unterschieden. Während statische Modelle lediglich einen Zeitabschnitt berücksichtigen, werden in dynamischen Modellen explizit mehrere Zeitabschnitte in die Betrachtung mit einbezogen.
Sind Entscheidungen und Handlungen zu verschiedenen Zeitpunkten möglich oder werden deren Wirkungen und Interaktionen zu verschiedenen Zeitpunkten im Modell berücksichtigt, stellt also mindestens ein Modellparameter eine Funktion der Zeit dar, handelt es sich um ein dynamisch formuliertes Modell.
Bei der *dynamischen Anwendung eines Modells* wird das Modell wiederholt erneut gelöst, sobald neue oder zusätzliche Informationen verfügbar sind und die

[38] Auf dieser Sichtweise, diesem Problemverständnis und den damit verbundenen Überlegungen hinsichtlich der Deckungsbeitragsrechnung basiert auch z.T. das später entwickelte und in Kapitel 3 dargestellte Modell.

bisher getroffenen Maßnahmen dementsprechend angepasst, wie es beispielsweise bei der rollenden Planung der Fall ist (vgl. auch POWELL ET AL. in BALL (1995) *Network Routing*).

Obwohl auch statische oder deterministische Modelle zur Steuerung der Leercontainerströme formuliert werden können, ist nach der hier vertretenen Auffassung eine angemessene Abbildung wichtiger Eigenschaften des Problems nur mit Hilfe eines stochastischen und dynamischen Modells möglich.
Eine dynamische Formulierung des Modells ist notwendig, da sich elementare Modellparameter, wie beispielsweise Angebots- und Nachfragemengen, im Zeitverlauf ändern und die Entscheidungen über die Verwendung von Leercontainern Wirkungen und Interaktionen zu verschiedenen Zeitpunkten zur Folge haben (vgl. auch Kapitel 2.2.4.2 und PUTERMAN (1994)).
Die Berücksichtigung der Stochastizität ist erforderlich, da, wie in Kapitel 2.2.3 beschrieben, mitunter hohe Unsicherheit hinsichtlich verschiedener, in der Zukunft liegender Daten besteht. Beispielsweise ist auch unsicher, wann Importcontainer von den Kunden entladen und wieder verfügbar sein werden.
Eine dynamische Anwendung des formulierten Modells ist notwendig, da im Zeitverlauf ständig neue Informationen über Containerbedarfe und -überschüsse verfügbar werden oder sich bisher unsichere Werte konkretisieren, welche dann durch eine rollende Planung und eine wiederholte Modelllösung berücksichtigt werden sollten.

Dynamische, stochastische Modelle gewinnen immer mehr an Bedeutung. Um eine gute Lieferservicequalität zur Sicherung der Kundenzufriedenheit gewährleisten zu können, sind Prozesse zu parallelisieren. Die zum optimalen Umgang mit der erwarteten, zukünftigen Situation erforderlichen Aktionen sind rechtzeitig einzuleiten. Entscheidungen sind zu treffen, bevor alle relevanten Informationen bekannt und sicher sind. Sobald neue Informationen verfügbar werden, müssen bestehende Entscheidungen angepasst werden. Die Formulierung des *dynamic vehicle allocation problem* als Problem der stochastischen Programmierung findet sich bei POWELL ET AL. (1995) S. 261 ff.

Markow-Prozesse

Bei den im Modell zu berücksichtigenden Zufallsvariablen handelt es sich um stochastische Prozesse. Ein stochastischer Prozess ist eine Folge von Zufallsereignissen. Daher stellen auch die in einem Depot auftretenden Leercontainerbedarfe bzw. -angebote und die daraus resultierende Menge verfügbarer Leercontainer stochastische Prozesse dar.

Einen speziellen Typ stochastischer Prozesse bilden *Markow-Prozesse*. Kennzeichnend ist für diese, dass der künftige Systemzustand allein von dem gegenwärtigen, aber nicht direkt von den vergangenen Zuständen, abhängig ist. Alle relevanten Informationen der Vergangenheit über die künftigen Entwicklungsmöglichkeiten des Systems werden allein durch den gegenwärtigen Zustand ausgedrückt. Die Vergangenheitsereignisse beeinflussen zwar den gegenwärtig erreichten Zustand, die zukünftige Entwicklung baut jedoch nur auf diesem und den aktuell zu treffenden Aktionen, aber nicht darüber hinausgehend auf den vergangenen Zuständen, auf.
Die Wahrscheinlichkeitsverteilung des Folgezustandes s_{t+1} ist durch Kenntnis des aktuellen Zustands s_t und der aktuellen Aktion u_t eindeutig bestimmt. Sie hängt nicht von den vorhergehenden Zuständen des Systems ab.

Eine besondere Klasse von dynamischen, stochastischen Entscheidungsproblemen sind die sogenannten *Markow-Entscheidungsprozesse*. Eine gute Darstellung von Markow-Entscheidungsprozessen und ihre Anwendung als stochastisches Modell für die Lagerhaltung eines Produktes findet sich bei PUTERMAN (1994).
Dieser Bereich war eines der ersten Anwendungsgebiete von Markow-Entscheidungsprozessen. Zu jedem Betrachtungszeitpunkt ermittelt der Verantwortliche den aktuellen Lagerbestand. Auf Basis dieses Bestandes bestimmt er die Menge des zu bestellenden Gutes, die den erwarteten Gewinn maximiert. Dabei steht er vor dem Problem des tradeoffs zwischen Lagerkosten und entgangenen Gewinnen, da die Nachfrage erst nach dem Auffüllen des Lagers bekannt wird.

Modelle zur Bestimmung des optimalen Lagerbestands

Bei den Überlegungen hinsichtlich der optimalen Allokation eines Gutes auf mehrere Bedarfsorte spielen auch Aspekte von Lagerhaltungsmodellen eine Rolle. Für jedes einzelne Depot ist, für sich betrachtet, ein Lagerhaltungsproblem bei unsicherer Nachfrage zu lösen. Ein zu niedriger Lagerbestand birgt dabei die Gefahr von Fehlmengen und entgangenen Gewinnen.[39] Ein zu hoher Lagerbestand führt

---

[39] Eine detaillierte Darstellung von Fehlmengenkosten findet sich in der Dissertation von SCHMID (1977).

hingegen zu unnötig hohen Lagerkosten und Kosten für gebundenes Kapital.[40] Mit diesem Problem befasst sich auch das so genannte *Newsboy-Modell.*[41] Darin hat ein Zeitungsverkäufer zu entscheiden, wie viele Zeitungen er dem Verleger abnehmen sollte, um seinen Gewinn zu maximieren. Die tatsächliche, künftig eintretende Kundennachfrage nach Zeitungen ist dabei zum Entscheidungszeitpunkt noch unbekannt und kann nur geschätzt werden.

Dieses einfache Modell ist besonders geeignet, um die Zweistufigkeit des Problems zu veranschaulichen. Auf der ersten Stufe hat der Zeitungsverkäufer aufgrund seiner Erwartungen zu entscheiden, wie viele Zeitungen er in seinen Bestand nehmen sollte. Erst auf der nachfolgenden, zweiten Stufe wird die bislang ungewisse Nachfrage realisiert. Hat der Verkäufer seinen Zeitungsbestand zu gering gewählt, entgeht ihm potentieller Gewinn, da er die Nachfrage nicht vollständig bedienen kann. War sein Bestand höher als die tatsächlich eintretende Nachfrage, erleidet er einen Verlust, da er nicht alle Zeitungen seines Bestandes verkaufen und die überschüssigen nicht oder nur mit Verlust zurückgeben kann.

Auch bei der Steuerung der Leercontainerströme sind Beschaffungs-, d.h. Repositionierungsentscheidungen, zu treffen, bevor die künftigen Containerbedarfe vollständig bekannt sind. Auf Stufe 1 erfolgt die Verteilung der Container auf die Depots, während die Kundennachfrage in den einzelnen Depots in der Regel erst später, auf der zweiten Stufe, eintritt.[42]
Gute Darstellungen des *Newsboy-Model* findet sich auch in Heyman and Sobel (1990) im Rahmen der *stochastic inventory theory* und bei Prékopa (1995).

Die Dissertation von Schwarz (2004) befasst sich ebenfalls mit stochastischen Lagerhaltungsmodellen. Darin wird eine zusätzliche Beschaffungsoption in das Modell einbezogen, welche in vorher festgelegtem Umfang in Anspruch genommen werden kann, sofern die ursprüngliche Bestell- bzw. Lagermenge nicht zur Bedienung der eintretenden Nachfrage ausreicht. Dieser Gesichtspunkt könnte

---

[40] Dabei gilt es zu bedenken, dass bei dem in der vorliegenden Arbeit zu behandelnden Problem die Depots und deren Lagerbestände nicht isoliert betrachtet werden dürfen. Es gilt vielmehr das globale, gesamtunternehmensbezogene Optimum mit Blick auf die Lagerbestände und die räumliche Verteilung der Container zu erreichen.

[41] Auch bekannt unter den Namen *Newsvendor-Modell* oder *Orangenverkäufermodell.*

[42] Vgl. zur Mehrstufigkeit auch Cheung and Powell (1996b).

bei der Leercontainersteuerung zur Berücksichtigung anderer, kurzfristiger Beschaffungsmöglichkeiten, wie beispielsweise der Anmietung von Leasingcontainern, herangezogen werden.

Dynamic Programming

Sind Entscheidungen nicht nur einmalig auf der ersten Stufe, sondern, wie im Falle der Steuerung der Leercontainerströme, wiederholt zu treffen, führt dies zu mehrstufigen Entscheidungsproblemen.
Mit der Lösung mehrstufiger Entscheidungsprobleme befasst sich die *Dynamische Programmierung*. Begründet wurde sie von dem amerikanischen Mathematiker Richard Bellman.

Grundlegend für das Vorgehen der dynamischen Programmierung ist das *Bellman'sche Optimalitätsprinzip*:

> „An optimal policy has the property that whatever the initial state and initial decision are, the remaining decisions must constitute an optimal policy with regard to the state resulting from the first decision.“
>
> (Bellman (1957), S. 83)

Formal lässt sich dieser Gedanke wie folgt darstellen.
Unter einem Prozess F wird eine Folge von zu treffenden Entscheidungen und sich ergebenden Zuständen verstanden. Dabei gilt:

$$N = Anzahl\ der\ Entscheidungsstufen\ des\ Prozesses$$

$$p_1 = Anfangszustand\ des\ Prozesses$$

$$p_i = Zustand\ des\ Prozesses\ auf\ Stufe\ i$$

$$q_i = auf\ Stufe\ i\ getroffene\ Entscheidung$$

Die Funktion $g(p, q)$ gibt den mit der Entscheidung q verbundenen Ertrag bei Zustand des Systems p an.

Die Transformationsfunktion T beschreibt dabei den durch die Entscheidung q_i beeinflussten Übergang des Systems von Zustand p_i zum Zustand p_{i+1}, sodass gilt:

$$p_{i+1} = T(p_i, q_i)$$

Um das *Bellman'sche Optimalitätsprinzip* anwenden zu können, muss der Prozess $F(p_1, p_2, ..., p_N; q_1, q_2, ..., q_N)$ die Markow-Eigenschaft aufweisen. Dies bedeutet, dass der für die letzten $N - k$ Stufen zu erzielende Erlös und damit ihr Einfluss auf den Gesamtertrag des Prozesses, nur von dem Zustand des Systems nach der k-ten Entscheidung p_{k+1} und den darauffolgenden Entscheidungen abhängt, jedoch nicht von den zuvor getroffenen Entscheidungen oder Zuständen. Demnach sind alle relevanten Informationen im Zustand des Systems p_{k+1} enthalten.

Sei $f_N(p_1)$ die Funktion, die den Ertrag des Prozesses, ausgehend vom Anfangszustand über alle Entscheidungen maximiert:

$$f_N(p_1) = \max_{q1} \max_{q2} ... \max_{qN} [g(p_1, q1) + g(p_2, q_2) + \; ... \; g(p_N, q_N)]$$

Trifft man eine Entscheidung q_1, so führt dies zum Übergang von Zustand p_1 zum Zustand $p_2 = T(p_1, q_1)$. Der Umfang des verbleibenden Entscheidungsprozesses beträgt $N - 1$ Stufen. Der maximale Ertrag dieses verbleibenden Prozesses hängt bei Vorliegen der oben beschriebenen Markow-Eigenschaft lediglich vom Zustand p_2 ab. Somit ergibt sich der maximale Ertrag für den $(N - 1)$-stufigen Prozess als $f_{N-1}(T(p_1, q_1))$.
Es existiert eine Entscheidung q_1 auf der ersten Stufe, die den Ertrag der ersten Stufe maximiert und zu dem Zustand p_2 führt, von dem ausgehend der Ertrag des verbleibenden $(N - 1)$-stufigen Prozesses maximiert wird, sodass gilt:

$$f_N(p1) = g(p_1, q_1) + f_{N-1}[T(p_1, q_1)]$$

Um zum maximalen Gesamtertrag zu führen, muss allerdings sowohl $g(p_1, q_1)$ als auch $f_{N-1}[T(p_1, q_1)]$ durch die Wahl von q_1 maximiert werden. Die optimale Entscheidungspolitik des $(N - 1)$-stufigen Entscheidungsprozesses muss also Bestandteil der optimalen Entscheidungspolitik des N-stufigen Entscheidungsprozesses sein.
Führt die für den Gesamtprozess optimale Entscheidungsfolge q^* über den Zustand ψ, so muss die von ψ ausgehende Entscheidungsfolge in q^* enthalten sein. Würde das Ergebnis durch eine andere von ψ ausgehende Entscheidungsfolge verbessert werden, so wäre q^* nicht die optimale Entscheidungsfolge des Gesamtprozesses.

Zur weiteren Vertiefung wird auf BELLMAN (1957) und BELLMAN (1972) verwiesen.[43]

Zum Abschluss dieses Kapitels werden nun noch einige weniger naheliegende Ansätze skizziert, die ebenfalls als Basis für weitere denkbare Problemauffassungen der Leercontainerstromsteuerung dienen können.

Standortentscheidungsproblem
Für jeden einzelnen Container ist eine Art *Standortentscheidungsproblem* zu lösen und aus der Menge der Depots der optimale Standort zu wählen. Wie im Modell des *Launhardtschen Trichters* könnten bei reiner Kostenbetrachtung auch für Leercontainer die Lagerkosten als der Stiel und die erwarteten Transportkosten zu anderen Bedarfs- bzw. Einsatzorten als Trichter verstanden werden.

Warteschlangentheorie
Gegebenenfalls kann das Problem der Steuerung der Leercontainerströme auch aus der Perspektive der Warteschlangentheorie als doppelseitiges Warteschlangenproblem betrachtet werden. Einerseits würden Containerschlangen bestehen, die auf Transportaufträge und andere Verwendungen warten, andererseits würden sich Transportaufträge von ihrem Bekanntwerden bis zu ihrem spätestmöglichen Abfahrtzeitpunkt solange in einer Warteschlange befinden, bis ihnen ein Container zur Durchführung zugeordnet wird.
Aufgabe ist die optimale räumliche Zuordnung von Containern und Aufträgen und die entsprechende Abstimmung der Containerwarteschlangen.
Als Zielgröße könnte eine Minimierung der Wartezeiten angenommen werden. Zur Sicherung der Kundenzufriedenheit sollten die Wartezeiten der Ladungen möglichst gering gehalten werden. Gleichzeitig sollte die Summe der Wartezeiten der Container nicht unnötig hoch sein, um Leerzeiten zu vermeiden und einen effizienten Einsatz der Containerflotte zu gewährleisten.
Dabei muss die Zuordnung von bestehenden Transportaufträgen und verfügbaren Containern nicht in der Reihenfolge ihrer Wartezeit erfolgen. Es lassen sich auch verschiedene Prioritätenregeln entwickeln, welche insbesondere bei der Warte-

[43] Zur *Dynamischen Programmierung* vgl. auch: BERTSEKAS (1987), HADLEY (1964), YAO ET AL. (2003), STOUGIE AND VLERK (2005), MAROHN (1998), BIRGE AND LOUVEAUX (1997) sowie die Diskussion zwischen SCHNEIDER (1972) und HAX UND LAUX (1972a) bzw. HAX UND LAUX (1972b).

schlange der Ladungstransporte Anwendung finden und sich nach deren Bedeutung (z.B. entgangener Gewinn oder maximale Restwartezeit) richten sollte. Zur Vertiefung der Warteschlangentheorie seien SCHASSBERGER (1973), NEUMANN (1977) und ELBESHAUSEN (1977) empfohlen.

Kuppelproduktion

Umstritten ist, ob Hin- und Rückfahrt bzw. Ladungstransport und Leerfahrt als Kuppelprodukte verstanden werden können und somit Denkweisen aus diesem Bereich bei dem Problemverständnis und der -strukturierung helfen können. Nach der hier vertretenen Auffassung ist davon auszugehen, dass Rück- und Leerfahrten *nicht* zwangsläufig entstehen. Werden sie durchgeführt, so handelt es sich dabei nicht um eine technische Zwangsläufigkeit eines gemeinsamen Prozesses, sondern um eine wirtschaftliche Überlegung zur Wiederherstellung der Einsatzbereitschaft der Transportmittel, im Gegensatz zu ihrer Einwegnutzung. Zwar sind Hin- und Rückfahrt bzw. Ladungstransport und Leerfahrt nicht zwangsläufig miteinander verbunden, jedoch ist jeder Ladungstransport mit einer Standortänderung des Transportmittels verbunden. Daher kann die Standortänderung durch einen Ladungstransport als Kuppelprodukt im Sinne einer gekoppelten Leistungserstellung verstanden werden. Die Standortänderung muss dabei nicht in jedem Fall nachteilig sein. Die Leercontainerproblematik entsteht, ähnlich wie die Probleme einer Kuppelproduktion, durch die Diskrepanz zwischen den Zwangsverhältnissen einer gekoppelten Leistungserstellung, d.h. Ladungstransport und Standortänderung und einer geographisch anders strukturierten Nachfrage.

Koordinationsproblem

Bei der Steuerung der Leercontainerströme handelt es sich um ein Problem der Koordination einer großen Menge von Einzelentscheidungen, sodass bestehende Interdependenzen zum Erreichen des globalen Optimums berücksichtigt werden müssen. Dafür gilt es, die Entscheidungen und Maßnahmen sowohl in räumlicher als auch in zeitlicher Hinsicht in geeigneter Weise zu koordinieren. Da dieser Aspekt nach dem hier vertretenen Problemverständnis die besondere Herausforderung der Problematik darstellt, wird im Folgenden auf dieser Sichtweise der Fokus der Betrachtung liegen und sie in Kapitel 3 ausführlich fortgesetzt. Zunächst werden jedoch die bisher zur Leercontainerproblematik veröffentlichten Arbeiten vorgestellt.

2.3 Bisher veröffentlichte Arbeiten zur Leercontainerproblematik und ähnlichen Fragestellungen

Container stehen bereits seit ihrem Aufkommen im Interesse des *Operations Research*. Einen umfassenden und sehr interessanten Überblick über die Entwicklung dieses Transportsystems und dessen Einfluss auf die Weltwirtschaft gibt LEVINSON (2006) in *„The box: how the shipping container made the world smaller and the world economy bigger"*.

Mit zunehmender Verbreitung und wachsender Bedeutung des Transportbehältersystems *Container* stieg auch die Zahl der Veröffentlichungen zu diesem Thema. Die betrachteten Schwerpunkte und Fragestellungen wurden jedoch den zum jeweiligen Zeitpunkt aktuellen Herausforderungen angepasst.
Um dem steigenden Transportaufkommen gerecht werden zu können, befasst sich die Vielzahl der wissenschaftlichen Arbeiten der letzten zwei Jahrzehnte im Bereich der Containerlogistik mit den Operationen im Hafen, d.h. der Optimierung der Lade-, Lösch- und Lagerungsprozesse. Dazu zählen beispielsweise das Liegeplatzzuweisungsproblem oder die Zuordnung von Containerbrücken und Transportfahrzeugen im Hafenbereich. Zunächst wurden die Teilprobleme isoliert betrachtet. Erst in jüngster Zeit werden integrierte Modelle entwickelt wie beispielsweise von MEIER (2008). Diese Prozesse bilden jedoch nicht den Untersuchungsgegenstand der vorliegenden Arbeit und werden daher nicht weiter behandelt. Einen guten Überblick über die einzelnen Probleme gibt auch der Artikel von STEENKEN ET AL. (2004).

Andere Veröffentlichungen befassen sich nur mit Randaspekten der in der vorliegenden Arbeit betrachteten Problemstellung, wie z.B. CHOONG ET AL. (2002), die die Möglichkeiten von intermodalem[44] Transport beschreiben oder der Artikel von ANG ET AL. (2007), der die optimale Ladungsmischung von Containerschiffen als Rucksack-Problem untersucht.

Das in der vorliegenden Arbeit betrachtete Problem der Leercontainerstromsteuerung fand wesentlich seltener Beachtung.
Die im Folgenden vorgestellten Ansätze bieten zwar mitunter einen recht guten Einblick in die grundlegende Problematik, in den meisten Fällen bleiben jedoch

[44] Die Erläuterung des Begriffs erfolgte auf S. 13 in Fußnote 16.

bereits bei der verbalen Beschreibung wichtige Aspekte unerwähnt. Eine Reihe von Artikeln und Veröffentlichungen konzentriert sich im jeweiligen Modellierungsansatz zu stark auf Einzelaspekte, während andere wichtige Problemcharakteristika unberücksichtigt bleiben, wie beispielsweise die Stochastizität künftiger Planungsgrößen, die Möglichkeit kurzfristig auftretende Nachfrage zu bedienen und die dafür notwendige Flexibilität.
Auch wenn diese Arbeiten in sich stimmig sind, so geraten in ihnen andere bedeutsame Problemcharakteristika schnell aus dem Blick des Lesers. Eine wirklich ausführliche, umfassende Betrachtung, die sich durch eine gute Problemstrukturierung oder einen eigens entwickelten Formulierungsansatz auszeichnet, findet sich, trotz vier veröffentlichten Dissertationen zum Themenbereich der Leercontainerlogistik, nicht.
Um sich, über einzelne Fokusse und Lösungsalgorithmen hinweg, eine möglichst umfassende Sichtweise über das Problem zu verschaffen, ist es sinnvoll, sich zusätzlich zu den bisher zu diesem Thema veröffentlichen Arbeiten auch mit verwandten, ähnlich strukturierbaren Problemen auseinanderzusetzen, um anschließend eigene, darüber hinausgehende Ideen entwickeln zu können.
Das Kapitel ist daher nach inhaltlichen Aspekten strukturiert und nicht chronologisch gegliedert.

Eine dieser ähnlichen Problemstellungen ist die Allokation unbeladener Eisenbahnwaggons. HOLMBERG ET AL. (1998) geben hierzu am Beispiel der *„Swedish State Railway"* einen guten Einblick. Im Anhang des genannten Artikels findet sich zudem eine Reihe weiterer Literaturangaben.

Auch WHITE UND BOMBERAULT (1969) befassen sich mit der Distribution unbeladener Güterwaggons in einem Transportnetzwerk und stellen das Problem als Netzwerkflussproblem dar.

Diesen Ansatz entwickelt WHITE (1971) weiter, veröffentlicht darauf aufbauend die erste Darstellung des Leercontainerproblems als dynamisches Netzwerkflussproblem und entwickelt einen Algorithmus zur Ermittlung kostenminimaler Wege für den Transport von Leercontainern von den Angebots- zu den Bedarfsorten durch ein *dynamic transshipment network*.
Die verfügbaren und benötigten Containermengen werden als sicher und gegeben angenommen und die Frage der Leercontainerverwendung als geklärt vorausgesetzt. Auch wenn weder unterschiedliche Verwendungsoptionen für Leercontainer,

noch Leasingmöglichkeiten berücksichtigt, sondern lediglich die kostenminimalen Transportwege ermittelt werden, ist diese Arbeit der erste Artikel in dem Leercontainer explizite, analytische Beachtung im *Operations Research* fanden.

Einen ebenfalls recht frühen und, wenn auch stark fokussierten, vergleichsweise ausführlich dargestellten Ansatz liefert FLOREZ (1986) mit seiner Dissertation zur Optimierung von Repositionierungs- und Leasing-Entscheidungen. FLOREZ erkennt die Bedeutung der Leercontainerlogistik und den strategischen Wettbewerbsvorteil, den ein guter Repositionierungsmechanismus einer Reederei bieten kann. Die Problematik wird beispielhaft für eine Reederei mit der Hauptroute US-amerikanische Ostküste - Brasilien betrachtet. Die Entscheidungen werden auf Basis der verfügbaren Informationen über Nachfrage, Angebot, Erlöse und Kosten getroffen. Bestehende Unsicherheiten bezüglich der Daten werden bestenfalls über Erwartungswerte als quasi-sichere Äquivalente, jedoch nicht tiefgehender berücksichtigt. FLOREZ stellt das Problem ebenfalls als *dynamic transshipment network* dar und formuliert ein lineares Programm für den Seetransport, welches unter der Zielsetzung der Gewinnmaximierung die optimale Allokation von Leercontainern bestimmt. Der Inlandtransport bleibt dabei allerdings unberücksichtigt.
FLOREZ nennt zwei Gründe aufgrund derer Leercontainer transportiert würden. Zum einen, um eine bestimmte Nachfrage an einem anderen Ort befriedigen zu können, sofern die dadurch erzielten Erträge die Leertransportkosten überstiegen, und zum anderen, um Leercontainer an einen Ort mit geringeren Lagerkosten zu bringen, falls die Lagerkostenersparnis die Leertransportkosten rechtfertige.[45]
In dem Artikel werden zwei alternative Lösungsverfahren vorgestellt. Zunächst wird ein Verfahren auf Basis eines induktiven Algorithmus (*out-of-kilter*) angewandt. Dies löst das Problem sehr zeiteffizient, sofern keinerlei Kapazitätsrestriktionen bestehen, bzw. bestehende nicht durch die ermittelte Lösung verletzt werden. Der zweite Algorithmus auf Basis einer upper-bound-Simplex-Methode kann Kapazitätsrestriktionen berücksichtigen, benötigt jedoch auch eine sehr viel höhere Rechenzeit. Abschließend analysiert FLOREZ die Sensitivität der Lösung in Bezug auf Transportkosten, Lagerkosten, Leasingkosten, Ausdehnung des Planungshorizonts und Änderung der Schiffs- und Depotkapazitäten.

[45] Vgl. hierzu die Kritik an reinen Kostenminimierungsmodellen in Kapitel 3.1.

Obwohl sich das Transportsystem Container in Europa erst seit dem Ende der 1960er Jahre durchzusetzen begann, finden sich auch in der deutschsprachigen Fachliteratur erstaunlich früh Veröffentlichungen zu diesem Thema.

So beschäftigt sich HUCH (1973) in ihrer Dissertation bereits zur Zeit des erst beginnenden Aufkommens des Containers in europäischen Häfen mit Leertransporten im Containerverkehr.
Darin beschreibt die Autorin die Ursachen der Leertransporte im Containerverkehr sowie deren ökonomische Auswirkungen, insbesondere ihren kostensteigernden Effekt und betrachtet die Erfolgswirkung einer Reduktion von Leertransporten. HUCH untersucht die Eignung von Maßnahmen aus den Bereichen Preisgestaltung, Organisation, Werbung und Verkehrsnetzstruktur zur Verringerung der Leertransporte. Am ausführlichsten geschieht dies für den Bereich Organisation. Hierbei beschreibt HUCH die Kooperationsmöglichkeiten von Transportunternehmen, stellt je ein Modell zur Ermittlung von zeit- bzw. kostenoptimalen Transportplänen auf und zeigt Ansätze zur Entwicklung eines optimalen Containertransportsystems mit Hilfe von Simulationsverfahren und elektronischer Datenverarbeitung auf. Abschließend diskutiert HUCH den kombinierten Einsatz der betrachteten Aktionen der einzelnen Bereiche Preisgestaltung, Organisation, Werbung und Verkehrsnetzstruktur.
Dass es sich um eine Arbeit aus der Zeit handelt, in der die Verbreitung des Transportsystems Container in Europa erst begann, zeigt sich bei den von der Autorin betrachteten Maßnahmen. So wird versucht, die Leertransporte durch Schaffung einer adäquateren Verkehrsinfrastruktur zu verringern. Durch Werbemaßnahmen und attraktive Preisgestaltung sollen zusätzliche Güter dem klassischen Stückguttransport abgeworben und für den Transport in Containern gewonnen werden, um die Auslastung der Containerflotte zu erhöhen.
Den heutigen, veränderten Umweltbedingungen werden die von HUCH entwickelten Ansätze jedoch kaum noch gerecht. Sofern eine weitere Verbreitung des Transportsystems Container und eine signifikante Verbesserung der Verkehrsinfrastruktur durch gezielte Ausrichtung auf Containertransporte überhaupt noch möglich sein sollte, ist aufgrund der hohen regionalen Ungleichgewichte kaum anzunehmen, dass hierdurch die Zahl der Leertransporte verringert werden könnte. Vielmehr sind heutzutage in einem gegebenen System von Nutzungsmöglichkeiten und Verkehrsinfrastruktur die Leerbewegungen zu optimieren. Einzig der in der beschriebenen Arbeit genannte Aspekt der Organisation hat daher auch ak-

tuell hohe Bedeutung. Allerdings hat sich hierbei ebenfalls das Aktionsspektrum in der Zwischenzeit verändert. So finden beispielsweise Leasingcontainer, neben anderen Aspekten, bei HUCH keinerlei Erwähnung oder Berücksichtigung.

Einen frühen Ansatz zur Organisation eines Container-Transportsystems zum Ausgleich von Leercontainerungleichgewichten stellt BIERMANN (1972) dar.
Der Autor nennt Vorteile des Containereinsatzes, beschreibt die damalige wirtschaftlich relevante Situation und befasst sich mit der Variation der Terminalstandorte innerhalb einer Region. Anschließend entwickelt BIERMANN für den Landtransport ein Organisationsmodell zur optimalen Container-Umlauf-Steuerung.
Nach eigenen Worten des Autors handele es sich um einen theoretischen Ansatz. Auch aus heutiger Sicht ist das beschriebene Vorgehen sehr grundlegend gehalten und führt daher nur noch in begrenztem Maße zu relevanten Erkenntnissen.

JARKE (1981) befasst sich mit der grundsätzlichen Ausgestaltung und Organisation von Container-Transportsystemen. Die Problematik der Leertransporte wird nur am Rande und mit Blick auf eine Verbesserung des Containerumlaufs behandelt. JARKE versteht die Leertransporte als Teilaspekt von Tourenplanungs- bzw. Rundreiseproblemen. Zudem werden auch Lkws und Chassis zum Containertransport, sowie die Kopplung von Containern, Chassis und Lkws in die Betrachtung einbezogen. Folglich wird versucht, Containerleertransporte als auch Lkw- und Chassisleerfahrten zu minimieren. Bei der Tourenplanung werden auch Fragen hinsichtlich der Containerflottengröße berücksichtigt.

Ausführlich befasst sich PONTA (1997) in seiner Dissertation mit der Problematik der Containerlogistik von Reedereien. Die bisher zu diesem Thema veröffentlichten Arbeiten kritisiert PONTA als nicht ganzheitlich einerseits und zu komplex für die praktische Anwendbarkeit andererseits. Vielmehr sei das Gesamtproblem zur Komplexitätsreduktion in Teilprobleme zu zerlegen. Gleichzeitig sei durch Schnittstellen sicherzustellen, dass zwischen den Teilproblemen bestehende Interdependenzen berücksichtigt werden, um eine ganzheitliche Sichtweise zu gewährleisten.
PONTA trennt die Logistik beladener und unbeladener Container. Er vertritt die Auffassung, dass der Ladungstransport besser dezentral organisiert werde, da hierbei viele Abstimmungen mit den Kunden vor Ort notwendig seien. Hingegen unterlägen beim Leertransport zu treffende Entscheidungen allein der Dispositi-

on der Reederei und daher solle hierbei ein zentraler Steuerungsansatz gewählt werden. Aufbauend auf einer Unterteilung der Optimierung der Containerlogistik in die *Optimierung des Containereinsatzes* einerseits und die *Optimierung der Containerbestände* andererseits entwickelt PONTA seine Konzeption.
Für jede Region des Transportnetzwerks wird aus dem prognostizierten Gesamtbedarf und einem ermittelten oder vorgegebenen Lieferbereitschaftsgrad der Containermindestbestand bestimmt. Dabei werden auch die Auswirkungen von Leasingmöglichkeiten explizit betrachtet. Für die Aufteilung des Mindestbestandes einer Region auf die einzelnen Depots werden knappe Vorschläge gemacht.
Zur Optimierung des Leercontainerumlaufs wird zunächst ein lineares Kostenminimierungsmodell aufgestellt, welches sowohl den See- als auch den Landtransport umfasst. Anschließend werden zur besseren Handhabbarkeit See- und Landtransport jedoch getrennt voneinander modelliert, wobei im Seetransportmodell die Vorgabewerte des Landtransportmodells und im Landtransportmodell die Vorgabewerte des Seetransportmodells als Schnittstelle berücksichtigt werden.
Die Stochastizität von Nachfragemengen werden im Containerumlaufmodell nicht mehr explizit berücksichtigt, da diese nach PONTAs Meinung bereits hinreichend bei der Ermittlung der Containermindestbestände berücksichtigt wurde. Diese Mindestbestände dienten zur Sicherstellung der Bedienung unvorhergesehener Nachfrage.
Die Modelle werden in Microsoft Excel implementiert und zur beispielhaften Lösung eines Problems von sehr begrenztem Umfang eingesetzt.
Zum Abschluss seiner Arbeit wird, entgegen der in ihrer Einleitung befürworteten Trennung von Voll- und Leertransporten, auf eine Integration von Leertransporten und der Absatzsteuerung eingegangen.
Ob die Arbeit zu der vom Autor angestrebten *Verbesserung des Containereinsatzes* in signifikantem Maße beiträgt, ist als fraglich anzusehen, da sich aus ihr kaum neue Erkenntnisse gewinnen lassen.
Im Vordergrund steht eine Automatisierung und recht grobe, stark zergliedernde Strukturierung. Neuartige Überlegungen und Herangehensweisen, eine angemessene, hilfreiche Strukturierung, ein schlüssiges Gesamtkonzept und ein an sich neuer Ansatz fehlen weitgehend. Manche Überlegungen PONTAs sind unvollständig oder nicht abschließend bzw. recht vage formuliert oder mit sehr restriktiven Annahmen verbunden, insbesondere bei der Betrachtung der Vorteilhaftigkeit von Leasingoptionen.

Die Zerlegung des Gesamtproblems in Teilprobleme hat ihre Berechtigung, unklar bleibt jedoch, weswegen überhaupt ein zentraler Ansatz gewählt wird, zumal der Autor später selbst anmerkt, dass die Zentralisierung sämtlicher Informationen sehr aufwendig sei und durch die Vielzahl der Handlungsmöglichkeiten und Unsicherheiten ein vollständiges und gleichzeitig handhabbares Modell unmöglich mache.
Unklar bleibt auch PONTAs Aussage, dass mehr Container zu weniger Repositionierungen führen. Mehr Container beheben keineswegs die Ungleichgewichte, aber eine gute Repositionierungsstrategie kann die Containernutzung steigern und somit helfen die Flotte zu reduzieren, günstige Transportmittel und -wege zu wählen, mehr Transportaufträge bedienen zu können und kurzfristiges Anmieten von Containern zur Engpassvermeidung zu reduzieren.
Obwohl die von PONTA vorgebrachte Kritik an den bisherigen Ansätzen gerade auf einer mangelnden Abstimmung von See- und Landtransporten aufbaut, bleibt auch in seiner Arbeit die Abstimmung der Teilprobleme über die vielgenannten Schnittstellen ungenau und ihre verbale Beschreibung mitunter widersprüchlich. Einerseits soll sowohl das Seemodell die Vorgaben aus dem Landmodell berücksichtigen, als auch umgekehrt das Landmodell die Vorgaben aus dem Seemodell. An anderer Stelle schreibt PONTA, das Seetransportmodell gäbe den Rahmen vor, innerhalb dessen die voneinander unabhängigen Landtransportmodelle optimiert werden könnten. Vernachlässigt werden dabei aber Effekte wie z.B. Opportunitätskosten, die sich im Seetransportmodell durch eine andere Aufteilung der verfügbaren Leercontainer ergäbe, als auch die Möglichkeit, dass benachbarte Regionen Leercontainer ohne Umweg über das Seetransportmodell Container untereinander austauschen können. Da der originäre Leercontainerbedarf, respektive das originäre Leercontainerangebot, in den einzelnen Depots auf regionaler Ebene entsteht, entspräche es der Natur der Sache eher, wenn die regionale Planung ihre Daten an die Häfen weitergäbe und anschließend das Seetransportmodell unter Beachtung der Bedarfe bzw. Überschüsse der Regionen optimiert würde.

CRAINIC ET AL. (1993) befassen sich mit dem Landtransport von Leercontainern innerhalb einer Region und berücksichtigen dabei sowohl unterschiedliche Containertypen bzw. -größen und die daraus verbundenen Substitutionsmöglichkeiten als auch die Unsicherheit von Leercontainerangebot und -nachfrage. Auch die Möglichkeit Container kurzfristig zu leasen, wird in die Betrachtung einbezogen. Der Hochseetransport wird lediglich als gegebener Leercontainerüber-

schuss bzw. -bedarf der Häfen berücksichtigt. Container, die eine Region verlassen, können daher nicht weiter im Modell verfolgt werden.
Das Allokationsproblem innerhalb einer Region unterteilen CRAINIC ET AL. in ein *allocation model*, welches die Verteilung der Leercontainer auf die einzelnen Depots ermittelt, sodass die erwartete Nachfrage bedient werden kann und in ein *routing model*, das die durch die notwendigen Leertransporte entstehenden Kosten minimiert, indem verschiedene Transportwege, -mittel und -zeiten berücksichtigt werden. Das Problem wird als lineares Optimierungsprogramm formuliert. Die Stochastizität wird über eine *recourse function* einbezogen. Eine konkrete Anwendung oder Prüfung der Lösbarkeit, Rechenzeiten erfolgt nicht.

JULA ET AL. (2004) behandeln die Leercontainertransporte innerhalb des Hafens bzw. des Hafengroßraumes. Der Artikel beschränkt sich auf die Bewegungen zwischen dem Hafen von Long Beach, Californien und Kunden und bleibt dementsprechend knapp.

Die Auswirkungen der Länge des Planungshorizontes auf die Wahl verschiedener Transportmittel beim Leercontainertransport analysieren CHOONG ET AL. (2002) mit Hilfe eines Kostenminimierungsmodells der linearen Optimierung unter der Annahme völliger Sicherheit der Planungsdaten.

LAI ET AL.(1995) beschreiben die Notwendigkeit von Leertransportmaßnahmen im Hochseeverkehr zwischen Europa, dem Mittleren Osten und Fernost. Es werden 11 Häfen in den genannten Regionen betrachtet und sukzessiv die Entwicklung der Gesamtkosten in Abhängigkeit von bestimmten Parametern eines Steuerungsmechanismus, wie z.B. Sicherheitsbeständen oder Prioritätenregelungen für bestimmte Häfen, analysiert. Zudem zeigen LAI ET AL. die Ergebnisse einer Container-Mix-Analyse, mit welcher der optimale Leasingcontaineranteil und die beste Mischung von 20-Fuß- und 40-Fuß-Containern ermittelt wurden.

Mit dem Leercontainerproblem befassen sich auch CHEUNG AND CHEN (1998). Es wird lediglich der Hochseetransport betrachtet. Die bestehende Unsicherheit einiger Daten wird explizit in der Betrachtung berücksichtigt, indem Leercontainerangebot und -nachfrage, sowie die auf Containerschiffen verfügbare Kapazität zum Transport leerer Container als Zufallsvariablen im Modell berücksichtigt werden. Das Modell wird als zweistufiges stochastisches Modell (*two-stage stochastic model*) formuliert. Zur Lösung wenden CHEUNG AND CHEN klassische Quasi-Gradient-Methoden sowie eine neue Klasse von hybriden Methoden an.

SHEN AND KHOONG (1995) beschreiben eine mögliche Struktur für ein entscheidungsunterstützendes System (*decision support system*) zur Lösung von mehrperiodigen Leercontainerallokationsproblemen. Die Darstellung ist sehr knapp und fast ausschließlich verbal gehalten.

Einen sehr interessanten Ansatz verfolgt POWELL (1986). Dieser wird in darauf folgenden Artikeln immer wieder aufgegriffen und verfeinert. Zur Lösung eines *dynamic vehicle allocation problem* (DVA)[46] in der Lkw-Planung einer Spedition mit unsicheren Bedarfen wird ein Modell entwickelt, welches nicht nur die aktuellen Erfolgsbeiträge, sondern auch erwartete, vom Zielort einer Bewegung ausgehend, d.h. über die bekannten Daten hinausgehende, in Zukunft erzielbare Erfolgsbeiträge in die Betrachtung mit einbezieht, indem künftige Bewegungen durch das Transportnetz approximativ antizipiert werden. Die zentrale Frage ist: Was geschieht erwartungsgemäß nach der Bewegung, wie ist der weitere Verlauf durch das System? Auf dem von POWELL (1986) vorgestellten Ansatz baut eine Reihe von Artikeln auf. So betrachten FRANTZESKAKIS AND POWELL (1990) ein stochastisches DVA und entwickeln einen Lösungsalgorithmus, der die *recourse function* approximiert.

POWELL ET AL. (1995) stellen zur Modellierung und Lösung von "*dynamic fleet management problems*" ein weiteres Konzept vor und benennen es als "*logistic queueing network*" *(LQN)*. Dabei wird das kombinierte Problem der Ladungstransporte und der Kapazitätsplanung simultan betrachtet. Da sich der ergebende Umfang für Probleme realer Größenordnung bei klassischer Formulierung als lineares Optimierungsproblem kaum handhabbar sei, wird ein neuer Lösungsansatz vorgestellt, welcher das Gesamtproblem in kleinere Teilentscheidungsprobleme nach Ort und Zeit zerlegt. Die bei dieser Herangehensweise vernachlässigten Wechselwirkungen von Teilentscheidungen werden approximativ berücksichtigt. Der Lösungsmechanismus und die Zerlegung arbeiten rekursiv, d.h. ausgehend von der letzten, in die Betrachtung einbezogenen Stufe.

Mit dem gleichen Ansatz zur dynamischen Steuerung einer Transportmittelflotte befassen sich auch POWELL AND CARVALHO (1998) und entwickeln hierfür einen Lösungsalgorithmus, jedoch ohne das Problem als *logistic queueing network* zu formulieren.

---

[46] Vgl. Kapitel 2.2.5.

Auch CHEUNG AND POWELL (1996a) befassen sich mit der Güterverteilung in einem stochastischen Netzwerk und entwickeln einen weiteren Algorithmus, welcher die Dekomposition des Gesamtproblems in Teilprobleme bei geringerem Optimalitätsverlust gewährleisten soll.

CHEUNG AND POWELL (1996b) befassen sich mit dem Problem der Verteilung von Gütern von einem oder mehreren Produktionsstandorten auf eine Reihe von Lagerhäusern verschiedener Regionen, wobei versucht wird, die noch unbekannte, künftige Kundennachfrage antizipativ in der Planung zu berücksichtigen. Es erfolgt eine Formulierung als mehrstufige Distributionsplanung. Drei alternative Lösungsverfahren werden vorgestellt, angewandt und die Ergebnisse analysiert.

Einen umfassenden Überblick über Netzwerkfluss-Probleme gibt BALL (1995). Darin sind auch zum Teil die Ansätze von POWELL enthalten.

Ein Überblick über eine ganze Reihe verschiedener Artikel und Ansätze zur Formulierung von Netzwerkfluss-Problemen, einschließlich der Steuerung von Containerflotten, findet sich bei CRAINIC AND KIM (2005).

Der von BEAUJON AND TURNQUIST (1991) vorgestellte Ansatz berücksichtigt zusätzlich zur Optimierung der Transportmittelallokation auch Entscheidungen über die optimale Flottengröße. Dabei wird auf die Stochastizität des Leercontainerbedarfs und die Unsicherheit der Transportdauer eingegangen. Die Formulierung als *expected value model* (Erwartungswertmodell) ersetzt jedoch die Zufallsvariablen durch Erwartungswerte als quasi-sichere Elemente und relativiert somit die Berücksichtigung der Stochastizität.
Als Anwendungsbereiche werden sowohl der Containertransport als auch Eisenbahn- und Lkw-Verkehr sowie die Organisation einer Mietwagenflotte genannt. Dementsprechend ist auch das Modell sehr allgemein gehalten. Nebenbedingungen wurden kaum ausformuliert und beschränken sich auf die Fortschreibung der Lagerbestände.
Insgesamt gehen BEAUJON AND TURNQUIST weniger von einer operativen als mehr von einer taktischen oder sogar strategischen Sichtweise des Problems aus, da mitunter Entscheidungen über die Struktur des Transportnetzwerkes (z.B. Flottengröße) getroffen werden.

Auch LI ET AL. (2007) befassen sich mit den internationalen Transportungleichgewichten im Hochseetransport. Bei ihrem Vorgehen handelt es sich jedoch lediglich um eine Anwendung einer Lagerhaltungspolitik (u, d), wobei bei Unterschreiten eines Bestandes u das Lager um die Menge d aufgestockt wird. Verschiedene Alternativen werden getestet und bewertet.

In der Arbeit von Abrache et al. (1999) wird ebenfalls das Leercontainerproblem betrachtet. Es wird jedoch eine deterministische Problemformulierung zugrunde gelegt. Der Akzent dieser Arbeit liegt auf der angemessenen Berücksichtigung von Substitutionsbeziehungen zwischen verschiedenen Containertypen.

Der Vollständigkeit halber sei auch die Arbeit von Ratcliffe et al. (1984) genannt. Auf Basis linearer Programmierung wird ein Simulationsmodell zur Transportzeitminimierung leerer Güterwaggons entwickelt. Insgesamt ist die Darstellung recht knapp gehalten.

Gemeinsam ist allen vorgestellten Arbeiten, dass von einem zentralen Planungsansatz ausgegangen wird. Um überhaupt in angemessener Zeit zu einer Lösung zu gelangen, wird daher entweder nur ein zu kleiner Problemausschnitt betrachtet, wie beispielsweise nur der Hochseetransport, oder es wird versucht, das Problem in Teilprobleme zu zerlegen. Zudem wird die bestehende Unsicherheit in den meisten Fällen nicht angemessen berücksichtigt oder gar vollkommen ignoriert.

Der Fokus der bisher veröffentlichten Ansätze zur Leercontainerlogistik liegt nicht auf der Optimierung der Steuerung der Leercontainerströme als Allokation und effizienter Nutzung der verfügbaren Container, sondern auf dem rein distributiven Transportaspekt innerhalb des Netzwerkes. Selten wird dabei die Transportkette als Ganzes betrachtet. Vielmehr beschränken sich die Ansätze auf die weitgehend isolierte Betrachtung von Teilaspekten wie z.B. den Hochseetransport oder den Inlandtransport. Eine umfassende Betrachtung und ein ganzheitlicher Ansatz scheinen jedoch nötig.

3 Modellbildung

3.1 Festlegung der Zielgröße

Gegenüberstellung von Kostenminimierung und Gewinnmaximierung als Zielsetzung

Nachdem das vorhergehende Kapitel weitgehend deskriptiv gehalten wurde, steht nun die Entwicklung eines Modells zur Ermittlung der effizienten Allokation der verfügbaren Leercontainer im Mittelpunkt.[47] Die Abbildung der realen Situation durch ein Modell soll bei der Lösung des als Problem aufgefassten Komplexes helfen. Dazu gilt es zunächst eine geeignete Zielgröße festzulegen.

Das in dieser Arbeit zu entwickelnde Modell soll der Entscheidungsvorbereitung und -unterstützung dienen. Entscheidungssituationen sind grundsätzlich Wahlsituationen, in denen aus einer Menge von Verhaltensweisen eine oder mehrere auszuwählen sind. Rationalen Entscheidungen, dazu zählen auch ökonomische Entscheidungen, hat eine Zielgröße zugrunde zu liegen, welche die Auswahl einer bestimmten Verhaltensweise ermöglicht.[48] Die Beurteilung einer Entscheidung erfordert die Festlegung von Zielgrößen, welche die Vorteilhaftigkeit der Entscheidung und ihre Überlegenheit gegenüber den Alternativen ausdrücken.

Ein Großteil unternehmerischer Ziele lässt sich in dem Oberziel *Gewinnmaximierung der Unternehmung* zusammenfassen. Während auf strategischer Ebene der Aufbau von künftigen Erfolgspotentialen der Unternehmung im Vordergrund steht, stellt die Gewinnmaximierung ein Ziel der operativen Ebene dar. Auch bei Reedereien und anderen Transportunternehmen ist die Gewinnmaximierung als ein geeignetes operatives Ziel der Unternehmung anzusehen, anhand dessen Handlungsalternativen auf dieser Ebene bewertet, verglichen und Entscheidungen getroffen werden können.
Die Zielfunktion lautet: $G \rightarrow max!$,
wobei sich der Gewinn G als Differenz von Erlösen E und Kosten K ergibt:

$$G = E - K$$

[47] Vgl. hierzu auch die Ausführungen in der Vorbemerkung.

[48] Zu weiteren Ausführungen vgl. auch KERN (1974).

Die Kostenminimierung ist daher Subziel der Gewinnmaximierung.
Die Größen *Erlöse* und *Kosten* als rechnerische Abbildungen realer Vorgänge sind derart zu analysieren, dass ihre Verbindungen und Abhängigkeiten zu dem betrachteten Problem und den Aktivitäten innerhalb des realen Systems erkennbar werden. So lassen sich die den Problemkomplex betreffenden Handlungen hinsichtlich ihrer Eignung oder Dienlichkeit zur Erreichung der Unternehmensziele beurteilen.

Voraussetzungen für die Kostenminimierung als Zielsetzung

Nahezu alle bisher veröffentlichten Arbeiten zur Steuerung der Leercontainerströme wählen eine *Kostenminimierung* als Zielgröße. Basierend auf dieser Zielsetzung werden Entscheidungen getroffen und deren Optimalität beurteilt.
Lediglich in den von POWELL (vgl. Kapitel 2.3) entwickelten Modellen zur Steuerung des Einsatzes einer Transportmittelflotte werden auch die künftigen Nutzen bei der Entscheidungsfindung berücksichtigt. In den übrigen Modellen wird die Erlös- bzw. Leistungsseite, die die realen Prozesse der Ladungstransporte abbildet, nur über Nebenbedingungen in das Modell einbezogen. Bedarfsnebenbedingungen stellen sicher, dass alle durch Ladungstransporte entstehenden Leercontainerbedarfe, im Fall einer Gleichung exakt bzw. im Falle einer Ungleichung mindestens, erfüllt werden. Nur teilweise finden auch in den Kostenminimierungsmodellen entgangene Erlöse als Kosten, gewissermaßen indirekt, Berücksichtigung.
Um beurteilen zu können, ob, bzw. unter welchen Voraussetzungen, eine Beschränkung der Zielsetzung auf die Kostenminimierung allein überhaupt gerechtfertigt oder gar sinnvoll ist, sind die Eigenschaften des zugrunde liegenden Problems genau zu analysieren. Auch im nach konstruktionstheoretischem Verständnis *subjektiven* Modellbildungsprozess ist nicht die Zielvorstellung des Durchführenden, sondern das in erster Linie aus der Problemstruktur resultierende Zielverständnis maßgeblich. *Subjektiv* bedeutet dabei nicht „nach persönlichen Vorlieben", sondern nach individuellem Verständnis der Struktur des realen Problems.

Eine Beschränkung der Betrachtung auf die Kostenseite unterstellt eine unveränderte Erlösstruktur für alle alternativ zur Wahl stehenden Handlungsweisen. Unter der Prämisse, durch eine realisierte Entscheidung träte keine Änderung in der Erlösstruktur im Vergleich zu den alternativen Handlungsoptionen ein, genügt die Kostenbetrachtung zur Bestimmung der erfolgversprechendsten Entscheidung(en). Sind hingegen Divergenzen in der Erlösstruktur zu erwarten, so erweist sich die allein auf negative Erfolgsbeiträge ausgerichtete Kostenvergleichsrechnung als untauglich.

Kostenminimierungsmodelle haben somit durchaus ihre Berechtigung. Ist die Erlös- bzw. Leistungsseite für alle zu betrachtenden Alternativen identisch, so kann sie vernachlässigt werden und eine Auswahl ausschließlich unter Kostengesichtspunkten erfolgen. Die Zielsetzung *Kostenminimierung* kann anstelle des übergeordneten unternehmerischen Zieles *Gewinnmaximierung* verfolgt werden, da in diesem Fall die Erlösseite von der Entscheidung unabhängig ist oder zumindest als von ihr unabhängig angenommen wird.

Es ist offensichtlich, dass Repositionierungsentscheidungen in unmittelbarem Zusammenhang mit der Leistungs- und Erlösseite stehen. Ohne bereitgestellte Container können keine Transportleistungen erbracht werden.
Möglicherweise genügt jedoch ihre Berücksichtigung als Satisfizierungsziel.[49]
Ist aufgrund der Problemstruktur lediglich ein bestimmtes Leistungsniveau zu gewährleisten, so handelt es sich bereits gedanklich und sprachlich um eine Bedingung, eine Anforderung, die zu erfüllen, aber nicht selbst Hauptziel ist. Dies lässt sich in einer Gleichung oder Ungleichung als Nebenbedingung des Modells formulieren, unter deren Einhaltung die Optimierung zu erfolgen hat.
Eine derartige Berücksichtigung im Modell beschränkt den Lösungsraum der Aktionsparameter, d.h. die Entscheidungsmöglichkeiten, ist selbst aber nur als zu gewährleistende Bedingung, jedoch nicht als Zielgröße an sich zu verstehen. Bei verschiedenen Alternativen, die diese Nebenbedingung erfüllen, kann aufgrund ihrer keine Entscheidung für eine der Alternativen getroffen werden. Sie unterscheidet als Nebenbedingung lediglich zwischen zulässigen und unzulässigen Lösungen. Die zulässigen Lösungen sind aus ihrer Sicht alle gleichwertig. Innerhalb des zulässigen Lösungsraumes lässt sich die Entscheidung über die Werte der Zielvariablen ausschließlich über die formulierte Zielfunktion im Sinne einer Extremierung der Zielgröße treffen.
In Ansätzen, die eine Minimierung der Kosten als Zielgröße wählen, wird dem-

---

[49] Satisfizierungsziele zeichnen sich dadurch aus, dass bei ihnen anstelle der Extremierung (Maximierung oder Minimierung) einer in ihrem Bezug variablen Zielgröße das Erreichen einer vorgegeben (projizierten) Zielgröße tritt (vgl. KERN (1974)).

nach entweder von einer mangelnden Entscheidungsrelevanz der Erlös- bzw. Leistungsseite ausgegangen, indem sie für jede Alternative als identisch angenommen werden, oder es wird anhand der Erlös- und Leistungsperspektive als zu satisfizierende Größe zwar eine Einteilung in zulässige und unzulässige Lösungen vorgenommen, ihr darüber hinausgehend jedoch keine Relevanz beigemessen.

Die Absicht dieser Kostenminimierungsmodelle ist es, die Modelle möglichst einfach zu halten und nicht durch Aufnahme unnötiger oder zumindest wenig relevanter Modellparameter zu verkomplizieren. Sind Erlöse und Leistungen, in Übereinstimmung mit der im Modell abzubildenden Realität, vernachlässigbar oder Modellannahmen vertretbar, die eine Berücksichtigung der Leistungsseite lediglich in Form von Nebenbedingungen oder Satisfizierungszielen ermöglichen, ist dieses Vorgehen zur Komplexitätsreduktion zu befürworten.

Komplexitätsreduktion dürfte auch die Absicht und Motivation der Autoren, die sich bei der Steuerung der Leercontainerströme allein auf die Kostenminimierung konzentrieren, gewesen sein.[50] Der Umfang der Modelle sollte nicht durch die Einbeziehung der Ladungstransporte zusätzlich erhöht werden, sodass die Leistungsseite der Transportunternehmen in diesen Modellen nur über Bedarfsnebenbedingungen für den Containereinsatz in der Betrachtung berücksichtigt wird.

Die bloße Reduktion der Komplexität stellt dabei allerdings keine hinreichende Begründung dar. Zugleich ist trotz der Vereinfachung zu gewährleisten, dass das Abbild der Wirklichkeit im Modell nicht zu stark von der Realität abweicht. Durch zu starke Vereinfachung und zu restriktive Modellannahmen besteht die Gefahr, dass diese Abweichung so groß wird, dass die im Modell erzielten Ergebnisse kaum auf das reale System übertragbar sind und ihr Nutzen als gering anzusehen ist. Dabei ist auch zu beachten, dass der im Modell abzubildende Ausschnitt der Realität nicht zu eng gewählt wird.

Leistungen und Erlöse sollten nur in der Zielfunktion unberücksichtigt bleiben, wenn sie für die Wahl der Lösung innerhalb des zulässigen Lösungsraumes keine entscheidungsrelevanten Informationen liefern können. In einem Modell, das sich

---

[50] Allein PONTA(1997) sieht eine völlig andere Problemstruktur zwischen Ladungs- und Leertransportplanung. Die für die Modellbildung notwendigen Konsequenzen zieht er jedoch nicht und formuliert folglich ein Kostenminimierungsmodell.

lediglich mit der Minimierung der Leertransport- und Lagerkosten befassen soll, ist diese Darstellung der Realität angemessen.[51]
Fasst man die sinnvolle Steuerung der Leercontainer hingegen weiter, so stellt eine reine Kostenbetrachtung die Problematik des realen Systems nicht angemessen dar. Die mit einer reinen Kostenbetrachtung verbundene Annahme, alle zulässigen Lösungen seien unter Leistungs- und Erlösgesichtspunkten gleich wünschenswert, stellt nach dem hier vertretenen Verständnis eine zu starke Vereinfachung und daher eine nicht angemessene Abbildung der Realität dar.

Eignung der Gewinnmaximierung als operative Zielsetzung

In den bisher zur Leercontainerlogistik vorgestellten Modellen wird argumentiert, dass Reedereien bestrebt seien, in der Regel jede sich bietende Ladung transportieren zu wollen. Da bei geschlossenen Transportverträgen der Ladungstransport verpflichtend durchzuführen sei, bestünden keine Entscheidungsmöglichkeiten der Reedereien.
Es ist richtig, dass das Nichtausführen eines vertraglich zugesicherten Transportauftrages aufgrund der extremen Folgen, wie unter Umständen dem Verlust des Kunden, in der Regel keine ökonomisch sinnvolle Alternative darstellt und daher als Instrument der operativen Planung unberücksichtigt bleiben kann.
Allerdings ist nach der in der vorliegenden Arbeit vertretenen Meinung die Berücksichtigung der Erlös- und Leistungsperspektive als bloße Nebenbedingung nur in Sonderfällen ausreichend. Dieser Ansatz ist bei der Steuerung der Leercontainerströme zu starr, da aus zwei Gründen eine Einhaltung solcher Bedarfsnebenbedingungen nicht gewährleistet werden kann, sondern vielmehr von einer häufigen Verletzung dieser auszugehen ist oder eine häufige Anpassung bzw. Aktualisierung dieser Nebenbedingungen notwendig würde.

Zum Ersten ist anzunehmen, dass insgesamt eine Differenz zwischen dem aktuellen Leercontainerbedarf zum Ladungstransport und der zu disponierenden

[51] So erfolgt beispielsweise bei Crainic et al. (1993) eine Trennung zwischen *allocation model*, welches die Bedarfe bestimmt und *routing model*, welches anschließend die notwendigen Transporte unter Kostenminimierungsgesichtspunkten ermittelt (vgl. auch Kapitel 2.3). Diese Zielsetzung ist zwar nach der dort dargestellten Trennung folgerichtig, allerdings scheint nach dem hier vertretenen Verständnis die Trennung an sich kritisierbar, da die Vorteilhaftigkeit von Transportaufträgen auch von den bestehenden Leercontainerbeschaffungsmöglichkeiten abhängig ist.

Menge verfügbarer Leercontainer besteht. Daher ist festzulegen, was mit Abweichungen zwischen den beiden Größen geschehen sollte.

Übersteigt die Zahl der insgesamt verfügbaren Leercontainer die der derzeit zum Ladungstransport benötigten Leercontainer, ist zu bestimmen, wie mit den überschüssigen Leercontainern sinnvollerweise verfahren werden sollte. Eine Verteilung der Container unter reiner Kostenbetrachtung scheint äußerst fragwürdig.[52] Falls alle Bedarfsnebenbedingungen erfüllt sind, würde ein Kostenminimierungsmodell diese Container in die Depots mit geringeren Lagerkosten positionieren, sofern dies trotz zusätzlich anfallender Transportkosten kostenminimierend wirken würde. Kompensiert die Lagerkostenersparnis die anfallenden Transportkosten nicht, würden die Leercontainer einfach im Lagerbestand der aktuellen Depots bleiben.

Lediglich abzuwarten bis neue Informationen über Bedarfe verfügbar werden, muss nicht optimal sein. Bei einer Nutzenbetrachtung der Container könnten auch den erwarteten Gesamtbedarf übersteigende Leercontainerbestände gemäß ihrer künftig erwarteten Erfolgsbeiträge auf die verschiedenen Depots verteilt werden. Diese vorzeitigen Repositionierungsmaßnahmen sind notwendig, um kurzfristig auftretende Transportanfragen zeitnah bedienen zu können.

Übersteigt jedoch der Leercontainerbedarf für Ladungstransport, über deren Bedienung aktuell zu entscheiden ist, die Menge der verfügbaren Leercontainer, ist die Frage einer optimalen Zuteilung der knappen Leercontainer zu den vorteilhaftesten Transportaufträgen umso wichtiger.[53] Stehen weniger eigene Leercontainer zur Verfügung, als insgesamt zur Bedienung der Bedarfe benötigt werden, ist eine Verteilung der Container unter Berücksichtigung der mit ihnen erzielbaren Erfolgsbeiträge wesentlich sinnvoller, als lediglich die Kosten als Grundlage zu wählen, sofern nicht entgangene Erlöse ebenfalls als Kosten berücksichtigt werden.

Die Einbeziehung der Erlösperspektive in die Betrachtung zur Verbesserung der

---

[52] Zusätzlich zu der Verwendung der verfügbaren Leercontainer zum Ladungstransport bestehen weitere Möglichkeiten wie die Lagerhaltung und die Repositionierung aufgrund künftig erwarteter Transportaufträge. Daher kann angenommen werden, dass die Zahl der insgesamt wählbaren Verwendungsoptionen die der aktuell verfügbaren Container grundsätzlich übersteigt (vgl. auch Kapitel 2.2.2).

[53] Auf den Ausgleich durch den Einsatz von Leasingcontainern und die Wirkung auf die Planung wird im späteren Verlauf der Arbeit eingegangen.

Entscheidungen ist sinnvoll, da verschiedene Transportaufträge mit unterschiedlichen Erlösen verbunden sind.

Zum Zweiten ist zu bedenken, dass, wie in Kapitel 2.2.3 dargestellt, bei vielen Daten hohe Unsicherheit besteht. Der in Zukunft konkret bestehende Transportbedarf von Depots und Regionen ist zum Zeitpunkt, zu dem die Entscheidungen über Repositionierungsmaßnahmen getroffen werden müssen, noch weitgehend unbekannt.

Eine frühzeitige Repositionierung ist allerdings mit Blick auf die mitunter langen Transportwege und -dauern unumgänglich, um eine rechtzeitige Verfügbarkeit der durchaus kurzfristig auftretenden Transportaufträge überhaupt gewährleisten zu können und sich gegenüber den Konkurrenzunternehmen durch eine hohe Lieferzuverlässigkeit und Flexibilität, als wichtige Einflussgrößen auf die Kundenzufriedenheit, zu profilieren. Würden die Leercontainer erst dann zu den Bedarfsorten transportiert, wenn der Bedarf bekannt geworden ist, würden sie in der Vielzahl der Fälle nicht rechtzeitig eintreffen, um die Nachfrage bedienen zu können.

Eine Planung muss also zunächst auf Basis von erwarteten Ladungsaufkommen erfolgen. Dabei scheint es nicht sinnvoll, Unsicherheiten lediglich in quasi-sichere Elemente, wie z.B. Erwartungswerte, zu überführen und aufgrund ihrer eine starre Planung zu treffen. Das tatsächliche Ladungsaufkommen wird erst mit fortschreitender Zeit bekannt. Abweichungen vom Erwartungswert werden auftreten und machen Entscheidungen über die Notwendigkeit von Anpassungsmaßnahmen erforderlich. Daher gilt es, die Unsicherheit in geeigneter Weise im Modell *aktiv* zu berücksichtigen. Dazu ist ein differenzierter Vergleich der Handlungsoptionen unter Einbeziehung der Erlöse etc. nötig, um auch die Folgen kurzfristiger Anpassungen abschätzen zu können. Beispielsweise ist dies zur Bestimmung der Höhe entstehender Fehlmengenkosten wichtig. Diese resultieren aus der Entscheidung, ob zur Vermeidung einer Fehlmenge kurzfristig Container angemietet werden sollten oder evtl. auf andere Ladungstransporte bzw. Verwendungsmöglichkeiten der Container verzichtet werden sollte. Daher ist zuvor zu bestimmen, wie hoch die durch eine solche Maßnahme verdrängten Erlöse sind und anschließend die vorteilhafteste Entscheidung zu treffen.

Die hinsichtlich der künftigen Nachfrage bestehenden Unsicherheiten beziehen sich nicht nur auf die Quantitäten selbst, sondern auch auf ihre wertmäßigen

Komponenten. Es sind nicht nur die tatsächlichen Nachfragemengen unbekannt, sondern auch die mit ihnen verbundenen Erlöse bzw. die Erlösstrukturen. Werden Annahmen über die Nachfragemengen in Form von Prognosen getroffen, so sind damit implizit, evtl. unbewusst, bestimmte Annahmen über die Erlöse und die Erlösstruktur getroffen worden. Es ist davon auszugehen, dass unterstellt wurde, dass die Erfüllung der als zu bedienen berücksichtigten Transportaufträge auch als wirtschaftlich sinnvoll eingestuft wurde und andere potentielle Transportaufträge möglicherweise von vornherein ausgeschlossen wurden. Ist dies nicht der Fall, sind also einfach alle zu erwartenden Transportanfragen als zu erfüllende Nebenbedingung einbezogen worden, so ist eine explizite Betrachtung der Erlösseite umso dringender, da nicht auszuschließen ist, dass auch das Ablehnen von Ladungstransporten durchaus ökonomisch sinnvoll sein kann. Bestimmte Annahmen über die Erlösstruktur der erwarteten Nachfragemengen liegen also auch den Kostenminimierungsmodellen zugrunde, auch wenn auf diese nicht hingewiesen wurde und sie möglicherweise weder beachtet noch bemerkt wurden.

Die Struktur der durch Einsatz der verfügbaren Container erzielbaren Erlöse ist aber wichtigstes Kriterium der Nachfrage. Sie bestimmt und definiert die Nachfrage. Der Erlös eines Transportauftrages wird durch den Zielort, das Transportgut, dem Transportweg, der maximalen Transportdauer etc. beeinflusst. Es ist nicht sinnvoll anzunehmen, dass die Erlöse zweier, geschweige denn aller Transporte absolut identisch sind.

Wenn also durch Knappheit nicht alle Aufträge erfüllbar sind, ist zu entscheiden, welche erfüllt werden sollten und auf die Erfüllung welcher zu verzichten ist.

Auch ist es denkbar, dass die Nachfragemengen quantitativ exakt dem erwarteten Wert entsprechen. Jedoch heißt dies nicht zwangsläufig, dass die bisher unterstellte Erlösstruktur ebenfalls wie prognostiziert eintritt. Eine Abweichung von den Plandaten kann eine Anpassung der Entscheidung sinnvoll machen. Es könnte sich herausstellen, dass das Bedienen einer eingehenden Transportanfrage nun nicht mehr ökonomisch sinnvoll und sie daher abzulehnen ist, obwohl der rein quantitative Eintritt des Containerbedarfs richtig prognostiziert wurde. Auch diese Änderungen können entscheidungstechnische Relevanz haben und ihre Vernachlässigung in der Betrachtung trägt sicher nicht zur Qualität der Lösung bei. Daher sind die Erlöse und neue Informationen über die Erlösstruktur *nicht* zu vernachlässigen, um ein angemessenes Abbild der Wirklichkeit zu erreichen.

In der vorliegenden Arbeit werden zudem in der Praxis bisher wenig gebräuchliche, wie auch in der bisherigen Ansätzen[54] nahezu ausgeklammerte Möglichkeiten, wie z.B. die Kooperation und Containertausch mit anderen Reedereien, in die Steuerung der Leercontainerströme und das Entscheidungsspektrum einbezogen. Die eigenen Container stellen für Reedereien und Container-Leasinggesellschaften einen Werbeträger für das eigene Unternehmen in den Häfen, auf Zügen, Straßen etc. dar. Daher konnte sich in dieser Branche das Prinzip der *grey boxes*, die Nutzung untereinander austauschbarer Container ohne Kennzeichen eines Unternehmens, bisher nicht durchsetzen.
Um die Vorteilhaftigkeit eines Austausches von Containern zwischen Partnerunternehmen beurteilen zu können, sind Erlöse und Kosten, soweit möglich, im Verbund zu betrachten, um die erfolgstechnischen Auswirkungen der verschiedenen Handlungsalternativen verständlich und vergleichbar zu machen. Es scheint nicht sinnvoll, die Leercontainerbedarfsplanung getrennt von der Leercontainerrepositionierungsplanung durchzuführen, sondern sie im Verbund eines Nutzen- bzw. Gewinnmaximierungsmodells zu betrachten, da die Entscheidungen beider Planungen gegenseitig voneinander abhängig sind. Entscheidungen sollten auf Basis einer gemeinsamen Planung von Leercontainerbedarfen und Repositionierungen getroffen werden.

Aufgabe einer derartigen Planung ist nicht allein die kostengünstigsten Leerbewegungen zwischen Überschuss- und Nachfrageorten zu ermitteln. Die hier vertretene, weiter gefasste Interpretation der *Steuerung der Leercontainerströme* schließt auch die Disposition der Ladungstransporte ein. Jegliche Entscheidungsalternative stellt eine Verwendungsoption für einen Leercontainer dar. Sowohl die Entscheidung, den Container für einen Ladungstransport zu verwenden, als auch die Entscheidung den Container zu repositionieren oder im Lager zu halten.
Aufgrund dieser Sichtweise ist davon auszugehen, dass die Zahl der Verwendungsoptionen grundsätzlich die Zahl der zu disponierenden Container übersteigt, da für jeden Container in der Regel verschiedene Leertransportoptionen, die Möglichkeit der Lagerhaltung und gegebenenfalls eine Reihe von Ladungstransportmöglichkeiten, Vermietung an Partnerreedereien und bei Leasingcontainern die Möglichkeit der Rückgabe zur Auswahl stehen.

[54] Bei Leerwaggons verschiedener Eisenbahngesellschaften wird ein Austausch in vereinzelten Ansätzen vorgeschlagen.

Über die Verwendung sollte daher nicht im Sinne einer Kostenminimierung entschieden werden. Die verfügbaren Container sind vielmehr *gewinnmaximierend* bzw. *deckungsbeitragmaximierend* einzusetzen. Um die Situation angemessen abzubilden, sind sowohl *Ressourcenangebot* als auch *Ressourcenverwendung* gemeinsam zu betrachten.

Es stellt sich die Frage, nach welchen Kriterien Entscheidungen über die Bewegung von Leercontainern, allgemeiner formuliert, über die *Verwendung* von Leercontainern, getroffen werden sollten. Wird die Leercontainerbedarfsplanung getrennt von der Repositionierungsplanung betrachtet und für diese als gegeben angesehen, sind Transport- und Lagerkosten durchaus geeignete Entscheidungskriterien. Diese Ansatzweise kann die Struktur des realen Problems jedoch nicht angemessen wiedergeben. Sie berücksichtigt einen zu engen Ausschnitt der Realität als Betrachtungsgegenstand.
Die gedankliche Erweiterung erfolgt über drei Fragen.

Erstens: *Sollten Container an die Orte bewegt werden, an denen Bedarf besteht?*
Diese Frage ist sowohl vom Standpunkt einer Kostenminimierung als auch vom Standpunkt der Gewinnmaximierung aus zu bejahen.

Zweitens: *Sollten Container dorthin bewegt werden, wo erwarteter Bedarf besteht?*
Diese Frage stellte eine Erweiterung der zuvor gestellten dar, die die Unsicherheiten bei den Containerbedarfen berücksichtigt. Für ein Modell, welches gemäß der dieser Arbeit zugrundeliegenden Problemauffassung sinnvolle Entscheidungen liefern soll, sollte auch diese Frage mit „Ja“ beantwortet werden. Sie kann auch für beide Zielsetzungen (Kostenminimierung bzw. Gewinnmaximierung) bejaht werden, wobei sich, wie oben dargelegt, bei einer Vernachlässigung der Erlös- und Leistungsperspektive Schwierigkeiten bei der Bewertung der Vorteilhaftigkeit von notwendigen Anpassungsmaßnahmen ergeben.

Dieser Gedanke führt zur dritten Frage: *Sollten Container dorthin bewegt werden, wo sie den erwarteten größten Nutzen haben?*
Auch diese Frage sollte für ein Modell, welches entscheidungsrelevante Informationen über die erfolgstechnische Wirkung von Maßnahmen liefern will, bejaht werden. Dies kann für die Zielsetzung Gewinnmaximierung geschehen, für die Zielsetzung Kostenminimierung hingegen nicht. Ein reines Kostenminimierungsmodell repositioniert Leercontainer im Extremfall, wie von FLOREZ (1986) sogar

explizit angesprochen, an Orte, zu denen niedrige Transportkosten führen, an denen ihr Nutzen aber evtl. geringer sein kann, als an Orten zu denen evtl. höhere Transportkosten führen. Im Extremfall werden Container sogar in Depots geliefert, in denen die Lagerkosten besonders niedrig sind, völlig unabhängig, ob die Container dort einen Nutzen haben oder nicht. Es scheint aber durchaus sinnvoller, Container in Depots mit höheren Lagerkosten zu transportieren, sofern ihr erwarteter Nutzen dort höher ist und die Nutzenerhöhung die Transport- und Lagerkostenerhöhung übersteigt.
Diese Betrachtungsweise schließt den Aufbau von Potentialen zur künftigen Erzielung von Erfolgsbeiträgen mit ein.

Die Vernachlässigung der Erlöse bei der Bewertung der Handlungsalternativen wird der realen Problemstruktur nicht gerecht und führt daher zu suboptimalen Entscheidungen.

Beachtung künftiger Erfolgspotentiale

Bei der Wahl der Zielsetzung ist auch die dynamische Struktur des Systems zu berücksichtigen. Ist die Planung der Leerbewegungen auf mehrere Perioden ausgerichtet, sind für eine fundierte Entscheidung nicht nur die aktuellen Verwendungsmöglichkeiten und direkt erzielbare Erfolgsbeiträge mit einzubeziehen. Vielmehr gilt zu beachten, dass auch Lagerhaltung und Leerbewegung Verwendungsalternativen der Container sind, die höchst sinnvoll sein können, wenn bei ihrer Durchführung vorteilhafte, künftige Einsatzmöglichkeiten für die Container erwartet werden.

Besonders durch die noch unsichere Zukunft stellt sich nicht die Frage, wie ein Container möglichst kostengünstig zu beschaffen ist, es ist vielmehr zu klären, wie ein Leercontainer auf Basis des aktuellen Informationsstandes verwendet werden sollte, wohin er bewegt werden sollte, um in Zukunft eine möglichst vorteilhafte Wirkung auf die Unternehmensziele zu haben.

Die Planung der Leerbewegungen sollte nicht allein unter Kostengesichtspunkten erfolgen, sondern richtig positionierte Leercontainer als potentielle Quelle künftiger Erlöse verstanden und in die Betrachtung einbezogen werden.
Eine zu kurzsichtig fokussierte Gewinnmaximierung muss vermieden werden. Die Betrachtung der direkten Erlöse und Kosten einer Entscheidung darf andere Aspekte nicht verdrängen. Es gilt auch auf der operativen Ebene künftige,

operative Erfolgspotentiale zu schaffen und dies bei der Wahl der Entscheidung zu berücksichtigen.
Eine Betrachtung der Problematik aus der Perspektive einer Kostenminimierung kann dies allerdings noch viel weniger leisten.

Die Einbeziehung der Erlös- bzw. Leistungsperspektive in die Betrachtung ist daher nach dem hier vertretenen Problemverständnis unumgänglich. Nur so können die erfolgstechnische Wirkung einzelner Entscheidungen abgebildet, deren Zielwirksamkeit angemessen beurteilt und daraus die entscheidungsrelevanten Informationen gewonnen werden.

Bildet die unternehmerische Zielsetzung der Reedereien die Entscheidungsmaxime, so ist die durch effiziente Nutzung der Containerflotte zu erzielende Gewinnmaximierung eine angemessenere Zielgröße der operativen Planung. Das Ausschöpfen von Einsparungspotentialen bei Repositionierungskosten etc. stellt dabei nur ein Teilziel dar. Nur durch die umfassende Berücksichtigung aller problemrelevanten Beziehungen können resultierende Verbundeffekte[55] als auch die Konkurrenz um knappe Ressourcen offengelegt und so alle relevanten Größen bei der Bestimmung der Repositionierungsentscheidungen beachtet werden.

Damit Kosten und Erlöse gemeinsam betrachtet werden können, ist zu klären, wie Kosten und Erlöse der betrachteten Problematik einander zugerechnet werden können.
Mit der Zurechnung von Kosten und Erlösen befasst sich das folgende Kapitel.

3.2 Die Zuordnung von Kosten und Erlösen

3.2.1 Das Identitätsprinzip nach RIEBEL

Leercontainertransporte verursachen Kosten. Dabei werden Leertransporte nicht zum Selbstzweck durchgeführt. Sie sind notwendige Maßnahmen zur Kapazitätsverlagerung von Orten mit einem Angebotsüberschuss an Leercontainern zu Orten mit Leercontainerbedarf.

[55] Wie beispielsweise Verbundeffekte durch das Verfügbarwerden der aktuell zu disponierenden Container zu zukünftigen Zeitpunkten durch die Bestimmung der Menge der aktuellen Entscheidungen oder auch die Lagerkostenersparnis durch Einsatz eines Containers.

Die anfallenden Repositionierungskosten haben zumeist Gemeinkostencharakter.[56] Die Differenzierung zwischen Einzel- und Gemeinkosten hängt jedoch von der zugrunde gelegten Bezugsgröße und damit von der Betrachtungsebene ab.

Im Gegensatz zu Einzelkosten können Gemeinkosten nicht einem einzigen Bezugsobjekt zugeordnet werden, da sie auf der gewählten Betrachtungsebene mindestens ein weiteres Bezugsobjekt betreffen. Dies ist auch bei den Repositionierungskosten der Fall. Sie entstehen einerseits dadurch, dass infolge des vorhergehenden Transportauftrags der zu repositionierende Container an einem Ort mit einem Angebotsüberschuss verfügbar ist und andererseits der folgende Transportauftrag von einem anderen Ort ausgeht. Ein Repositionierungsbedarf ergibt sich aus dem Zusammenwirken zweier Transportaufträge. Daher ist zu klären, ob die Leertransportkosten dem vorhergehenden Transportauftrag, dem folgenden oder einer anderen Bezugsgröße zuzurechnen sind.

Aus dem Blickwinkel eines Transportauftrags lässt sich diese Frage anders stellen:
Verursacht dieser Transportauftrag die Repositionierungskosten zur Bereitstellung des Containers am Startpunkt des Transports oder verursacht er die Kosten der sich an den Transport anschließenden Repositionierung des Leercontainers vom Zielpunkt Ladung zum darauf folgenden Bedarfsort?
Sowohl die Beschaffung eines Leercontainers, bzw. die damit verbundenen, vorhergehenden Repositionierungskosten, als auch die zukünftige Verfügbarkeit des Containers am Zielort des Transportes und die unter Umständen erneut nötige Repositionierung zu künftigen Bedarfsorten können als mit dem Transportauftrag zusammenhängend angesehen werden.
Allerdings stellt die vom Ladungszielort ausgehende Repositionierung wiederum eine Beschaffungsmaßnahme zur Bedienung eines künftigen Transportauftrages dar. Jede Repositionierungsmaßnahme hat dementsprechend zwei Ladungstransporte als Bezugsobjekte: den vorhergehenden und den nachfolgenden. Abbildung 11 stellt dies dar.

[56] Die bisher zur Leercontainerlogistik veröffentlichten Arbeiten lassen diesen Aspekt weitgehend außer Acht, da die Repositionierungskosten isoliert in reinen Kostenminimierungsmodellen ohne Bezug zu Ladungstransporten oder den mit ihnen verbunden Erlösen betrachtet werden. Die Frage nach Ursachen und möglichen Bezugsgrößen der Kosten wird damit vollkommen ausgeklammert.

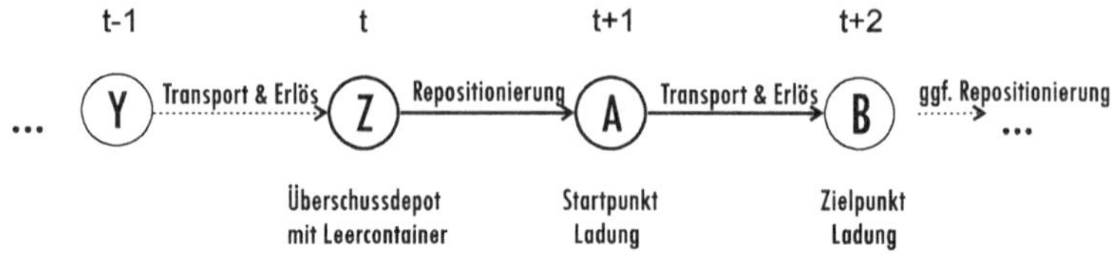

Abbildung 11: *Bewegungskette eines Containers*

Zum Zeitpunkt t ist an Ort Z der betrachtete Container verfügbar. Er wird an Ort A repositioniert, da dort zum Zeitpunkt $t+1$ Bedarf an Transportkapazität besteht. An Ort A wird der Container zum Transport der Ladung zu Ort B eingesetzt. Bei der Betrachtung ist allerdings auch zu beachten, dass der Container erst durch einen Ladungstransport von Ort Y zu Ort Z an diesem verfügbar wurde[57] und sich ausgehend von Ort B möglicherweise Repositionierungsmaßnahmen anschließen. Daher sind verschiedene Zuordnungen von Repositionierungsmaßnahmen zu Ladungstransporten denkbar.

Um fundierte Entscheidungen über die Bewegung unbeladener Container zu treffen, können Kosten und Erlöse nicht getrennt voneinander betrachtet werden.[58] Vielmehr sind Repositionierungskosten im Zusammenhang mit Transporterlösen zu betrachten. Die Klärung der Frage nach einer sinnvollen Zuordnungsweise beider Größen ist daher unumgänglich.

Ein in der Betriebswirtschaftlehre häufig angewandtes Verfahren zur Zuordnung von Gemeinkosten und Erlösen ist das *Verursachungsprinzip*. Dabei werden die Teile der Gemeinkosten denjenigen Erlösen bzw. Leistungen zugerechnet, welche durch die entsprechende Erlöserzielung bzw. Leistungserstellung verursacht wurden. Intuitiv erscheinen sowohl die dem Ladungstransport vorhergehende, als auch die sich ihm anschließende Repositionierung durch den Transportauftrag, genauer gesagt durch sein Zusammenwirken mit vorhergehendem und anschlie-

---

[57] Bei der Bewegung von Y zu Z muss es sich nicht zwangsläufig um einen Ladungstransport handeln. Es könnte sich auch um die vorhergehende Etappe einer über zwei Knoten verlaufende Repositionierungsmaßnahme handeln. Zur Vereinfachung der Darstellung und deutlicheren Darstellung der Zusammenhänge in der Abbildung wird diese Möglichkeit jedoch nicht betrachtet.

[58] Vgl. Kapitel 3.1.

ßendem Transportauftrag, verursacht. Jede Repositionierung erhält ihre Berechtigung erst durch das Zusammenwirken zweier Ladungstransporte. Für die Repositionierungskosten bestehen also zwei Bezugsgrößen.[59] Das Abgrenzungsproblem der Leertransportkosten zwischen vorhergehendem und folgendem Ladungstransport besteht weiterhin.

Zur Klärung der Frage ist die Problematik daher genauer zu betrachten. Bei einer Interpretation des Verursachungsprinzips im *kausalen Sinne* wird von einer *Ursache-Wirkungs-Beziehung* ausgegangen. RIEBEL (1978)[60] greift diese Betrachtung auf und analysiert sie im Kontext des Produktionsbereichs.
Das Vorliegen eines Kausalzusammenhangs knüpft RIEBEL an die drei folgenden Merkmale:

1. Die Ursache (als wirkender Zustand) muss der Wirkung (als bewirktem Zustand) zeitlich vorausgehen.
2. Die Ursache muss notwendige Voraussetzung für das Eintreffen der Wirkung sein, die nicht weggedacht werden kann, ohne dass die Wirkung mit Sicherheit entfiele („Keine Wirkung ohne Ursache").
3. Wenn die Ursache vorliegt, muss zwangsläufig und ausnahmslos die Wirkung, und zwar stets dieselbe Wirkung, eintreten („Keine Wirkung ohne Ursache" und „Gleiche Ursache - gleiche Wirkung").

Demnach wären nur die Kosten eines sich an den Ladungstransport anschließenden Leertransportes den durch den Ladungstransport erzielten Erlösen im kausalen Sinne zurechenbar, da Punkt 1 entsprechend die Ursache (Ladungstransport) der Wirkung (Repositionierung) vorausgehen muss. Eine Zuordnung der Kosten des dem Ladungstransport vorausgehenden Leertransportes scheitert an diesem Punkt.
Den Leertransport als Ursache im Sinne einer Voraussetzung für den Ladungstransport zu verstehen, wäre möglicherweise noch vertretbar, dieser Gedankengang schlägt jedoch spätestens bei Betrachtung des dritten Merkmals fehl, da

[59] Es könnte beispielsweise die Möglichkeit bestehen, die Repositionierungskosten im Verhältnis der durch die Ladungstransporte erzielten Erlöse aufzuteilen. Sinnvoll scheint dies nicht, da dieses Vorgehen nicht verursachungsgerecht erscheint und somit auch keine entscheidungsrelevanten Informationen zu liefern vermag.

[60] Vgl. auch RIEBEL (1964) und RIEBEL (1967).

keineswegs gewährleistet werden kann, dass von der gleichen Ursache stets die gleiche Wirkung ausgeht, d.h., dass ein Leertransport immer einen Ladungstransport bewirkt.
Folglich könnten nur die Kosten des nachfolgenden Leertransportes als Wirkung des Ladungstransportes den entsprechenden Erlösen zugeordnet werden.

Mit Blick auf das zweite und dritte Merkmal zeigt sich jedoch wiederum das bekannte Dilemma. Nicht allein der dem Leertransport vorhergehende Ladungstransport verursacht diesen, vielmehr ergibt der Leertransport nur einen Sinn, wenn auch der sich an den Leertransport anschließende Ladungstransport in die Betrachtung mit einbezogen wird. Würde letzterer nicht beachtet, wäre nicht festgelegt, wohin der Leercontainer zu transportieren wäre. Folglich reicht ein Transportauftrag 1 allein nicht als Ursache der Repositionierung aus. Nur zusammen mit Transportauftrag 2 bildet er die Ursache der Repositionierung. Zum Erzielen der *gleichen Wirkung*, der gleichen Repositionierung, ist zwangsläufig der künftige Transportauftrag einzubeziehen, da ohne ihn die Repositionierung nicht eindeutig zu bestimmen wäre.
Diese „Erkenntnis" widerspricht jedoch einerseits, wie bereits oben betrachtet, dem ersten Merkmal eines Kausalzusammenhangs und hilft andererseits bei der Beantwortung der Zuordnungsfrage nicht weiter.

Das Verursachungsprinzip im kausalen Sinne scheint, auch mangels Anwendbarkeit, nicht bei der Zuordnung der Repositionierungskosten zu helfen. Wird die Nutzung des Containers für einen Transport, und gegebenenfalls der damit verbundene Erlös, als Ursache gesehen, bleibt die Beantwortung der Frage nach den ihm zuordnungsfähigen Leertransportkosten als Wirkungen weiterhin vage.

Das beschriebene Verursachungsprinzip im kausalen Verständnis wird von RIEBEL in ähnlicher Weise analysiert und in Frage gestellt. Die Kritik setzt dabei an zwei Punkten an. Erstens gibt RIEBEL zu bedenken, dass Ursache-Wirkungs-Beziehungen stets *„wirklich und real"*[61] seien, wohingegen es sich bei Kosten und Leistungen um gedachte Größen zur rechnerischen *Abbildung* der Wirkung von Vorgängen handele, nicht aber um die Realvorgänge selbst. Bei der Wirkung an sich handelt es sich um die unbewertete Veränderung von Gütermengen oder Ähnlichem. Die gegebenenfalls vorgenommene Bewertung der Mengenverände-

[61] Vgl. hierzu auch HEYDE (1957).

rungen und ihre damit verbundene Umrechnung in Kosten und Leistungen sind dabei völlig vom Kausalprinzip unabhängig. Nicht Kosten und Leistungen, sondern bestenfalls die ihnen zugrunde liegenden Mengenveränderungen könnten mit Hilfe des Verursachungsprinzips einander zugerechnet werden.
Zweitens ist nach RIEBEL die Wirkung eines (realen) Kausalprozesses immer eine doppelte. Im Produktionsprozess sind sowohl die gewollte Entstehung des Produktes als auch der Verzehr bzw. die Inanspruchnahme der Produktionsfaktoren, wenngleich zwangsläufig in Kauf genommen, gleichrangige Wirkungen des Produktionsprozesses als komplexer Ursache. Weder kann der Güterverzehr als Ursache für die Produktentstehung noch die Produktentstehung als Ursache für den Güterverzehr verstanden werden. Die Unterscheidung zwischen *beabsichtigtem Effekt* einerseits und *in Kauf genommenem* andererseits stellt jedoch keinen Ursache-Wirkungs-Zusammenhang, sondern bestenfalls einen Mittel-Zweck-Zusammenhang dar.
Nicht nur der Leistungsverzehr ist Wirkung, auch die Leistungsentstehung ist parallele Wirkung, beide bewirkt durch den Produktionsprozess als Ursache.
Die Umrechnung der realen Größen in Kosten und Leistungen ändert nichts am Fehlen des Kausalzusammenhangs. Die folgende Abbildung verdeutlicht die Zusammenhänge.

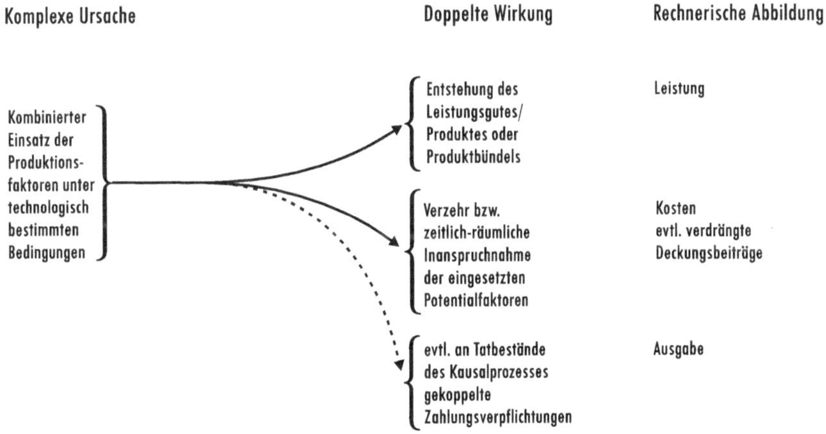

Abbildung 12: *Die Produktionsdisposition als Kausalprozess*

Eine Gegenüberstellung von Kosten und Leistungen kann weder den Kausalzusammenhang verdeutlichen, noch stellt sie den Realprozess an sich dar. Sie bildet lediglich die doppelte Wirkung des Realprozesses rechnerisch ab. Dementsprechend bestehen laut RIEBEL Ursache-Wirkungs-Beziehungen weder zwischen Kosten und Leistungen noch zwischen Leistungsverzehr und Leistungsentstehung.

Weiterhin untersucht RIEBEL, ob durch eine Interpretation des Verursachungsprinzips im *finalen Sinne*, d.h. in Form eines *Mittel-Zweck-Zusammenhangs*, Beziehungen zwischen Kosten und Leistungen ableitbar sind. In diesem Falle wären Leistungen als Zweck und Kosten als Mittel zu deren Erreichung zu betrachten. Kosten und Erlöse stellen jedoch lediglich, wie zuvor erläutert, die rechnerische Abbildung der Wirkungen eines Realprozesses, der notwendigerweise ein Kausalprozess ist, dar.
In seinem Werk *„Teleologisches Denken“* [62] analysiert der Göttinger Philosoph NICOLAI HARTMANN den Zusammenhang zwischen Kausal- und Finalprozess und kommt zu dem Schluss, dass jedem Finalprozess ein kausal ablaufender Realprozess innewohne, wie folgende Abbildung darstellt.

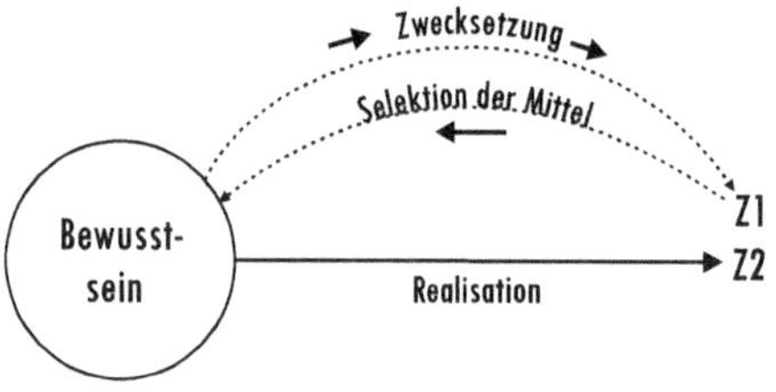

Abbildung 13: *Finalprozess*

Zwecksetzung (1. Akt) und Mittelauswahl (2. Akt) erfolgen ausschließlich gedanklich. Sie dienen lediglich der gedanklichen Vorwegnahme der kausalen, realen Handlungsabläufe zur Wahl der zum Erreichen des Zwecks nötigen Mittel. Die (reale) Umsetzung erfolgt erst im anschließenden Kausalprozess (3. Akt), dessen Wirkungen in Kosten und Erlöse transformierbar sind.
Daher müssen die zum Ursache-Wirkungs-Zusammenhang angestellten Überlegungen auch hier als gültig angesehen werden. RIEBEL (1969) folgert hieraus:

[62] Vgl. HARTMANN (1951).

> „Auch unter Mittel-Zweck-Gesichtspunkten kann der Güterverzehr nicht als Mittel zum Zwecke der Leistungserstellung interpretiert werden. Der Güterverzehr ist und bleibt lediglich eine an sich unerwünschte Nebenwirkung, die aber in Kauf genommen werden muss, um die Leistungserstellung (und -verwertung) als beabsichtigte Wirkung zu erreichen.“
>
> (RIEBEL (1969), S. 75)

Zusammenfassend stellt RIEBEL dementsprechend fest, dass zwischen verzehrten Kostengütern und erstellten Leistungsgütern weder kausale noch finale Beziehungen bestünden und leitet aus dieser Erkenntnis das *Identitätsprinzip* als Erweiterung des Verursachungsprinzips her. Nach dem Identitätsprinzip sind mengenmäßige Leistungserstellung und mengenmäßiger Leistungsverzehr nur insoweit einander zurechenbar, als sie die gekoppelten Wirkungen ein und desselben Kausalprozesses sind. Wie gezeigt, ist der Kausalprozess jeweils Teil eines Finalprozesses. Entscheidungen über Zweck und geeignete Mittel zu seiner Erreichung gehen dem Kausalprozess voran. Die Zurechenbarkeit kann demgemäß nicht nur auf den Kausalprozess, sondern auch auf den vorangehenden Finalprozess, d.h. auf die entsprechende Entscheidung über Zweck und Mittel zur Realisierung des Kausalprozesses zurückgeführt werden.

RIEBEL bezeichnet „diese Art der eindeutigen Gegenüberstellung von Größen, die als Wirkungen ein und desselben Kausal- oder Finalprozesses und einer identischen Entscheidungskette anzusehen sind, [...] als Zurechnung nach dem Identitätsprinzip.“ Nach dem Identitätsprinzip sind nur solche Größen eindeutig zusammengehörig, also zurechenbar, die durch dieselbe, identische Entscheidung ausgelöst worden sind. Das der Betrachtung zugrunde liegende Verursachungsdenken wird nicht aufgegeben, sondern durch das Identitätsprinzip präzisiert (vgl. auch HOHENBILD (1974) S. 257).

3.2.2 Anwendung des Identitätsprinzips bei der Zurechnung von Leerbewegungen und Ladungstransporten

Mit Hilfe des Identitätsprinzips nach RIEBEL lässt sich die anfangs beschriebene Frage nach der Zurechnung der durch Leertransporte verursachten Kosten zu den durch Ladungstransporte erzielten Erlösen klären.

Im Finalprozess werden Zweck (Erbringung der Transportdienstleistung von A nach B) und notwendige Mittel (Bewegung des beladenen Containers von A nach

B, was gleichzeitig die Verfügbarkeit eines Leercontainers an Ort A voraussetzt) bestimmt. Im anschließenden Kausalprozess, dessen Ursache die Transportentscheidung ist, erfolgt ihre Realisation. Aus der Entscheidung und deren Umsetzung resultieren die Leistungen (Transportdienstleistung und evtl. beabsichtigte Standortänderung des Containers) und die damit verbundenen, zwangsläufigen Veränderungen. Die gewollten und die in Kauf zu nehmenden Folgen stellen die *„doppelte Wirkung"* der Entscheidung als Ursache dar. Dabei sind zunächst allein mengenmäßige Änderungen, d.h. der Umfang der erbrachten Transportdienstleistung sowie die Mengenveränderung der verfügbaren Leercontainer an den einzelnen Orten und Zeitpunkten als Wirkung zu betrachten. Ihre rechnerische Abbildung durch Bewertung der Veränderungen ist ein davon zu trennender Schritt. Erst in diesem werden der Güterverzehr, die Inanspruchnahme von Kapazitäten und Leistungen Dritter sowie die Veränderungen in den Containermengen der Depots in positive und negative Erfolgsbeiträge umgerechnet und den durch den Ladungstransport erzielten Erlösen gegenübergestellt.

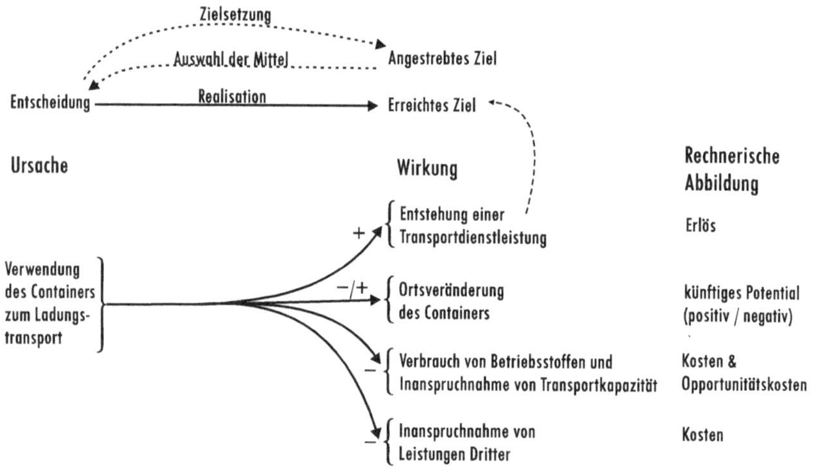

Abbildung 14: *Die Leercontainerdisposition als Final- und Kausalprozess*

Die Entscheidung einen Gütertransport durchzuführen und deren technische Umsetzung, hat mehrere Wirkungen. Die *gewollte Wirkung* ist das Entstehen einer (Transport-)Dienstleistung. Damit verbunden ist die in der Regel ungewollte, aber zwangsläufig in Kauf zu nehmende Bewegung des beladenen Containers vom

Startpunkt der Ladung A zum Zielort B durch die Reederei. Dies schlägt sich im Verbrauch von Betriebsstoffen (falls zurechenbar, wie z.B. Kraftstoff bei der Nutzung eigener Lkw), der Inanspruchnahme von Transportkapazität (z.B. auf eigenen Containerschiffen) und möglicherweise daraus folgender Verdrängung alternativer Deckungsbeiträge sowie der Inanspruchnahme von Leistungen Dritter (z.B. Transport durch eine unternehmensfremde Spedition oder Eisenbahngesellschaft auf einem Teilstück) nieder. Die Ortsveränderung des Containers ist dabei selbst Wirkung der Entscheidung.

In gleicher Weise sind die Wirkungen der Repositionierung des für den Transport benötigten Containers vom aktuellen Aufenthaltsort Z zum Startpunkt des Ladungstransportes A in die Betrachtung mit einzubeziehen, sofern, wie hier angenommen, die Repositionierungsentscheidung Teil der Transportentscheidung ist.[63] Zudem bewirkt die Entscheidung, bzw. deren Realisation, im auf S. 80 in Abbildung 11 dargestellten Beispiel die Verlagerung des Containers von Ort Z am Zeitpunkt t zum Ort B am Zeitpunkt $t+2$, welche die Menge der verfügbaren Leercontainer in Z zum Zeitpunkt t um 1 Einheit reduziert, während die in B in $t+2$ um 1 Einheit erhöht wird.

Diese vielfachen Wirkungen werden durch ein und dieselbe, identische Entscheidung bewirkt und lassen sich daher als gemeinsame, verbundene Folgen der Entscheidung einander zuordnen. Durch Anwendung des Identitätsprinzips zeigt sich also, dass nicht die Transportdienstleistung die beschriebenen, ungewollten Mengenveränderungen auslöst, vielmehr ist sie selbst, ebenso wie die Mengenveränderungen, bloße Wirkung einer getroffenen Entscheidung des Finalprozesses und deren Umsetzung im Kausalprozess. Allerdings lassen sich diese Wirkungen durch Rückführung auf die gleiche Ursache einander zweifelsfrei zuordnen.
Bildet man die Erlöse und Kosten der beschriebenen Wirkungen anschließend rechnerisch ab, so lassen sich auch diese Größen gemäß dem Identitätsprinzip einander zurechnen.

Die Bewertung der Mengenänderungen der Bestände verfügbarer Container kann sowohl positiv, als auch negativ ausfallen, abhängig von künftiger bzw. alternativer Verwendung.[64] Die Ortsveränderung des Containers, d.h. der durch die Ent-

[63] Eine differenzierte Darstellung erfolgt auf Seite 89.

[64] Vgl. auch Kapitel 3.3.

scheidung bewirkte Gesamteffekt bei der Containerbestandsveränderung, kann daher sowohl eine Nutzenabnahme als auch eine Nutzenzunahme bedeuten, je nachdem, ob der Container am Zielort oder am Ursprungsort nützlicher erscheint. Sie kann somit auch eine Leistung darstellen und wäre daher, wenn auch an die Transportdienstleitung gekoppelt, so doch eine mitunter gewollte Wirkung, die ihren Niederschlag in einem entscheidungsorientierten Deckungsbeitrag finden sollte.

Sind die realen Wirkungen, in Form von Mengenveränderungen recht einfach bestimmbar, so kann bei ihrer rechnerischen Abbildung die Wahl der „richtigen“ oder zumindest einer „angemessenen“ Bewertung ein Problem darstellen. Im Allgemeinen besteht bei der finanziellen Bewertung von Mengenveränderungen eine Spanne, da oftmals verschiedene ansetzbare Preise als angemessen angesehen werden können. Bei der Bewertung einer Veränderung der Menge der an einem Ort verfügbaren Container bestehen besondere Schwierigkeiten. Dies folgt daraus, dass der Wert eines zusätzlichen Containers von den künftig an dem Ort bestehenden Einsatzmöglichkeiten abhängig ist. Genauer wird diese Problematik in Kapitel 3.3 behandelt.
Die rechnerische Abbildung der Mengenveränderungen ist jedoch unumgänglich, da nur so eine Vergleichbarkeit unterschiedlicher Maßgrößen und verschiedener Maßeinheiten erreicht werden kann. So ist es möglich, verschiedene Entscheidungen miteinander zu vergleichen und die relative und absolute Vorteilhaftigkeit einer Entscheidung mit Blick auf ihre Erfolgswirkung zu beurteilen.

Noch immer scheint der Einwand, als Ursache eines Leertransportes kämen sowohl der vorangehende als auch der anschließende Ladungstransport in Frage, gerechtfertigt. Zur Verfeinerung der Analyse wird daher die bisher betrachtete Entscheidungskette von Transportentscheidung inklusive Repositionierungsentscheidung weiter in die beiden Einzelentscheidungen unterteilt und auf Widersprüche zum bisher erzielten Ergebnis, der Zuordnung aufgrund identischer Ursache, d.h. identischer Entscheidung, gemäß des Identitätsprinzips, untersucht.

Betrachtet man allein die Transportentscheidung, d.h. ohne die Repositionierungsentscheidung, so muss, damit diese Entscheidung isoliert, ohne Beschaffungsentscheidung, getroffen werden kann, bereits ausreichend Transportkapazität in Form von Leercontainern zur Durchführung des Transports am Ausgangspunkt der Ladung zur Verfügung stehen. Ist dies der Fall, so erübrigt sich

die Einbeziehung der Repositionierungsentscheidung in die Transportentscheidung ohnehin. Die Wirkungen des Einsatzes eines verfügbaren Containers zum Ladungstransport sind die Erbringung einer Transportdienstleistung und die Bewegung des Containers (Abbildung 15 oben).
Die Bewegung eines Containers bewirkt den Abfluss eines Containers aus dem Ursprungsdepot, dessen Verfügbarkeit im Zieldepot nach dem Transport (Einsatz und Verlagerung verfügbarer Kapazität) und dem Verbrauch der zum Transport benötigten Ressourcen, wie beispielsweise Betriebsstoffe, Kapazitätsinanspruchnahme auf Schiffen, Inanspruchnahme Dienste Dritter (Abbildung 15 Mitte).
In gleicher Weise kann die Repositionierungsentscheidung isoliert betrachtet werden. In diesem Fall stellt die Repositionierungsentscheidung jedoch nicht wie bisher eine Beschaffungsentscheidung, sondern eine *Verwendungsentscheidung* über den Leercontainer im Überschussdepot dar. Als Wirkung des Realprozesses ergibt sich die Bewegung des Containers in Form von Raumüberwindung und Zeitüberbrückung. Die daraus folgende Verfügbarkeit des Containers am Zielort stellt die gewollte Wirkung dar. Die rechnerische Abbildung erfolgt in der jeweils beschriebenen Weise.

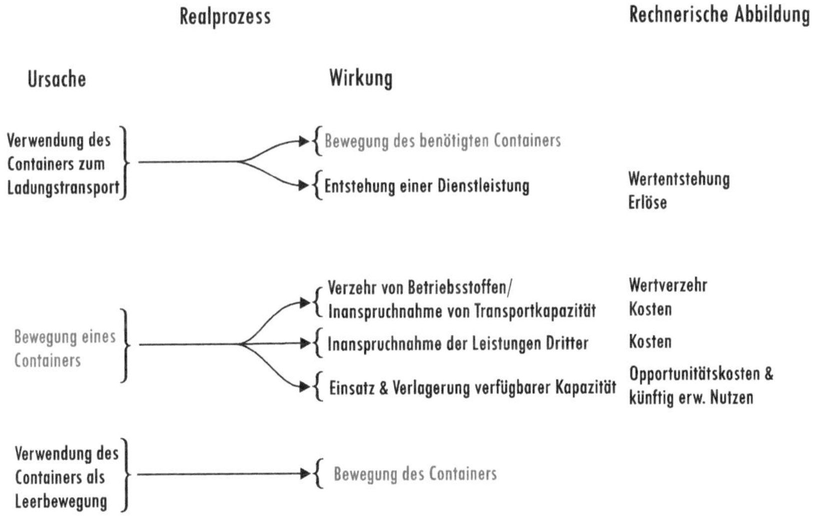

Abbildung 15: *Kausalprozess für Ladungstransport (oben), Containerbewegung (Mitte) und Leerbewegung (unten)*

Eine Zuordnung einzelner Wirkungen und deren Rückführung auf eine Entscheidung als Ursache lässt sich also auch auf niedrigerer Ebene durchführen.
Blickt man von diesem Standpunkt aus auf das eingangs betrachtete Problem einer sinnvollen Zuordnung von Repositionierungskosten zu Transporterlösen, so wird die Lösung gemäß dem Identitätsprinzip erkennbar.
Repositionierungskosten lassen sich Transporterlösen zuordnen, sofern beide Wirkungen derselben Entscheidung sind. Maßgeblich ist, ob sie als Folge der Ursache in die Entscheidung mit einbezogen werden müssen. Mitunter sind verschiedene, isolierte Einzelentscheidungen zu einer Entscheidungskette zusammenzufassen und als solche zu beurteilen. Der Umfang der Entscheidungskette ist dabei vom Betrachtungszeitpunkt, d.h. der aktuellen Situation abhängig. Zur besseren Verdeutlichung sei hier nochmals die Ausgangssituation dargestellt.

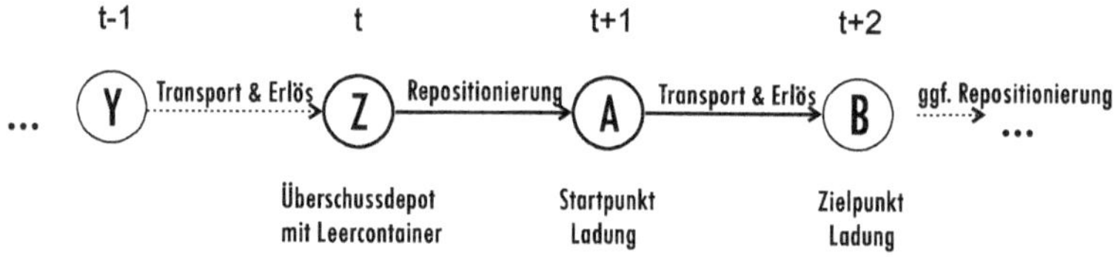

Abbildung 16: *Bewegungskette eines Containers*

Soll zum Zeitpunkt $t+1$ die Entscheidung über den Transport getroffen werden, so sind die Repositionierungskosten von Z zu A nicht in die Entscheidung einzubeziehen. Sie stellen keine Wirkung der Entscheidung zum Zeitpunkt $t+1$ dar. Die Wirkung wurde bereits im Zeitraum $[t, t+1]$ realisiert, mit der Folge, dass der Container an Ort A oder einen anderen Ort gebracht wurde. Dies ist für die Entscheidung zum Zeitpunkt $t+1$ insofern irrelevant, als dass lediglich ein Leercontainer an Ort A zum Zeitpunkt $t+1$ verfügbar sein muss, damit die Transportentscheidung überhaupt getroffen werden kann. Ob die Verfügbarkeit Wirkung dieser oder einer anderen (Leertransport-)Entscheidung in der Vergangenheit ist, ist zum Zeitpunkt $t+1$ nicht mehr entscheidungsrelevant. Die Wirkung wurde bereits realisiert.[65] Die Verwendung des verfügbaren Containers, mit der Folge,

[65] Müsste für den Transport ein Leercontainer kurzfristig angemietet werden, handelt es sich dabei um eine entscheidungsrelevante Wirkung, die einzubeziehen ist.

dass anderweitiger Einsatz des Containers ausgeschlossen ist, stellt allerdings eine zu berücksichtigende Wirkung der Entscheidung dar.

Wird jedoch die gesamte Entscheidungskette zum Zeitpunkt t beurteilt und die Repositionierung von Z nach A als Teil bzw. als Voraussetzung für den Ladungstransport verstanden, so sind auch alle durch diese Entscheidungskette verursachten Wirkungen einander zuzuordnen und bei der Entscheidung zu berücksichtigen. Somit wären auch die Repositionierungskosten von Z nach A den Transporterlösen gegenüberzustellen und die Ortsveränderung des Containers von Z nach B in die Betrachtung einzubeziehen.
Sofern die von B ausgehende Verwendungsentscheidung über den Container bereits bekannt ist, müsste auch diese und die durch sie verursachten Wirkungen als Bestandteile der Entscheidungskette mit in die Betrachtung einbezogen werden. Ist die künftige Verwendung nach $t+2$ jedoch noch unsicher oder unbekannt, so ist diese approximativ über den Wert eines zusätzlich verfügbaren Containers in B zum Zeitpunkt $t+2$ in die Betrachtung mit einzubeziehen.

Zusammenfassend lässt sich feststellen:

- Repositionierungskosten lassen sich Transporterlösen zuordnen, sofern es sich bei beiden um Wirkungen derselben Ursache, d.h. der identischen Entscheidung handelt, also die Repositionierungsentscheidung im Verbund mit der Transportentscheidung als Entscheidungskette betrachtet wird.

- Stellen Repositionierungskosten die rechnerische abgebildete Wirkung einer zum Betrachtungszeitpunkt bereits realisierten Wirkung dar, sind sie keinem Ladungstransport mehr zurechenbar, auch nicht dem anschließenden. Allerdings verursacht die Verwendung des verfügbaren Containers evtl. Opportunitätskosten durch die Verdrängung bei alternativem Einsatz des Containers erzielbarer Deckungsbeiträge.

- alle Wirkungen, die durch die Entscheidung verursacht werden, und daher aktuell und künftig realisiert werden, sind bei der Beurteilung dieser Entscheidung (-skette) mit einzubeziehen. Da ab einem bestimmten Zeitpunkt die künftige Situation jedoch unbekannt und daher die künftigen (Teil-)Entscheidungen unsicher sind, können die mit ihnen verbundenen Wirkungen nur approximativ bestimmt und lediglich über den erwarteten Wert der durch die Entscheidung zusätzlich verfügbaren Containermenge am Zielpunkt der letzten konkret einbezogenen Entscheidung berücksichtigt werden.

Durch Anwendung des Identitätsprinzips ließ sich nicht nur die Zuordnung von Repositionierungskosten zu Transporterlösen klären, es konnten zudem die Entscheidungen als Ursachen für Mengenveränderungen herausgearbeitet und somit die Beziehung zwischen Mengenveränderungen als Wirkungen und Entscheidungen als deren Ursache verdeutlicht werden. Da eine Entscheidung über ihre Wirkungen charakterisiert ist, unterstreicht diese Betrachtung außerdem die Relevanz sowohl der Kosten als auch der Erlöse zur Beurteilung der Entscheidung und somit die in Kapitel 3.1 dargelegte Sichtweise.

3.2.3 Deckungsbeitragsrechnung

Im vorhergehenden Kapitel wurde der Zusammenhang zwischen Leertransportkosten und Erlösen aus Ladungstransporten mit Hilfe des Identitätsprinzips hergeleitet. Beabsichtigte und in Kauf zu nehmende Wirkungen wurden herausgearbeitet und mit Hilfe eines entscheidungsorientierten Kosten-, Erlös- und Erfolgsbegriffs auf die Entscheidung als Ursache zurückgeführt.[66]
Durch die Gegenüberstellung der mit einer Entscheidung verbundenen Kosten und Erlöse lassen sich die erfolgstechnische Wirkung einer Maßnahme darstellen und somit entscheidungsrelevante Informationen gewinnen.

Zur Beurteilung der Erfolgswirkungen komplexer Entscheidungen bietet sich die Betrachtung eines sich aus der fallbezogenen Gegenüberstellung von Kosten und Erlösen ergebenden Deckungsbeitrags an.
Riebel (1994) definiert diesen Begriff folgendermaßen.

> *Deckungsbeitrag (allgemein)*:
> „Durch eine bestimmte Maßnahme ausgelöste Erfolgsänderung."

Wie die folgende Abbildung zeigt, stellt die Differenz zwischen den der Leistungsentstehung eindeutig zurechenbaren Erlösen und den zwingend mit ihr verbundenen Kosten den Deckungsbeitrag dieser Entscheidungsalternative dar. Der Deckungsbeitrag ist eine kurzfristige Erfolgsgröße. Diese gibt den Betrag an, der zur Deckung der nicht zurechenbaren Kosten und darüber hinaus zur Gewinnerzielung zur Verfügung steht.

---

[66] Vgl. auch Ihde (1987): „Logistikorientierte Rechnungssysteme müssen auf ‚das Prinzip der entscheidungsrelevanten Wirkungen' basiert werden."

Abbildung 17: *Ermittlung des Deckungsbeitrags*

Bei einer Zurechnung von Erlösen und Kosten gemäß dem Identitätsprinzip entspricht der Deckungsbeitrag der entscheidungsrelevanten Erfolgsänderung. Er gibt den Überschuss der Einzelerlöse über die Einzelkosten der zugrundegelegten Bezugsgröße an. Hieraus lässt sich erkennen, wie viel die Bezugsgröße zur Deckung der Gemeinkosten und somit zum Totalerfolg beiträgt.[67] Im betrachteten Fall bildet der einzelne Container die Bezugsgröße.

Ein engpassbezogener Deckungsbeitrag ist ein Maß für die Erfolgswirkung der Nutzung der Engpasskapazität durch eine bestimmte Handlungsalternative. In dem vorliegenden Fall können Container als Engpassgut verstanden werden. Selbst wenn Container in ausreichender Anzahl zur Bedienung der Transportaufträge vorhanden sind, ist für sie die Menge der bestmöglichen Verwendungen zu bestimmen. Übersteigt die Zahl der zu disponierenden Container die der zu bedienenden Transportaufträge, sind für die übrigen Container weitere Verwendungen zu wählen, wie beispielsweise eine vorausschauende Repositionierung zur Bedienung künftiger Transportaufträge. Dies schließt auch, falls notwendig, die Wahl verlustminimierender Optionen ein.

Aus der Betrachtung der Deckungsbeiträge der verschiedenen, sich bietenden Handlungsalternativen bei der Leercontainerstromsteuerung lassen sich zudem Informationen gewinnen, die zur Festlegung von Transportpreisen und Charterraten herangezogen werden können. Dazu müssen sich bietende Deckungsbeiträge im Verbund betrachtet und auch die Opportunitätskosten verdrängter, alternativer Handlungsoptionen einbezogen werden.
Die Berücksichtigung der Interdependenzen zwischen verschiedenen Handlungs-

[67] Es ist möglich eine Bezugsgrößenhierarchie aufzubauen, sodass Deckungsbeiträge auf verschiedenen Ebenen betrachtet werden können.

alternativen und der Vergleich verschiedener Verwendungen miteinander erfolgt in Kapitel 3.4.
Die Vorteilhaftigkeit verschiedener Beschaffungsoptionen lässt sich auf diese Weise vergleichen. So kann beispielsweise die Kostenersparnis bei Repositionierung und Einsatz eines eigenen Containers gegenüber den bei Anmietung eines Leasingcontainers entstehenden Kosten als Deckungsbeitrag interpretiert werden.

Die Erfolgswirkungen verschiedener Einsatzmöglichkeiten verfügbarer Container lassen sich ebenfalls recht einfach von den zuständigen Entscheidungsträgern vor Ort vergleichen, ohne dass zunächst alle relevanten Informationen zu einer zentralen Planungsinstanz übermittelt werden müssen, welche dann die optimalen Entscheidungen festlegt.
Dies ist mit Blick auf den Umfang der bei einer zentralen Planung zu verarbeitender Daten ein großer Vorteil.[68]
Dazu ist es jedoch nötig, dass die Einzelentscheidungen in geeigneter Weise aufeinander abgestimmt werden, um nicht die nur für das Depot bestmögliche, sondern vielmehr für das Gesamtunternehmen optimale Entscheidung zu gewährleisten. Auf diese Problematik wird in Kapitel 3.4.2 eingegangen.

Wie in Kapitel 3.2.2 und im Zusammenhang mit dem Identitätsprinzip hergeleitet, sind jedoch nicht nur die direkten Kosten und Erlöse, sondern auch die Standortveränderungen Wirkungen der zu treffenden Entscheidungen. Diese gilt es in geeigneter Weise zu bewerten, um ihre Erfolgswirkungen in angemessener Weise berücksichtigen zu können. Das folgende Kapitel befasst sich mit Überlegungen zu dieser Problematik.

3.3 Dynamische Aspekte bei der Bewertung der Containerverfügbarkeit

In der vorliegenden Arbeit werden Leercontainer als potentielle Quellen künftiger Erfolgsbeiträge verstanden. Diese Sichtweise wird in den beiden folgenden Abschnitten dieses Kapitels genauer herausgearbeitet und dabei auch auf die Notwendigkeit der angemessenen Berücksichtigung der dynamischen Aspekte des zugrundeliegenden Systems eingegangen.

---

[68] Vgl. auch Kapitel 3.4.1.

3.3.1 Beschreibung der Dynamik

Wie in Kap 3.1 gezeigt, sind für die im Rahmen der Leercontainersteuerung zu treffenden Entscheidungen nicht nur die Kosten, sondern auch die mit ihnen künftig erzielbaren Erlöse zu betrachten. Es gilt die Container, auch bei den Leertransporten, nicht kostenminimierend, sondern vielmehr deckungsbeitragsmaximierend einzusetzen, d.h. so, dass der durch ihren Einsatz erzielte Gewinn für die Unternehmung maximiert wird.

Um fundiert vorteilhafte Entscheidungen treffen zu können, genügt es jedoch nicht, die relevanten Größen nur zu *einem* Zeitpunkt zu betrachten. Für eine vorausschauende Planung müssen die dynamischen Aspekte der Problemstruktur und auch die weiteren Entwicklungsstufen des Systems bei der aktuellen Entscheidungsfindung berücksichtigt werden. Die beabsichtigten und die in Kauf zu nehmenden Wirkungen von Entscheidungen und vor allem deren Bewertungsproblematik werden nun unter dynamischen Gesichtspunkten eingehender betrachtet. Hierzu sei das in der folgenden Abbildung dargestellte Beispiel vorangestellt. A und B bezeichnen zwei Orte eines Transportnetzwerkes. Transporte sind in beiden Richtungen zwischen den Orten möglich. An Ort A steht ein Leercontainer zur Verfügung, über dessen Verwendung zu entscheiden ist. Als Ausschnitt eines time-space-Netzwerks (vgl. Kapitel 2.2.4.2) lässt sich die Situation folgendermaßen abbilden.

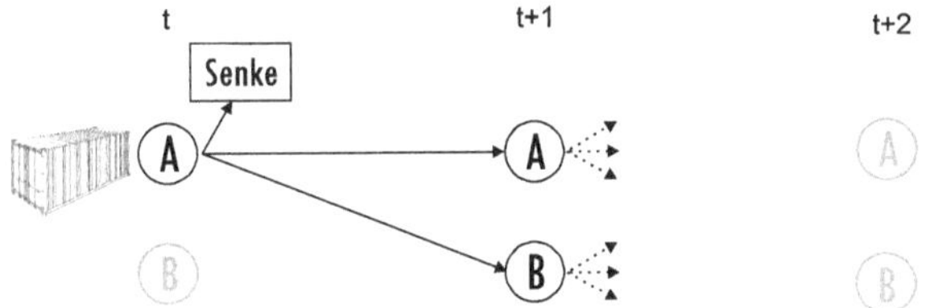

Abbildung 18: *Ausschnitt eines time-space-Netzwerks: Verwendungsmöglichkeiten eines verfügbaren Containers*

Die sich bietenden Verwendungsalternativen des Containers sind auf ihre relative Vorteilhaftigkeit[69] hin zu prüfen.

[69] Im Gegensatz zur *absoluten Vorteilhaftigkeit* ist eine Handlungsalternative *relativ vorteil-*

Als zu vergleichende Alternativen des Beispiels kommen grundsätzlich in Betracht:

- Verbleiben des Containers an Ort A als Zeitüberbrückung durch Lagerhaltung
- Bewegung des Containers an einen anderen Ort des Transportnetzwerkes.
  Im Beispiel ist diese Möglichkeit aus Gründen der Übersichtlichkeit lediglich für Ort B dargestellt. In der Realität besteht jedoch zumeist eine Vielzahl von Orten, an die der Container entweder durch Bedienung eines Transportauftrages bewegt oder unbeladen repositioniert werden könnte.
- Verlassen des Containers aus dem System (Senke).[70]
  Auch bei dieser Alternative besteht gegebenenfalls eine hohe Zahl verschiedener, differenziert zu betrachtender Optionen, so z.B. verschiedene Möglichkeiten den Container Dritten zu überlassen oder, falls es sich im einen Leasingcontainer handelt, diesen an die Leasinggesellschaft zurückzugeben, sofern dies in Übereinstimmung mit dem Kontrakt geschehen kann.

Um die Wirkung der verschiedenen Optionen auf die Zielgröße miteinander vergleichen zu können, sind beabsichtigte und in Kauf zu nehmende Wirkungen jeder Option rechnerisch als monetäre Größen abzubilden.
Durch den anschließenden Vergleich dieser Werte können Aussagen über die relative Vorteilhaftigkeit der Optionen getroffen werden.

Dabei genügt es nicht, die direkten Wirkungen der aktuellen Periode[71] isoliert zu betrachten. Die darüber hinaus in die Zukunft reichenden Wirkungen sind ebenfalls in die Beurteilung einzubeziehen.
In der Praxis erfolgt dies in vielen Fällen intuitiv. Ist beispielsweise bekannt, dass an Ort B zum Zeitpunkt $t+1$ eine Ladung zu transportieren ist, so werden mögliche Leertransportkosten der an Ort A verfügbaren Container zu Ort B in Zusammenhang mit den künftig an Ort B zum Zeitpunkt $t+1$ erzielbaren Erlösen

---

haft, sofern ihre Vorteilhaftigkeit die der übrigen, einander ausschließenden Handlungsoptionen übertrifft (vgl. beispielsweise Götze und Bloech (2004)).

[70] Eine Senke bezeichnet innerhalb eines gerichteten Graphen einen Knoten, zu dem nur gerichtete Kanten führen, von dem jedoch keine ausgehen. Für das betrachtete Beispiel bedeutet dies, dass über die Container, welche zur Senke bewegt werden, nicht weiter zu entscheiden ist, sie also das Entscheidungssystem verlassen.

[71] Im Folgenden werden die Perioden auch als „Stufen“ bezeichnet.

gesehen, bzw. bei einer Kostenminimierung zumindest im Zusammenhang mit dem dort zu bedienenden Containerbedarf.
Sind die Erlöse an einem Knoten in der Zukunft noch unbekannt, so lassen sich hierfür auf Vergangenheitswerten oder Expertenwissen basierende Schätzungen heranziehen.

Nicht nur künftige, mit der Entscheidung verbundene Erlöse, sondern auch künftig, durch die Entscheidung verursachte negative Erfolgsbeiträge sind bei der Entscheidung zu berücksichtigen, wie das folgende Beispiel zeigt.

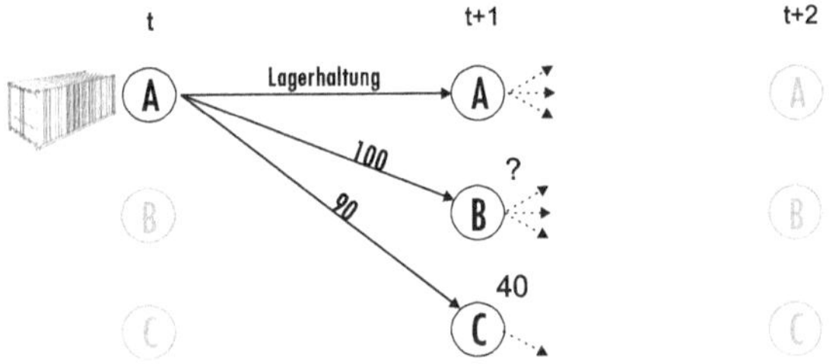

Abbildung 19: *Ausschnitt eines time-space-Netzwerks bei der Berücksichtigung künftiger Erfolgsbeiträge*

Ausgehend vom Ort A bestehen zwei Ladungsoptionen. Da nur ein Container an diesem Ort verfügbar ist, kann nur eine der beiden Optionen gewählt werden.
Die eine besteht zum Ort B, verbunden mit einem Deckungsbeitrag, nach Abzug aller mit dem Transport verbundenen Kosten, von 100 Geldeinheiten, die andere zum Ort C, verbunden mit einem Deckungsbeitrag von 90 Geldeinheiten. Die erste Alternative scheint also die vorteilhaftere zu sein.
Für eine umfassendere Beurteilung sind auch die von den Zielorten der Ladungen ausgehenden weiteren Verwendungsmöglichkeiten in die Betrachtung mit einzubeziehen. Kann beispielsweise davon ausgegangen werden, dass an Ort C künftig Transportbedarf besteht, für welchen der Container eingesetzt werden kann und mit dem ein Erlös von 40 Geldeinheiten verbunden wäre, während die weitere Verwendung ausgehend von Ort B völlig ungewiss ist, der Container gelagert werden oder unbeladen zu einem anderen Ort transportiert werden müsste, so wäre die Wahl der zweiten Alternative, Ladungstransport nach C, die vorteilhaftere.

Auch zur angemessenen Beurteilung der Vorteilhaftigkeit von Leasingmöglichkeiten ist eine umfassendere Betrachtungsweise erforderlich, wie das folgende Beispiel zeigt.
In einem Depot besteht durch eine zu transportierende Ladung ein Bedarf für einen zusätzlichen Leercontainer. Es ist zu klären, welche Beschaffungsmöglichkeit zur Bedienung des Bedarfs zu wählen ist. Es besteht die Möglichkeit, entweder einen Container aus einem anderen Depot zu repositionieren oder einen Leasingcontainer anzumieten.
Für diese Entscheidung ist es wichtig einzuschätzen, was mit dem genutzten Container nach dem aktuellen Transport an dessen Zielort geschehen wird.
Besteht auch am Zielort dieser Ladung Transportbedarf, spricht dies eher für die Repositionierung eines eigenen Containers, da er am Zielort vermutlich sinnvoll genutzt werden könnte. Möglicherweise erfolgt auch eine günstige Weiterpositionierung oder Lagerung zur Bedienung nachfolgender Bedarfe.
Ist eine sinnvolle Verwendung am Zielort der Ladung unwahrscheinlich, bietet sich eher die Nutzung eines kurzfristig geleasten Containers an, der am Zielort an die Leasinggesellschaft zurückgegeben werden kann.
Bei einer kurzsichtigen Entscheidung würden die durch die Repositionierung entstehenden Kosten mit den bei Nutzung eines Leasingcontainers entstehenden Kosten verglichen werden.

In die Entscheidung sollten jedoch auch die Erfolgsbeiträge einfließen, die künftig, ausgehend vom Zielort der betrachteten Ladung erzielbar sind. Diese spiegeln sich in dem Wert eines zusätzlich verfügbaren Containers an dem entsprechenden Knoten im Transportnetzwerk wider. Dieser Wert ist, als Charakteristikum der Nutzung eines eigenen Containers, in die Betrachtung mit einzubeziehen. Ist der Wert positiv, so bestehen gute Weiterverwendungsmöglichkeiten, welche den Einsatz eines eigenen Containers vorteilhafter machen und daher von den Kosten abzuziehen sind. Ist der Wert negativ, ist die weitere Verwendung des Containers mit negativen Erfolgsbeiträgen verbunden. Dies reduziert die Vorteilhaftigkeit des Einsatzes eines eigenen Containers.
Auf diese Weise kann die Flexibilität, die die Leasingalternative durch die Rückgabemöglichkeit des Containers bietet, berücksichtigt werden. Ohne die Betrachtung der künftigen Verwendungsmöglichkeit wird dieser Aspekt nicht angemessen in die Entscheidung einbezogen.

Wohin Container bewegt, d.h., welche Alternativen gewählt werden sollten, hängt daher von den direkt auf der aktuellen Stufe erzielbaren, aber auch von den künftig erwarteten positiven und negativen Erfolgsbeiträgen ab.
Dabei ist nicht nur die nächste Stufe relevant. Es sind vielmehr alle darauffolgenden Stufen und die sich daraus ergebende weitere Bewegung des Containers durch das System bis zum Ende des Planungshorizonts, zumindest theoretisch, von Bedeutung.
Bei den im Rahmen der Leercontainersteuerung zu treffenden Entscheidungen sollte der Blick nicht allein auf die direkt erzielbaren Erfolgsbeiträge gerichtet werden. Auch das Potential vorausschauend repositionierter Container, künftig Erträge zu generieren, ist in einer sinnvollen Steuerung der Leercontainerströme zu berücksichtigen.

In Kapitel 3.2 wurden die zusammenhängenden Wirkungen einer Transportentscheidung mit Hilfe des Identitätsprinzips genauer betrachtet. Durch die Umsetzung einer Transportentscheidung reduziert sich der Containerbestand an ihrem Ausgangspunkt um die entsprechende Containermenge, während am Zielort der letzten Teilstrecke die entsprechende Menge an Containern künftig zusätzlich verfügbar sein wird.
Damit die Effekte dieser Mengenveränderungen angemessen bei der Entscheidungsfindung berücksichtigt werden können, sind ihre Auswirkungen auf die zugrundeliegende Zielgröße - hier der Unternehmenserfolg - zu ermitteln. Dazu sind die Mengenveränderungen zu bewerten und als monetäre Größen rechnerisch abzubilden. Es ist somit der Wert, der durch die Entscheidung zusätzlich verfügbaren Container am Zielort der letzten Teilstrecke der Transportentscheidung zu bestimmten.[72]

Jeder Knoten eines time-space-Netzwerks stellt einen bestimmten Ort zu einem bestimmten Zeitpunkt dar. Werden Ort und Zeitpunkt als *Zustand* der an diesem Knoten verfügbaren Container bezeichnet, so kann der zuvor beschriebene Effekt als Zustandsänderung des Containers bezeichnet werden. Diese Zustandsände-

[72] Die Wirkung, dass der Container an seinem aktuellen Aufenthaltsort i zum betrachteten Zeitpunkt nicht mehr verfügbar sein wird, wird durch jede Entscheidung gleichermaßen verursacht und kann daher vernachlässigt werden. Selbst die Lagerhaltung führt dazu, dass der Container zwar an dem Ort verbleibt, jedoch dann zum Zeitpunkt $t+1$ verfügbar ist. Der Zustand Aufenthaltsort i zum Zeitpunkt t wird in jedem Fall verlassen.

rung gilt es zu bewerten. Der erwartete Wert eines Containers an Ort i zum Zeitpunkt t ergibt sich aus den Möglichkeiten, wie der Container dort eingesetzt werden kann. Dies ist von den dort künftig bestehenden Verwendungsoptionen, wie beispielsweise Lagerhaltung, Ladungstransport, Leertransport und Rückgabe abhängig, wobei deren Verfügbarkeit wiederum von der bereits in dem Depot befindlichen Menge an Containern bzw. der Menge eintreffender Container abhängt.

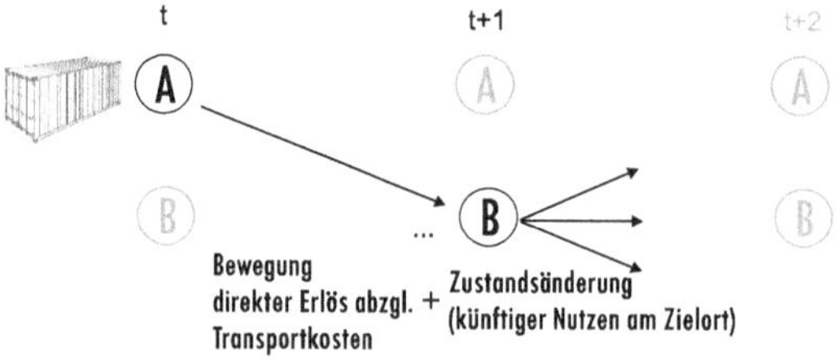

Abbildung 20: *Berücksichtigung der Zustandsänderung bei der Entscheidung*

Zum Treffen fundierter Entscheidungen müssen die dynamischen Verbindungen berücksichtigt werden.
Dabei gilt es, nicht nur die direkten Erfolgsbeiträge zu beachten, sondern auch das Potential des Containers künftig Erfolgsbeiträge zu erzielen.

Diese künftig zu erwartenden Erfolgsbeiträge, die aus der mit der Entscheidung verbundenen Zustandsänderung des Containers resultieren, gilt es zu quantifizieren, um die Zustandsänderung in die Betrachtung einbeziehen zu können.

3.3.2 Ermittlung der Zustandswerte und Problem der lokalen Bewertung

Um die Auswirkung einer Entscheidung auf die zugrundeliegende Zielgröße *Maximierung des Unternehmensgewinns* erkennbar zu machen, sind ihre rein mengenmäßigen Wirkungen zu bewerten und in Erfolgsgrößen umzurechnen. Die durch den Ladungstransport erzielten Erlöse und die mit Transport oder Lagerung eines Containers verbundenen Kosten sind relativ leicht zu bestimmen. Die Bewertung der zwangsläufig mit Landungstransport, Leertransport und Lagerhaltung eines Containers verbundenen Zustandsänderung in Form von Raumüberwindung und Zeitüberbrückung, ist hingegen weitaus problematischer.

Der Zustandswert gibt den Wert eines zusätzlich verfügbaren Containers an dem entsprechenden Knoten des Transportnetzwerks an. Er resultiert aus der lokalen Bewertung dieses Containers. Diese hängt von der künftig erwarteten Verwendung des Containers ab. Die Ermittlung von aussagekräftigen und verlässlichen Zustandswerten ist aufgrund bestehender Unsicherheiten der weiteren Verwendung schwierig.

Der Zustandswert basiert auf dem Umstand, dass für den durch die Zustandsänderung zusätzlich an einem Knoten verfügbaren Container eine zusätzliche Verwendungsoption zu wählen ist. Möglicherweise kann ein zusätzlicher Transportauftrag angenommen und somit bestehende Nachfrage nach Transportkapazität bedient werden. Andererseits könnte, für den Fall, dass keine vorteilhafteren Einsatzmöglichkeiten bestehen, die Lagerung oder die Repositionierung des zusätzlich verfügbaren Containers erforderlich werden und dessen Verwendung daher mit negativen Erfolgsbeiträgen für das Unternehmen verbunden sein.
Ersteres wirkt sich vorteilhaft, letzteres nachteilig auf das Gesamtunternehmensergebnis aus und spiegelt sich dementsprechend im Zustandswert wider.[73]

Dieser Wert drückt, als lokale Bewertung eines zusätzlichen Containers, sowohl die zeitliche, als auch die erfolgstechnische Dringlichkeit des individuellen Containerbedarfs der verschiedenen Depots aus.
Der Wert eines Containers ist dabei von der Möglichkeit, zusätzliche positive oder negative Erfolgsbeiträge zu generieren, abhängig, d.h. von den zur Verfügung stehenden Verwendungsoptionen.
Verwendungsoptionen unterscheiden sich in den durch sie erzielbaren Erlösen und der Quantität der maximal für sie einsetzbaren Container. Dabei ist es sinnvoll anzunehmen, dass die Verwendungsoptionen in der Reihenfolge abnehmender Vorteilhaftigkeit gewählt werden. Ordnet man die Optionen in entsprechender Reihenfolge und stellt die Erlöse in Abhängigkeit von der Containermenge graphisch dar, erhält man die Funktion der Zustandswerte.
In der folgenden Darstellung ist eine Zustandswertefunktion abgebildet.

[73] Weshalb der Zustandswert dadurch nicht zwangsläufig positiv bzw. negativ ist, wird im Rahmen der weiteren Ermittlung verdeutlicht.

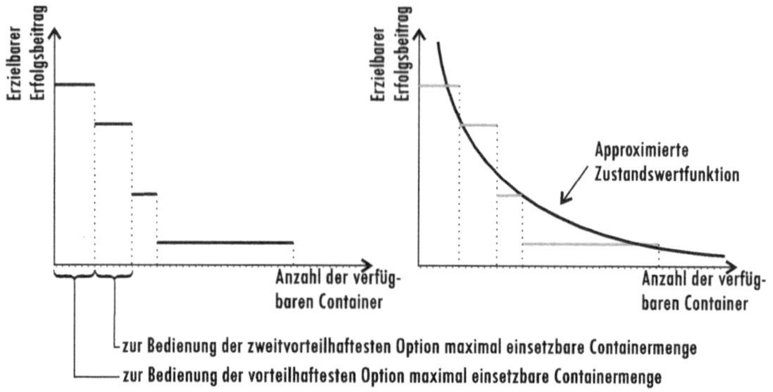

Abbildung 21: *Funktion der Zustandswerte und mögliche Approximation*

Wie beschrieben, ist der Zustandswert abhängig von den im Depot zum betrachteten Zeitpunkt verfügbaren Optionen, die durch ihre Vorteilhaftigkeit und der maximal für sie zu nutzenden Menge an Containern gekennzeichnet sind. Der konkrete Zustandswert eines zusätzlich verfügbaren Containers ist zudem abhängig von der Menge der bereits verfügbaren Container. Hierüber wird bestimmt, welche Optionen bereits durch verfügbare Container bedient werden. Daraus resultiert der relevante, aktuell zu betrachtende Abschnitt der Funktion. Dieser stellt die derzeit beste verbleibende Verwendungsmöglichkeit dar.
Wären alle künftig bestehenden Verwendungsoptionen und deren Argumente im Voraus bekannt, so ergäbe sich die Zustandswertfunktion eines Depots zu einem bestimmten Zeitpunkt wie im Folgenden dargestellt.

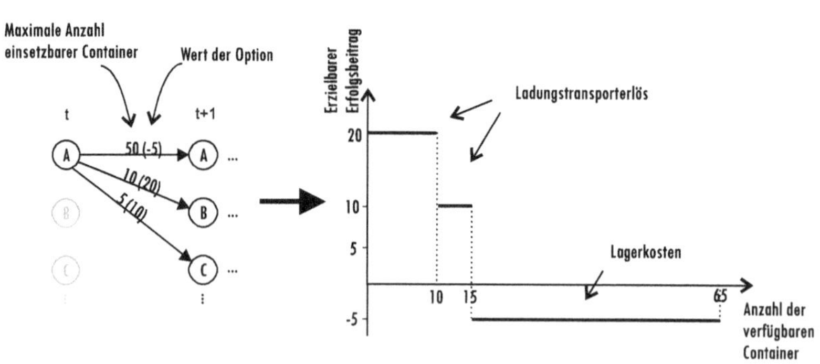

Abbildung 22: *Ermittlung der Zustandswertfunktion bei einstufiger Betrachtung*

Für die an Ort A zum Zeitpunkt t verfügbaren Container bestehen drei Verwendungsmöglichkeiten. Sie können Ladungen in Richtung von Depot B bzw. C transportieren oder in Depot A gelagert werden.
Wie die Abbildung zeigt, sind mit dem Ladungstransport Erlöse in Höhe von 20 bzw. 10 Geldeinheiten pro eingesetzten Container verbunden. Es können maximal 10 bzw. 5 Container für die jeweilige Option eingesetzt werden.
Für die Lagerhaltung der Container entstehen Lagerkosten in Höhe von 5 Geldeinheiten pro Container. Die Lagerkapazität beträgt 50 Container des betrachteten Typs.
Da es sinnvoll ist, verfügbare Container für die verschiedenen Optionen in der Reihenfolge abnehmender Vorteilhaftigkeit einzusetzen, würden die ersten 10 verfügbaren Container für den Ladungstransport in Richtung B eingesetzt. Jeder eingesetzte Container könnte einen Erlös in Höhe von 20 Geldeinheiten erzielen. Daher entspricht dieser Betrag dem Wert eines jeden der ersten 10 Container. Die Container 11 bis 15 würden für den Ladungstransport in Richtung C eingesetzt und einen Erlös von 10 Geldeinheiten pro Container erzielen und ihnen ein dementsprechender Wert beigemessen werden.
Zusätzliche Container müssten an Ort A gelagert werden, da im Beispiel keine weiteren Einsatzmöglichkeiten bestehen. Der damit verbundene negative Erfolgsbeitrag in Höhe von -5 Geldeinheiten entspricht somit dem Wert jedes weiteren Containers.
Werden die Größen entsprechend der Ausführungen geordnet und gemeinsam in Form einer Funktion dargestellt, erhält man die Zustandswertfunktion.

Abbildung 22 zeigt jedoch nur den einstufigen Fall. Es werden nur die direkten Wirkungen der von Knoten $[A, t]$ ausgehenden Bewegung berücksichtigt. Für eine sinnvolle Entscheidung sollten jedoch auch die darüber hinausgehenden, unternehmenserfolgsrelevanten Wirkungen einbezogen werden, also die künftigen Erfolgsbeiträge ab dem Zeitpunkt $t+1$. Diese werden durch die entsprechenden Zustandswerte der Knoten zum Zeitpunkt $t+1$ dargestellt und sind ihrerseits Funktionen, die gemäß der oben dargestellten Vorgehensweise zu ermitteln sind. Die direkt erzielbaren Erfolgsbeiträge der drei an Knoten $[A, t]$ bestehenden Optionen müssen um die indirekten, zukünftigen Wirkungen ergänzt werden. Für den Ladungstransport in Richtung B ergibt sich also ein Erfolgsbeitrag in Höhe von 20 Geldeinheiten zuzüglich des relevanten Funktionswertes der Zustandswertfunktion des Knotens [B, t+1].

Die Funktion der Zustandswerte für Knoten $[A, t]$ würde also in etwa wie die in der folgenden Abbildung dargestellte aussehen.

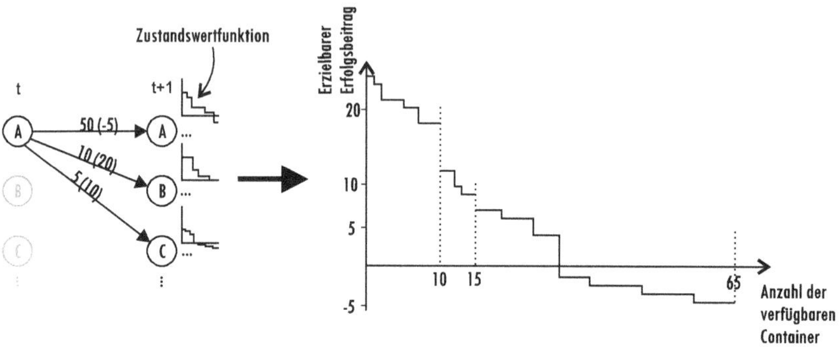

Abbildung 23: *Zustandswertfunktion bei Berücksichtigung mehrerer Stufen*

Die Ermittlung der Zustandswertfunktionen muss daher in einer sukzessiven Rückwärtsrechnung, ausgehend vom Ende des Betrachtungshorizontes erfolgen. Die Zustandswertfunktionen einer Stufe sind nicht nur von den direkt erzielbaren Erfolgsbeiträgen abhängig, sondern auch von den erwarteten Erfolgsbeiträgen der sich daran anschließenden, weiter in der Zukunft liegenden Verwendungen. Diese bilden die Zustandswerte der nachgelagerten Stufen und sind in die Betrachtung einzubeziehen. Der Zustandswert eines Knoten ergibt sich sukzessiv durch die von diesem ausgehenden Aktionen und den mit ihnen verbundenen Erfolgsbeiträgen bis zum Ende des Planungshorizonts T.[74] Die folgende Abbildung zeigt dies ausschnittsweise.

[74] Diesem Vorgehen liegt implizit auch die Denkweise der Dynamischen Programmierung und des Bellman'schen Optimalitätsprinzips und der damit verbundene Ermittlungsweg der Optimallösung zugrunde. Demnach muss jede Teilentscheidung der optimalen Entscheidung für sich eine optimale Entscheidung darstellen. Für jeden Knoten kann daher, beginnend am Ende des Betrachtungszeitraumes, aus der Bestimmung der gegeben den heutigen Informationsstand erwarteten, optimalen Entscheidungen die Zustandswertfunktion bestimmt werden. Anschließend wird die Entscheidung auf die vorhergehende Stufe ausgedehnt, sodass bei der Bestimmung der optimalen Entscheidungen auf dieser Stufe die optimalen Entscheidungen auf der folgenden Stufe in Form der Zustandswertfunktionen einbezogen werden können.

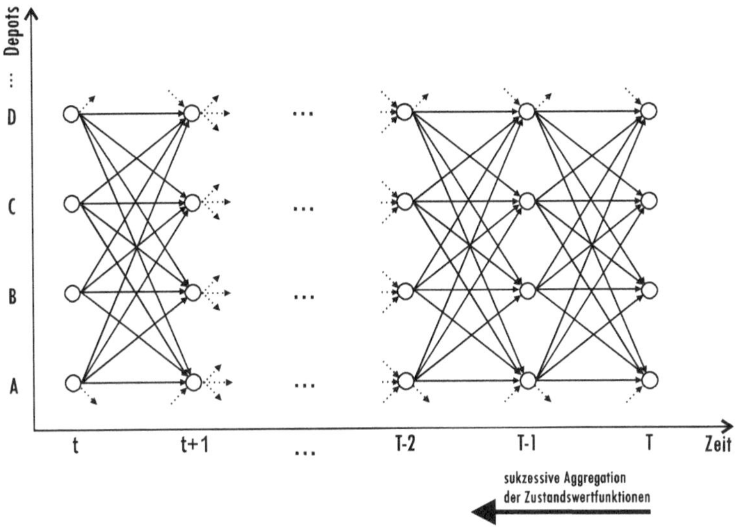

Abbildung 24: *Dynamik der lokalen Bewertung und Ermittlung der Zustandswerte ausgehend von Ende des Planungshorizontes*

Aus diesen Überlegungen resultiert die Frage, wie viele künftige Stufen bei der Ermittlung des aktuellen Zustandswertes einbezogen werden sollten, d.h., welche Länge des Planungshorizontes sinnvoll ist.
Mit zunehmender Ausdehnung des Planungshorizonts steigt sowohl die Zahl der zu berücksichtigenden Elemente (Knoten) als auch die Zahl der zwischen ihnen bestehenden Verknüpfungen und somit die Komplexität des Entscheidungsproblems stark an. Die Komplexität erreicht schnell Größenordnungen, in denen sie nicht mehr handhabbar ist.

Zudem gilt es zu bedenken, dass die künftig tatsächlich bestehenden Verwendungsoptionen umso ungewisser werden, je weiter sie in der Zukunft liegen. Auch unter diesem Gesichtspunkt sollte der Planungshorizont, trotz theoretischer Entscheidungsrelevanz, nicht übermäßig ausgedehnt werden, sofern sinnvolle Prognosen kaum noch möglich sind und bloße Mutmaßungen erfolgen.

Bedenkt man die wahrscheinlich hohe Unsicherheit der künftigen Daten, können optimale Entscheidungen im Voraus nicht gewährleistet werden, da zum Entscheidungszeitpunkt noch unbekannt ist, welche Datenkonstellation tatsächlich

eintreten wird. Vielmehr ist wichtig, die zeitlichen und räumlichen Verknüpfungen und damit die gegenseitige Beeinflussung der Entscheidungen aufzuzeigen und zu verdeutlichen. Zudem besteht durch die stets hohe Zahl an Verwendungsoptionen und Entscheidungen in jedem Depot auf jeder Stufe immer die Möglichkeit, Entscheidungen, die sich durch im Zeitverlauf konkretisierende Daten als falsch bzw. suboptimal herausstellen, anzupassen bzw. zu revidieren. Es sollte daher versucht werden, die Anzahl der einzubeziehenden Stufen möglichst gering zu halten und trotzdem zu guten Entscheidungen zu gelangen, die, ohne die konkreten Bedarfe der Zukunft zu kennen, die Containerströme in die vorteilhaftesten Richtungen lenken.
So ist beispielsweise die Entscheidung ausreichend, eine bestimmte Menge an Containern aus Region A in Richtung von Region C zu schicken, ohne die konkreten Zielorte innerhalb der Region C bereits festgelegt zu haben.
Ebenso kann während des Transports von A nach C entschieden werden, dass ein Teil der für Region C bestimmten Container, in Abweichung von der bisherigen Entscheidung, vor Erreichen der Region C bereits in Region B gelöscht oder möglicherweise erst in der danach anzulaufenden Region D vom Schiff geladen werden sollte. Die aktuelle Entscheidung, die Container aus Region A in Richtung Region C zu schicken, bliebe dieselbe.

Im Sinne des Prinzips des minimalen Prognosebedarfs werden Zukunftsprognosen nur in dem Maß bzw. in der Detailliertheit benötigt, soweit sie unterschiedliche gegenwärtige Entscheidungen erfordern (vgl. HANSSMANN (1978)). [75]

Die Einflussgrößen, die den Wert eines zusätzlich verfügbaren Containers bestimmen, werden nun genauer betrachtet.
Die lokale Bewertung eines Containers ist abhängig von:

- den bestehenden Verwendungsoptionen
- der bereits verfügbaren Containermenge

[75] Um künftige Erfolgsbeiträge in Form erwarteter Zahlungsflüsse mit denen der aktuellen Stufe angemessener vergleichen zu können, kann eine Abzinsung der künftig erwarteten, mit der Entscheidung verbundenen Mittelzu- und -abflüsse sinnvoll sein. Dies hätte zur Folge, dass weiter in der Zukunft liegende Erfolgsbeiträge bei der Beurteilung einer Entscheidung weniger stark ins Gewicht fielen als näher am Entscheidungszeitpunkt liegende und ihre Bedeutung daher tendenziell abnimmt, je weiter sie in der Zukunft liegen.

Abhängigkeit des Zustandswertes von den bestehenden Verwendungsoptionen
Die in den Depots künftig bestehenden Verwendungsmöglichkeiten sind zum Entscheidungszeitpunkt oftmals noch unbekannt. Folglich sind auch die Entscheidungen, die in Zukunft getroffen werden, noch unbekannt. Möglicherweise können jedoch die künftig zur Wahl stehenden Verwendungsoptionen, die mit ihnen verbundenen Erlöse und die Zahl der Container, die diese Optionen nutzen können, auf Basis von Vergangenheitswerten geschätzt werden. Aus diesen Daten ließen sich die künftigen Entscheidungen prognostisch antizipieren.

Abhängigkeit des Zustandswertes von den am Ort verfügbaren Containern
Die Menge der Container, die eine bestimmte Verwendungsoption nutzen können, ist durch verschiedene Faktoren begrenzt. Jeder Transportauftrag verfügt nur über einen bestimmten Umfang, der die Zahl der maximal einsetzbaren Container angibt. Bei Lagerung, Ladungs- und Leertransporten können Lager- oder Transportmittelkapazitätsbeschränkungen die Menge der für eine Option verwendbaren Container begrenzen. Die Rückgabe von Leasingcontainern ist unter Umständen durch die Leasingkontrakte beschränkt.
Zur Nutzung jeder Verwendungsoption ist daher nur eine begrenzte Menge an Containern einsetzbar. Sind genügend Container zur Bedienung einer Option verfügbar, können zusätzliche Container nur zur Bedienung der nächstschlechteren, d.h. weniger vorteilhaften Verwendung eingesetzt werden. Der Wert eines zusätzlich verfügbaren Containers ist somit von der durch anderweitige Entscheidungen an dem Ort verfügbare Leercontainermenge abhängig. Daher sind Überlegungen über das Zustandekommen der an einem Ort verfügbaren Leercontainermenge anzustellen.

Die Zahl der an einem Ort verfügbaren Container ergibt sich aus den getroffenen Entscheidungen, die einen Containerzufluss an dem betrachteten Ort zur Folge haben. Dies sind Ladungstransportentscheidungen,[76] Lagerhaltungs-, Leertransport- und Leasingentscheidungen, die von der Reederei auf den vorhergehen-

[76] Wann der Container von Kunden entladen wurde, zurückgegeben wird und somit wieder zur erneuten Verwendung durch die Reederei zur Verfügung steht, ist in der Regel unsicher und kann um mehrere Werktage schwanken. Dieser Aspekt wird, um die Darstellung nicht unnötig zu verkomplizieren, hier außer Acht gelassen, kann aber in der Praxis durch Statistiken oder Erfahrungswerte entsprechend in der Betrachtung berücksichtigt werden.

den Stufen getroffenen wurden. Diese Entscheidungen waren jedoch wiederum von den auf der entsprechenden Stufe am entsprechenden Knoten bestehenden Handlungsoptionen, deren Vorteilhaftigkeiten und den dort verfügbaren Containerbeständen abhängig. Somit sind diese Entscheidungen, auf denen die weitere Planung aufbauen könnte, selbst mit Unsicherheit behaftet.

Einfacher und zuverlässiger ist es daher, aus Vergangenheitsdaten und Erfahrungswerten Wahrscheinlichkeitsfunktionen über die Zahl der an einem Ort zu einem bestimmten Zeitpunkt verfügbaren Container zu erstellen. Bei Containermengen handelt es sich naturgemäß um eine ganzzahlige Größe, woraus eine diskrete Wahrscheinlichkeitsverteilung folgt. Bei großen Mengen kann jedoch unter Umständen eine Approximation durch eine stetige Verteilung, möglicherweise sogar durch eine Normalverteilung erfolgen. Je schmaler die Verteilung ist, umso präziser lassen sich die Containermengen vorhersagen.

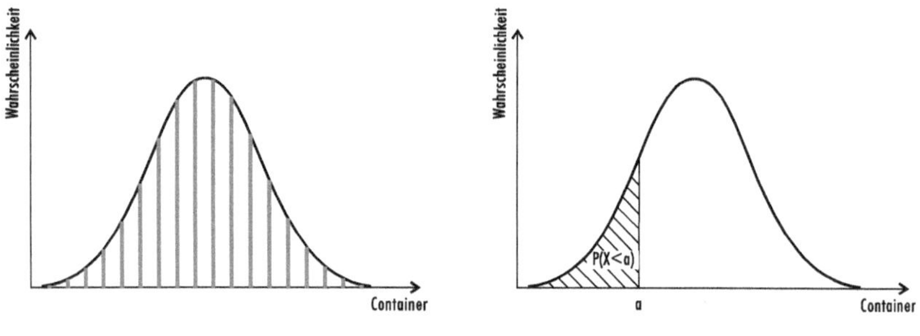

Abbildung 25: *Wahrscheinlichkeitsfunktion, approximierte Dichtefunktion und Bestimmung der Wahrscheinlichkeit für das Ereignis* $X < a$

Hieraus lassen sich die Wahrscheinlichkeiten für künftige Containerbestandsmengen ermitteln. Die Zufallsvariable X gibt dabei die Anzahl der künftig verfügbaren Container an. In Abbildung 25 ist beispielhaft die Wahrscheinlichkeit, dass weniger als a Container verfügbar sind, $P(X < a)$ abgebildet. Die Fläche unterhalb der Dichtefunktion links des Wertes a entspricht dieser Wahrscheinlichkeit. Dies ist die Wahrscheinlichkeit dafür, dass der nächste, zusätzliche Container, der a-te verfügbare Container sein wird und für die entsprechende Verwendungsoption eingesetzt werden würde. Werden nun gegebenenfalls auf Vergangenheitswerten beruhende Kenntnisse über die Zielorte und -zeitpunkte der Verwendungen des Ortes in Reihenfolge abnehmender Vorteilhaftigkeit herangezogen, so ließen sich daraus Erwartungen über die Leercontainerbestände der Knoten auf nachfolgenden Stufen gewinnen. Allerdings könnten hierfür ebenfalls auf Vergangenheitswerten beruhende Wahrscheinlichkeitsverteilungen über die Containerbestände der nachfolgenden Stufen herangezogen werden.

Diese allgemein gehaltenen Vorschläge sind für den Einzelfall auf ihre Eignung zu prüfen. Präzise Handlungsempfehlungen bezüglich des Ermittlungsweges können nur unter Einbeziehung der entsprechenden Daten eines Unternehmens gegeben werden. Die Verwendung derartiger, sensibler Daten war im Rahmen der vorliegenden Arbeit leider nicht möglich.

Zur Ermittlung der Zustandswerte kann auch das Vorgehen des Entscheidungstheoretischen Planens herangezogen werden. Entscheidungstheoretisches Planen betrachtet Effekte, Erfolgswahrscheinlichkeiten und Nutzen von Aktionen als sequentielles Entscheidungsproblem. Aktueller Zustand und gewählte Aktion bestimmen die Wahrscheinlichkeitsverteilungen möglicher Folgezustände.
In der Regel werden Markow-Entscheidungsprozesse als zugrunde liegendes Modell für entscheidungstheoretisches Planen verwendet. Dabei könnten die verschiedenen Depots als diskrete, endliche Menge möglicher Zustände S betrachtet und der aktuelle Aufenthaltsort eines Containers mit $s_0 \in S$ bezeichnet werden. Die Menge A enthält die möglichen Bewegungen durch das System als Aktionen. Eine Funktion $U_a(s' \mid s)$ ordnet dem Übergang von Zustand s zu s' durch Aktion a einen bestimmten Wert, den mit der Bewegung verbundenen Erfolgsbeitrag, zu. Eine ausführliche Darstellung findet sich beispielsweise bei DORER (1999) bzw. WEIGEL (2006).

Containerbewegungen durch ein Transportnetzwerk können zudem als Markow-Ketten verstanden werden.
Daraus folgt, dass die Wahrscheinlichkeit, dass sich ein Container nach einer bestimmten Anzahl von Stufen an einem Ort befindet, gegen einen fixen Wert konvergiert, unabhängig vom Startpunkt bzw. den aktuellen Entscheidungen. Die Übergangswahrscheinlichkeiten des Markow-Prozesses stellen die künftigen, aus noch unbekannten Entscheidungen resultierenden Zustandsänderungen der Container dar. Bei einer derartigen Betrachtung und entsprechender Analyse eines Datensatzes ließen sich auch mehrstufige Übergangswahrscheinlichkeiten ermitteln, wie beispielsweise die Wahrscheinlichkeit, dass ein Container, der sich

aktuell an Ort A befindet, durch die in der Zwischenzeit erwarteten Aktionen nach einer bestimmten Zeitspanne an Ort B verfügbar sein wird.

Diese Überlegungen dienen lediglich der Strukturierung und Verdeutlichung der Zusammenhänge und zur Skizzierung der möglichen Verfahrensweise. Das hohe Maß bestehender Unsicherheiten darf dabei nicht übersehen werden. Augenscheinlich „exakte Verfahren" täuschen über diese Unsicherheit möglicherweise hinweg. Die Berücksichtigung der Erfolgswirkung einer Zustandsänderung trägt sicher zur Verbesserung der Qualität der Entscheidungen bei. Ob allerdings eine ständige, derart aufwendige Ermittlung der Zustandswerte notwendig ist und wie verlässlich und genau die ermittelten Werte sein können, bleibt fraglich.

Um die Komplexität zu reduzieren, genügt es eventuell, lediglich pauschale Übergangswahrscheinlichkeiten von einem Zustand zu einem anderen und damit verbundene Durchschnittserlöse anzugeben, ohne die einzelnen Verwendungsoptionen explizit in die Betrachtung mit einzubeziehen. Dies erscheint sinnvoll, da durch die hohe Zahl verschiedener Verwendungsoptionen an jedem der zahlreichen Orte und Zeitpunkte Verknüpfungen entstehen, die zu einer nur schwer zu durchblickenden und kaum handhabbaren Komplexität führen. Zwar ist jede Aggregation von Daten mit einem Informationsverlust verbunden, jedoch scheint mit Blick auf den Problemumfang dieses Vorgehen unumgänglich.
Auch wenn die künftigen Daten nicht in allen Einzelheiten einbezogen werden können, so sollte zumindest versucht werden, die aktuellen Bewegungen durch das System nicht nur unter aktuellen oder bekannten Gesichtspunkten zu wählen, sondern auch die künftig erwarteten Erfolgswirkungen als Potentiale der Entscheidung zumindest näherungsweise mit einzubeziehen.
Im Sinne des Prinzips des minimalen Prognosebedarfs ist diesem Vorgehen gegenüber einer (zu) detaillierten Betrachtung, die in der Regel ebenfalls nur auf Schätzungen beruht, der Vorzug zu geben.[77] Mit der sinnvollen, organisatorischen Umsetzung des notwendigen Planungsprozesses befasst sich das folgende Kapitel.

[77] Hierbei könnten auch Verfahren der Fuzzy-Logik Anwendung finden. Es genügt eventuell, die Vorteilhaftigkeit in Gruppen z.B. von „sehr hohe Vorteilhaftigkeit" bis hin zu „geringe Vorteilhaftigkeit" sowie verschiedene Abstufungen von „Nachteiligkeit" einzuordnen, da es oftmals schwierig sein dürfte, die Vorteilhaftigkeit eines zusätzlichen Containers an einem Ort zu einem künftigen Zeitpunkt in Form eines fundierten, präzisen Wertes auszudrücken.

3.4 Dezentrale Planungsansätze

3.4.1 Vergleich der Eignung zentraler und dezentraler Ansätze zur Steuerung der Leercontainerströme

Die bisher zur Leercontainerlogistik veröffentlichten Arbeiten gehen ausschließlich von zentralistischen Modellen und einer auf zentraler Organisation basierenden Planung aus. Die vorgeschlagenen Modellkonzepte beruhen auf der impliziten Prämisse, dass die Planungs- und Steuerungsaktivitäten von einer zentralen Institution durchgeführt werden.

Der in der Struktur des realen Problems liegenden Komplexität können die in den bisherigen Veröffentlichungen beschriebenen Vorgehensweisen im Allgemeinen nicht gerecht werden. Die Herausforderung ist, eine sehr hohe Zahl an Containerbewegungen simultan zu betrachten und Einzelentscheidungen unter Berücksichtigung ihrer Interaktionen zu koordinieren. Um das Problem bei zentraler Formulierung für Lösungsalgorithmen handhabbar zu halten und diese anwenden zu können, müssen starke Vereinfachungen getroffen oder der Betrachtungsbereich begrenzt werden. Daher erfolgen in den bisherigen Ansätzen Beschränkungen der im Modell abgebildeten Realität, wie beispielsweise auf bestimmte geographische Regionen, Land- oder Seetransport oder auf Kostengesichtspunkte.

Abbildungen realer Problemstellungen in Modellen unterscheiden sich in ihrer Strukturiertheit. Strukturdefekte können sich auf verschiedene Struktureigenschaften des Problems beziehen. Es lassen sich abgrenzungsdefekte, wirkungsdefekte, bewertungsdefekte, zielsetzungsdefekte und lösungsdefekte Planungsprobleme unterscheiden. Einige Autoren differenzieren lediglich zwischen wohlstrukturierten und schlechtstrukturierten Problemstellungen, wobei letztere mindestens einen der zuvor genannten Strukturdefekte aufweisen.
Die folgende Abbildung stellt die differenziertere Sichtweise nach Berens et al. (2004) dar. Zu einer genaueren Erläuterung der Begriffe wird auf Adam (1996), Berens et al. (2004) sowie Domschke und Scholl (2005) verwiesen.

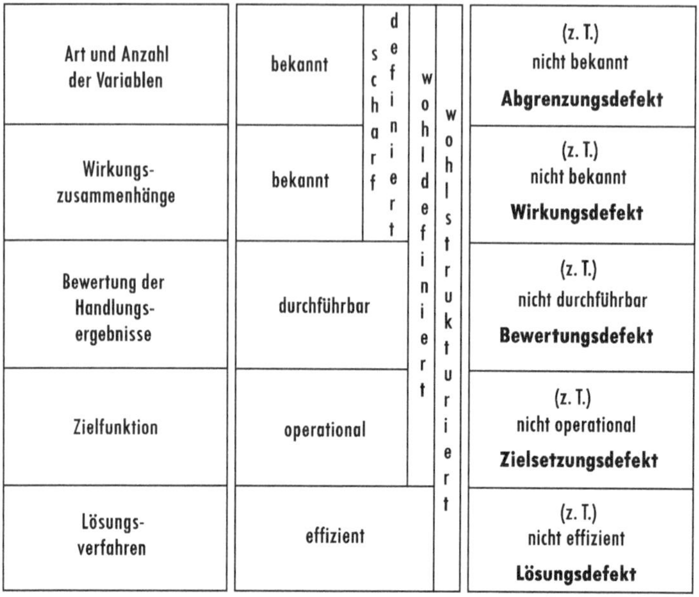

Abbildung 26: *Strukturstufen von Planungsproblemen*

Reale Probleme sind nur selten wohlstrukturiert und, um Defekte zu beseitigen und so eine quantitative Planung überhaupt zu ermöglichen, oftmals strukturierungsbedürftig. Bei der Strukturierung sind die Fähigkeiten des Planenden, wie beispielsweise seine Erfahrung, sein Problemverständnis etc. von hoher Bedeutung, da von ihnen die Wahl geeigneter Strukturierungsmaßnahmen und die Güte des Ergebnisses abhängig sind. Allerdings können Maßnahmen zur Beseitigung von Strukturdefekten, wie beispielsweise vereinfachende Annahmen, zu einem Nachlassen der Abbildungsgenauigkeit des ursprünglichen Problems führen. In der Regel wird eine verbesserte Strukturiertheit des Problems somit durch den - je nach Eignung der Maßnahmen mehr oder weniger starken - Verlust an Problemnähe und eingeschränkter allgemeingültiger Anwendbarkeit erreicht.

Auch das Problem der Leercontainerstromsteuerung weist verschiedene Strukturdefekte auf. Ein möglicher Wirkungsdefekt besteht darin, dass, durch insbesondere im Landtransport nicht selten auftretende Verspätungen von Lkw, nicht absolut sicher ist, wann ein per Lkw transportierter Container tatsächlich verfügbar sein wird, d.h. der tatsächliche, zeitliche Eintritt der Wirkung einer Transportentscheidung ist nicht in jedem Fall bekannt bzw. sicher. Ebenso gibt es Bewertungsdefekte, da die in der Zukunft liegenden Leercontainerbedarfe Unsicherheiten aufweisen. Der tatsächliche, quantitative Einfluss einer Maßnahme oder Entscheidung auf die Zielfunktion ist daher, zumindest zum Entscheidungszeitpunkt, ungewiss. Durch die Verwendung von Erwartungswerten oder der expliziten Berücksichtigung dieser Aspekte durch Zufallsvariablen lassen sich diese Strukturdefekte von Planenden verhältnismäßig einfach und akzeptabel beheben.

Problematischer ist die Tatsache, dass das Problem der Steuerung der Leercontainerströme, wie viele kombinatorische Optimierungsprobleme, lösungsdefekt und daher schlechtstrukturiert ist. Aufgrund der räumlichen und zeitlichen Ausmaße im Rahmen einer sinnvollen Problembetrachtung und der aus der hohen Anzahl der Parameter und Verknüpfungen folgenden Komplexität existiert kein effizientes Lösungsverfahren, welches innerhalb eines akzeptablen Zeitraumes die Optimallösung ermitteln kann.

Die Formulierung des Problems als zentralistisches Modell verstärkt nach der hier vertretenen Meinung die Wirkung dieser strukturgegebenen Schwierigkeiten. Trotz Beschränkungen des geographischen, zeitlichen, funktionellen (z.B. auf Kosten) und organisatorischen (z.B. Trennung von See- und Landtransport) Umfangs muss zur Lösung der bisherigen, zentralistisch formulierten Modelle zur Leercontainersteuerung auf heuristische Methoden zurückgegriffen werden.

Wie bereits in Kapitel 1 beschrieben, führen Veränderungen der Unternehmensumwelt zu einer Verschärfung des Wettbewerbs in der Transportbranche.
Das Wachstum der Reedereien und anderer Transportunternehmen durch Übernahmen und Zusammenschlüsse wird sich nicht in der bisher gewohnten Weise fortsetzen lassen. Zur Sicherung der künftigen Wettbewerbsfähigkeit der Unternehmung tritt zunehmend die Erhöhung der unternehmensinternen Effizienz an die Stelle des Wachstums. Dazu bedarf es einer verbesserten Organisation und Koordination zur Abstimmung von Entscheidungen. Die Optimierungsansätze dürfen sich nicht wie bisher auf einzelne Teilbereiche beziehen, vielmehr ist eine integrierende Optimierung dieser Teilbereiche anzustreben. Da die bisherigen Ansätze schon bei der Optimierung der Teilprobleme an ihre Grenzen stoßen, sind neue, geeignetere Ansätze notwendig. Die Vergrößerung der Unternehmen, die Ausdehnung der Einsatzgebiete im Hochsee- wie im Landtransport und die

daraus folgende zunehmende Verflechtung der Entscheidungen ließ die Komplexität der Problemstruktur in den letzten Jahrzehnten stark zunehmen. Immer größere Mengen von Daten und Informationen sind bei der Planung zu berücksichtigen. Das in den vergangenen Jahren stärker als die Nachfrage gestiegene Angebot an Transportkapazität, die Notwendigkeit die zunehmende Transportkapazität neuer Schiffstypen auszulasten, steigende Wettbewerbsintensität und der erhöhte Konkurrenzdruck machen zudem eine stärkere Kundenorientierung in Form einer immer schnelleren Bedienung der Kundenwünsche notwendig.
Für Transportunternehmen ist es daher noch wichtiger als bisher, Prozesse und Transportleistungen kundenorientiert, flexibel und effizient zu gestalten. Um gute Entscheidungen treffen zu können, gilt es, Zusammenhänge und Strukturen transparent zu machen, die Wirkungen einzelner Aktivitäten zu verdeutlichen und einen besseren Einblick in die Kostenstruktur zu ermöglichen.

Die notwendige Effizienzsteigerung im Containereinsatz und der immer stärker wachsende Umfang zu koordinierender Containerströme führt zu einer überproportionalen Zunahme der bei der Planung zu berücksichtigenden Informationen. Diese Informationen stellen das entscheidungsrelevante Wissen dar, welches bei der Entscheidungsfindung, d.h. zur Bestimmung der optimalen Allokation, zu berücksichtigen ist.

Mit der Nutzung von Wissen in einem sozialen Gefüge, wie beispielsweise einer Gesellschaft aber auch einer Unternehmung, befasst sich HAYEK (1945) und formuliert:

> „The economic problem of society is thus not merely a problem of how to allocate ‚given' resources [...] It is rather a problem of how to secure the best use of resources known to any of the members of society, for ends whose relative importance only these individuals know. Or, to put it briefly, it is a problem of the utilization of knowledge not given to anyone in its totality."
>
> (HAYEK (1945), S. 519 f.)

HAYEK betont die Einzigartigkeit des Marktes und dessen Preissystems, in seiner Fähigkeit verstreute Informationsstücke zusammenzufügen und so ökonomische Aktivitäten effizient zu koordinieren. Ein effizientes Ergebnis sei durch asymmetrische Information jedoch nur selten zu erreichen.

Ob eine Allokation durch eine traditionell zentrale Planung oder dezentrale Ansätze, beispielsweise durch viele separate, in Wettbewerb um die zu allozierenden Ressourcen stehende Akteure, erfolgen sollte, hängt von der Verfügbarkeit und dem Umfang der zu berücksichtigenden, entscheidungsrelevanten Informationen ab. So gibt es Wissen von der Art, das sich nicht in Statistiken niederschlägt oder ausdrücken lässt. Nicht alle planungsrelevanten Informationen sind standardisierbar. Einige sind nur als individuelles Vorortwissen verfügbar. Eine auf derartigen Statistiken bzw. nicht umfassenden Informationen beruhende Planung kann nicht alle zeitlichen und räumlich-geographischen Umstände angemessen berücksichtigen und daher nicht zu optimalen Entscheidungen führen.
Die Beschaffung und Bereitstellung der lokal verfügbaren Informationen für eine zentrale Planungsinstanz ist bei Problemstellungen von großem Umfang schwierig. Daher ist eine größtmögliche lokale Nutzung des Vorortwissens und somit ein dezentraler Ansatz vorzuziehen. Die endgültigen Entscheidungen sollten von denjenigen Akteuren getroffen werden, die am besten einschätzen und beurteilen können, welche Ressourcen in welcher Quantität zur Umsetzung der Entscheidungen und zum Erreichen des optimalen Ergebnisses notwendig sind.
Dabei ist eine Problemstellung, die durch viele Prozessteilnehmer und eine große Menge zu kommunizierender Informationen gekennzeichnet ist, mit Hilfe einer dezentralen Planung besser zu handhaben, als durch eine zentrale Planung, bei welcher zunächst sämtliches Wissen, d.h. sämtliche entscheidungsrelevanten Informationen, zur zentralen Planungsinstanz kommuniziert werden muss. Ob dies überhaupt vollständig und ohne Informationsverlust möglich ist, ist fraglich.

Mit zentralen und dezentralen Organisationsformen und den mit ihnen verbundenen Transaktionskosten befasst sich auch COASE (1937) in seinem Artikel *„The nature of the firm"*. Hierarchisch-zentralistische Formen der Organisation sind demnach immer dann wirtschaftlich sinnvoll, wenn die mit ihnen verbundenen Transaktionskosten niedriger sind als die des Marktes, d.h. eines dezentral organisierten Koordinationsmechanismus zur Abstimmung von Angebot und Nachfrage. Mit zunehmendem Umfang ist jedoch ein so genanntes *Organisationsversagen* zu beobachten. Nach COASE sind einer zentralistischen, hierarchischen Organisation mit steigender Zahl der zu koordinierenden Aktionen durch sinkende Grenzerträge der Koordinationstätigkeiten bei bestehenden Koordinationskosten Grenzen gesetzt. Zudem steige mit zunehmendem Umfang die Gefahr von Fehleinschätzungen und daraus folgenden unwirtschaftlichen Faktoreinsätzen. Dies

führe zu einem überproportionalen Kostenanstieg. COASE begründet diese Koordinationsschwierigkeiten u.a. damit, dass mit wachsender Zahl von Aktivitäten deren räumliche Entfernung und Heterogenität zunehmen.
Daher bestehe neben zentralistisch-hierarchischer Organisation auch die dezentrale Organisationsform „Markt“. Sind die Transaktionskosten bei hierarchischer Organisation höher als diejenigen bei dezentral-marktlicher Organisation, sollte das Unternehmen entweder verkleinert oder versucht werden, marktliche Koordinationsformen innerhalb des Unternehmens einzusetzen. Hierarchische Konzepte sind durch verschieden begründete Formen des Marktversagens gerechtfertigt. Durch Versagen der Hierarchie haben Marktmechanismen aber ebenso ihre Berechtigung. Auf diesen Überlegungen basiert der zunehmend an Bedeutung gewinnende *‚market in‘-approach*. Dieser bezeichnet die Anwendung marktlicher Mechanismen zur Organisation von Aktivitäten innerhalb eines normalerweise durch Hierarchie organisierten Systems wie beispielsweise eines Unternehmens.

Die Beschaffenheit der Daten- und Problemstruktur der Leercontainerstromsteuerung legt einen dezentralen Ansatz nahe, welcher eine realistischere Abbildung des Problems ermöglicht und die inhärente räumliche Verteilung der Systemelemente nutzt. Zudem ist das Abweichen von zentralen Verfahren in der Regel dann sinnvoll, wenn das zur zentralen Problemlösung benötigte Wissen bezüglich lokaler Planungsgrößen sehr umfangreich, mit hohen Unsicherheiten behaftet und sich häufig ändernden Umweltbedingungen anzupassen ist. Auch spricht die natürliche, räumliche Verteiltheit für einen dezentralen Ansatz.
Die charakteristische Dynamik und Unsicherheit des Leercontainerallokationsproblems und die daraus resultierenden Flexibilitätsanforderungen durch häufige Reallokation der Ressourcen infolge kurzfristigen Verfügbarwerdens neuer Daten lassen herkömmliche, zentralistische Planungsverfahren hinsichtlich ihrer Lösbarkeit und damit ihrer Anwendbarkeit schnell an Grenzen stoßen. Die Bestimmung der optimalen Lösung bei zentralistischer Verfahrensweise ist nicht in akzeptabler Rechenzeit zu ermitteln.[78] Umfang und Beschaffenheit der Daten und der zu berücksichtigenden Informationen machen neue Ansätze erforderlich.

[78] Auch POWELL wählt in den in Kapitel 2.3 genannten Artikeln stets einen zentralen Planungsansatz, weist aber darauf hin, dass die Entwicklung genauer Modelle zur Optimierung unter Unsicherheit in der Regel Probleme von realistischer Größe nicht in angemessener Zeit lösen können.

Durch den Einsatz dezentraler Ansätze zur Organisation kann die Reaktionsfähigkeit des Unternehmens im dynamischen Umfeld besser sichergestellt werden. Ihre Vorteile liegen in größerer Flexibilität, höherer Marktnähe und insbesondere in der geringeren Dauer von Entscheidungs- und Realisationsprozessen. Flexibilität darf dabei nicht als Alternative zur Planung verstanden werden. Auch flexible Strategien und flexible Steuerung müssen durch geeignete planerische sowie aufbau- und ablauforganisatorische Maßnahmen ermöglicht werden (vgl. HANSSMANN (1978)).

Dezentrale Vorgehensweisen steigern zudem den Einfluss, aber auch die Eigenverantwortung der einzelnen lokalen Akteure.
Die vor Ort bei der Entscheidungsfindung berücksichtigten Informationen ermöglichen einen Wissens- und somit auch Aktivitätsvorsprung gegenüber den Möglichkeiten einer zentralen Datenbank, die nicht permanent auf dem gleichen, aktuellen Stand sein kann, wie alle lokalen. Die dezentrale Vorgehensweise ist naheliegend, da der Großteil der relevanten Daten lokal anfällt. Es ist daher zweckmäßig, diese auch dort bestmöglich zu verarbeiten, um anschließend nur Teilergebnisse zur weitergehenden Planung und Abstimmung der Interessen und Aktionen der einzelnen Akteure an die koordinierende Instanz zu übermitteln.
Dabei werden auch Opportunitätskosten erkenn- und in die Entscheidung einbeziehbar, die bei den bisherigen Ansätzen kaum, bestenfalls intuitiv, eine Rolle spielten. Aufgrund der Eigenverantwortung und möglicher Mehrkosten müssen die Akteure wie Depots und Agenten der Reedereien den Bedarf exakter kalkulieren und angeben.[79]

Zudem lassen sich bei einer derartigen Organisationsform die internen, dezentralen und damit marktähnlichen Verfahrensweisen sehr einfach über Unternehmensgrenzen hinweg ausdehnen und Kooperationsformen sowie Leasingmöglichkeiten ohne Schwierigkeiten in den Planungsprozess einbeziehen. Unternehmensinterne Kosten und Deckungsbeiträge können leichter mit den Preisen für die Leistungen Dritter verglichen werden.
Die Aktualisierung der sich rasch ändernden Daten stellt ein weiteres Problem im Planungsprozess dar. Bei einer zentralen Organisation müsste auch bei klei-

[79] Dies führt durch genauere Bestandsangaben zur Verringerung der Hortung von Containern durch die Agenten der Reederei, welche zur Vermeidung von Fehlmengen vor Ort einen höheren Sicherheitsbestand an Containern bevorzugen.

nen Datenänderungen vor Ort der Ermittlungsweg zur Bestimmung der neuen Optimallösung erneut komplett durchlaufen werden. Dieses Vorgehen scheint, insbesondere mit Blick auf die praktische Anwendbarkeit, nicht praktikabel. Im Rahmen eines dezentralen Konzepts würden die Änderungen zunächst nur die lokalen Entscheidungen betreffen und davon ausgehend die mit ihnen verbundenen Maßnahmen beeinflussen. Ein Großteil des Systems, der bisherigen Lösung und der Entscheidungen würde hiervon unberührt bleiben.

Die Vorteile von zentraler sowie dezentraler Planung sind in der folgenden, auf ADAM (1996) basierenden Tabelle zusammengefasst und ergänzt.

Vorteile zentraler Planung	**Vorteile dezentraler Planung**
Keine Koordination notwendig	Geringer Planungsaufwand
Berücksichtigung aller *erkannten* Interdependenzen	Schnelle Ergebnisse, *Wissens- und Aktivitätsvorsprung*
Direkte Verfolgung der Zielsetzung des Gesamtunternehmens	Kein Information-Overload für Entscheidungsträger
	Mitarbeitermotivation, *Eigenverantwortung*
	Einfache Vergleichbarkeit auch über Unternehmensgrenzen
	Geringer Informationsverlust bei nicht-standardisierbaren Größen

Tabelle 2: *Vorteile zentraler und dezentraler Planungskonzeptionen (Ergänzungen kursiv)*

Werden dezentrale Verfahren zur Steuerung der Leercontainerströme angewendet, so ist sicherzustellen, dass die Aktionen der einzelnen Akteure des Systems in geeigneter Weise koordiniert und zwischen den Einzelentscheidungen bestehende Interdependenzen angemessen berücksichtigt werden.

3.4.2 Koordination dezentral organisierter Entscheidungen

Wie leistungsfähig komplexe Systeme sind, hängt von der effektiven Abstimmung der individuellen Ziele der einzelnen Akteure und der effizienten Koordination ihrer Aktivitäten ab.

Im Falle der Leercontainerallokation sind bei der Koordination der individuellen Nutzenmaximierung aus Sicht der einzelnen Depots die Auswirkungen einer bestimmten Allokation auf die anderen Depots aus Gesamtunternehmenssicht zu berücksichtigen. Konkurrieren beispielsweise zwei Depots um einen in einem anderen Depot verfüg- baren Leercontainer, so sind bei der Entscheidung, welches Depot den Container erhalten sollte, nicht nur die anfallenden Repositionierungskosten ausschlaggebend, sondern auch der jeweils erzielbare Deckungsbeitrag bzw. der dem anderen Depot durch die Nichterlangung des Containers entgangene Deckungsbeitrag als Opportunitätskosten.

Sofern keine Koordination der einzelnen Akteure durch Hierarchie erfolgt, muss gewährleistet sein, dass die lokalen Entscheidungen gemäß ihrer individuellen Präferenzen durch einen geeigneten, dezentralen Koordinationsmechanismus zum globalen Optimum, d.h. der effizienten Allokation der verfügbaren Ressourcen im Gesamtsystem, gelangen. Der dezentrale Koordinationsmechanismus muss dabei so gestaltet sein, dass das System die effiziente Allokation der Ressourcen durch ökonomisch rationales Verhalten der Akteure erzielt. Indem sich alle Teilnehmer rational verhalten, sie also ihren individuellen Gewinn maximieren, sollen die K verfügbaren Einheiten des zu allozierenden Gutes den Teilnehmern mit den K höchsten Wertschätzungen zugeordnet werden.
Eine Koordination durch einen Marktmechanismus scheint geeignet.
WILDEMANN (1997) stellt hierzu fest:

> „Die Koordination der Aktivitäten durch den Markt stellt einen günstigen Koordinationsmechanismus dar, da unterschiedliche Leistungsangebote eingeholt, miteinander verglichen und das wettbewerbsfähigste ausgewählt werden kann."
>
> (WILDEMANN (1997), S. 422)

Die Leercontainerallokation würde so als ökonomisches Koordinationsproblem verstanden. Folglich würde die Knappheit den Wert eines Containers an einem Ort und Zeitpunkt bestimmen. Dies schließt auch die potentiellen Verwendungsmöglichkeiten mit ein, denn ohne diese wäre nicht zu erkennen, ob ein Gut knapp ist oder nicht. Selbst wenn es nur in geringer Menge vorhanden ist, jedoch keine vorteilhaften Verwendungsmöglichkeiten bestehen, handelt es sich nicht um ein knappes Gut.

In Verbindung mit den Gedanken der Bewertung der Verfügbarkeit eines zusätzlichen Containers[80] könnten die Zahlungsbereitschaften der einzelnen Depots für die unterschiedlichen Container ermittelt werden. Über Preisangebote lassen sich Informationen über Verfügbarkeit und Verwendungsmöglichkeiten sowie die zeitliche Dringlichkeit der Bedarfe der Teilnehmer gewinnen und diese über einen Markt koordinieren.
Für eine dynamische Ressourcenallokation, d.h. eine kontinuierliche Reallokation in dynamischer Umgebung, ist ein derartiges Verfahren besonders geeignet.

Die Eignung eines Koordinationsmechanismus lässt sich anhand der folgenden Anforderungen beurteilen. Ein Koordinationsmechanismus sollte:

- eine effiziente Allokation erzielen
- taktisches Verhalten ausschließen
- auch negative Deckungsbeiträge handhaben können
- niedrige Kommunikations- und Informationskosten aufweisen
- Informationsoffenbarung möglichst vermeiden

Die genannten Eigenschaften sind im Einzelnen genauer zu betrachten.

Erreichen einer effizienten Allokation

Wie beschrieben, handelt es sich bei der Steuerung der Leercontainerströme um ein komplexes, ressourcenbezogenes Allokationsproblem.
Eine Allokation sei in diesem Falle definiert als eine Zuordnung verfügbarer Container auf die verschiedenen Knoten des Systems.
Der Allokationsprozess stellt dabei die zeitliche Abfolge der Zuordnung der Inputdaten des Systems unter Anwendung eines Allokationsmechanismus dar.

[80] Vgl. Kapitel 3.3.

Ein Allokationsmechanismus bezeichnet dabei die Verfahrensweise, die zur Erreichung einer Allokation führt.
Die folgende Abbildung stellt die Zusammenhänge dar.

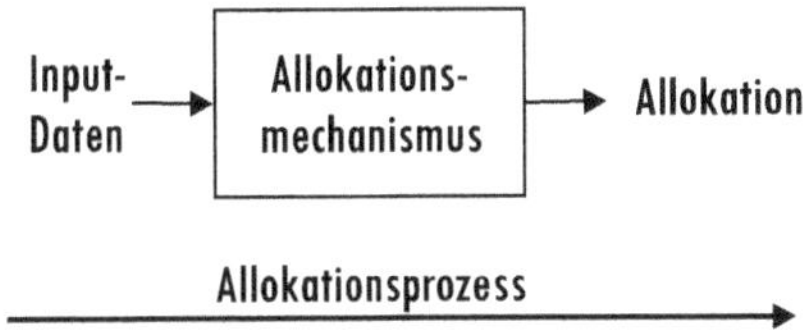

Abbildung 27: *Allokation, Allokationsmechanismus und Allokationsprozess*

Ziel ist jedoch nicht, die verfügbaren Güter in willkürlicher Weise zuzuordnen, sondern gemäß der zugrundeliegenden Zielsetzung das bestmögliche Zuordnungsergebnis, d.h. die effiziente Allokation, zu erreichen.

Definition *Effiziente Allokation:*
Die Zuordnung eines verfügbaren Containers zu einem Knoten des Systems heißt effizient, wenn der Container dem Knoten zugeordnet wird, der durch seinen Einsatz den höchsten (erwarteten) Deckungsbeitrag als Differenz zwischen erzielbaren Erlösen und zurechenbaren Kosten erzielt.
Ständig wechselnde Systemzustände erfordern eine dynamische Allokation.

Dabei muss der Koordinationsmechanismus gewährleisten, dass bei einem dezentral organisierten Vorgehen durch individuelle Nutzenmaximierung der einzelnen Teilnehmer auch das aus globaler Sicht optimale Ergebnis erreicht wird. GROVES (1973) formuliert in seinem Artikel *Incentives in teams* die grundlegenden Ideen und Ansätze hierfür.

Ausschluss von taktischem Verhalten
Taktisches Verhalten bedeutet, dass ein Teilnehmer unwahre Informationen mitteilt, da er sich hierdurch selbst besser stellen kann, als durch Angabe wahrer Informationen. Dies kann dazu führen, dass nicht das optimale Allokationsergebnis erreicht wird. Durch den verwendeten Koordinationsmechanismus sollte kein Anreiz zu solchem Verhalten bestehen, indem es keinem Teilnehmer moglich ist, seinen individuellen Nutzen durch Angabe unwahrer Informationen zu erhöhen.

Handhabung negativer Deckungsbeiträge durch den Mechanismus
Im Gegensatz zu anderen Problemstellungen, bei denen es möglich ist, wirtschaftlich unvorteilhafte Optionen (z.B. Fertigungsaufträge) abzulehnen, müssen bei der Steuerung der Leercontainerströme auch die mit negativen Erfolgsbeiträgen verbundenen Handlungsmöglichkeiten berücksichtigt werden, da für alle zu disponierenden Container Verwendungsoptionen zu bestimmen sind.
Übersteigt die Menge der verfügbaren Container die der vorteilhaften Einsatzmöglichkeiten, sind auch mit einem negativen Erfolgsbeitrag verbundene Optionen, wie z.B. Lagerhaltung, zu wählen. In diesem Fall muss eine Zuordnung erfolgen, welche die Verluste für diese Fälle minimiert.

Niedrige Kommunikations- und Informationskosten
Der Mechanismus sollte sich durch geringe Kommunikations- und Informationskosten auszeichnen. Ein geringer Kommunikationsbedarf ist dem förderlich. Geringer Kommunikationsbedarf, effiziente Kommunikation und Informationsverarbeitung, d.h. Vermeidung langer Kommunikationswege und -prozesse, führen zu notwendiger Zeitersparnis sowie Aktualität und ermöglichen so zukunftsgerichtete Flexibilität und kurzfristige Reaktionsfähigkeit.

Vermeidung von Informationsoffenbarung
Oftmals ist die Vermeidung der Informationsoffenbarung von Vorteil, da die Teilnehmer in diesem Fall nicht befürchten müssen, dass die Konkurrenten aus den offenbarten Informationen Schlüsse zu deren Vorteil ziehen können. Da bei dem in dieser Arbeit betrachteten Problem jedoch unternehmensinterne Aktivitäten koordiniert werden sollen und es sich daher um ein grundsätzlich kooperatives System handelt, ist dieser Punkt von geringerer Bedeutung, als in einem System mit stärker rivalisierenden Teilnehmern, deren Informationsstand zudem unterschiedlicher ist.

Anforderungen an marktliche Koordinationsmechanismen sind in ähnlicher Weise bei GOMBER ET AL. (1996) und SCHMIDT (1999) dargestellt.

3.5 Auktionen als marktbasierte Koordinations- und Allokationsmechanismen

Märkte können einen effizienten, dezentral organisierten Allokationsmechanismus darstellen. In einer dynamischen Umgebung sind Märkte besonders zur Allokation von Ressourcen und zur Koordination der Aktivitäten geeignet, da die Situation durch kontinuierlich verfügbar werdende neue Informationen fortwährender Veränderung unterworfen ist. In einem marktlichen Umfeld und bei entsprechenden organisatorischen Voraussetzungen sind schnelle Anpassungen die Folge.

Der aus Angebot und Nachfrage der Marktteilnehmer resultierende Preis eines vollkommenen Marktes ist nach der neoklassischen Preistheorie das Abbild aller relevanten Informationen. Besteht für die Marktteilnehmer ein Anreiz, ihre tatsächlichen Bewertungen der Güter sowie ihre Nachfrage- und ihre Angebotsmengen wahrheitsgemäß mitzuteilen, stellen Märkte einen geeigneten Mechanismus zur Allokation von Ressourcen dar. Eine effiziente, Pareto-optimale Allokation wird erreicht, wenn die Marktteilnehmer, denen das Gut den höchsten Nutzen stiftet und die daher auch über die höchste Zahlungsbereitschaft verfügen, die zu verteilenden Einheiten des Gutes erhalten.

Koordinations- und Allokationsmechanismen auf Grundlage ökonomischer Verfahren finden in betriebswirtschaftlichen Modellen wie beispielsweise der Zuordnung von Aufträgen zu bestimmten Maschinen oder auch Transportaufträge an bestimmte Transportmittel (z.B. Lkws beim Rundreiseproblem etc.) Anwendung. Im Bereich der Steuerung der Containerströme und insbesondere der Leercontainerströme hat diese Herangehensweise bisher noch keine Anwendung gefunden, obwohl sie - wie dargestellt - in diesem Bereich auch besondere Vorteile gegenüber den bisher in der Literatur angewendeten Verfahren hat.

Eines der ältesten auf ökonomischen Prinzipien beruhenden Allokationsverfahren sind Auktionen. Die Besonderheiten von Auktionen und die Vorzüge verschiedener Auktionsformen werden in Kapitel 3.5.1 und 3.5.2, ihre besondere Eignung zur Anwendung bei dem hier betrachteten Problem durch die Verbindung mit den Gedanken einer Deckungsbeitragsrechnung in Kapitel 3.6 dargestellt.

3.5.1 Klassifizierung von Auktionsmechanismen

Eine Form marktlicher Koordinationsmechanismen, die zum Erreichen einer effizienten Allokation eingesetzt werden können, sind Auktionsmechanismen. Sofern taktisches Verhalten ausgeschlossen werden kann und sich alle Akteure rational verhalten, erhalten im Rahmen einer Auktion die Teilnehmer, die dem Gut die höchste Wertschätzung beimessen, den Zuschlag. Ihre Gebote repräsentieren die Ressourcenverfügbarkeiten, die jeweiligen Verwendungsmöglichkeiten und berücksichtigen implizit alternative Beschaffungs- und Substitutionsmöglichkeiten. Werden Gebote abgegeben, die der tatsächlichen Wertschätzung entsprechen, ist das Ergebnis eine effiziente Allokation.

Auktionen sind Marktmechanismen mit einem bestimmten System an Regeln. Diese bestimmen die Allokation und die Verkaufspreise der Güter auf Grundlage von Geboten der Teilnehmer.
Das zu verteilende Gut hat für jeden Bieter einen bestimmten Wert db_i, welchen er unter Umständen jedoch nicht genau kennt und den er daher aufgrund der ihm verfügbaren Informationen als $\hat{db}_i$ schätzt. Bis zur Höhe dieses Wertes $\hat{db}_i$ scheint es dem Teilnehmer vorteilhaft, Mittel zur Erlangung des Objekts aufzuwenden. Diesem Wert entspricht daher die maximale Zahlungsbereitschaft des Bieters. Über die Gebote b_i geben die Bieter dem Auktionator ihre aktuelle Zahlungsbereitschaft bekannt.
Aufgrund des im Auktionsverfahren festgelegten Regelwerks bestimmt der Auktionator den Gewinner der Auktion. In der Regel handelt es sich dabei um den Höchstbietenden.[81] Dieser erhält das Objekt und zahlt den ebenfalls durch das Auktionsverfahren bestimmten Preis p.[82]
Der Erfolg des Gewinners entspricht der Differenz zwischen tatsächlichem Wert db_i des Gutes für ihn und dem für dessen Erlangung zu zahlenden Preis p_i.

$$G_i = db_i - p_i$$

[81] Falls mehrere Einheiten des Auktionsobjektes zu vergeben sind, handelt es sich um *die* Höchstbietenden.

[82] Bei bestimmten, hier nicht betrachteten Auktionstypen zahlen auch die nicht erfolgreichen Mitbieter einen bestimmten Anteil ihres Gebotes oder eine Gebühr zur Teilnahme an der Auktion.

Somit entlocken Auktionen den Teilnehmern private Informationen in Form von Geboten, führen diese zusammen und nutzen diese, um einen Preis zu bilden und Ressourcen zu allozieren.

In der Realität kommen Auktionen verschiedenster Ausprägungen zur Anwendung. Anhand bestimmter Kriterien lässt sich jedoch eine Gliederung verschiedener Auktions*modelle* und verschiedener Auktions*typen* bilden.
Auktionstypen unterscheiden sich hinsichtlich des der Auktion zugrunde liegenden Regelwerks bezüglich Gebotsabgabe, Zuschlagermittlung und Preisfestlegung. *Auktionsmodelle* werden bezüglich der jeweiligen Marktsituation differenziert. Die Eigenschaften verschiedener Auktionsmodelle werden zunächst beschrieben. Anschließend werden die vier wichtigsten Auktionstypen vorgestellt.

Auktionsmodelle

single-item und multi-item Auktionen

Bei dem größten Teil der in der Realität auftretenden Auktionen handelt es sich um sogenannte *single-item* Auktionen, die auch als *1:n*-Auktionen bezeichnet werden. Dies bedeutet, dass in der Auktion nur ein einzelnes Gut bzw. nur eine Einheit des Gutes versteigert wird, an welchem n Bieter interessiert sind.
Es ist jedoch auch möglich, dass mehrere verschiedene - gegebenenfalls sogar komplementäre - Objekte oder mehrere Einheiten eines Gutes simultan versteigert werden. Diese Verfahren werden als *multi-item* Auktionen bezeichnet.
Single-item Auktionen haben als *Grundform* in der Literatur wesentlich mehr Beachtung erfahren als multi-item Auktionen.

Bietertypen

Es wird zwischen risikoneutralen, risikoaversen und risikofreudigen Bietern unterschieden. Ein risikoneutraler Bieter verhält sich so, dass er seinen erwarteten Gewinn aus der Auktion maximiert. Ein risikoaverser Bieter möchte seinen Erwartungsnutzen maximieren, wobei die Nutzenfunktion eines risikoaversen Bieters konkav verläuft, d.h. er verfügt über einen abnehmenden Grenznutzen. Folglich ist er geneigt, sich auch mit einem geringeren Auktionsgewinn zufrieden zu geben, während ein risikofreudiger Bieter über einen konvexen Nutzenverlauf verfügt,

sodass ihm ein höherer Gewinn einen überproportionalen Nutzenzuwachs beschert und der Bieter daher sein Bietverhalten dementsprechend anpasst.
Teilweise befassen sich Forschungsarbeiten gezielt mit dem Einfluss der verschiedenen Bietertypen auf das Allokationsergebnis und den Verkaufspreis. Ansonsten wird in der Regel von risikoneutralen Bietern ausgegangen. Dies ist auch in der vorliegenden Arbeit der Fall.

Private-Values Modell

Im Private-Values Modell verfügt jeder Bieter über eine eigene Wertschätzung des Auktionsobjekts und über *vollständige Information*, sodass sein tatsächlicher Nutzen db_i dem erwarteten Nutzen $\hat{db}_i$ entspricht:

$$db_i = \hat{db}_i \ \forall \ i \in B$$

wobei B die Menge der Bieter darstellt.
Zudem wird seine Bewertung des Auktionsobjekts nicht von den Bewertungen des Objekts durch die anderen Auktionsteilnehmer beeinflusst, möglicherweise aber seine Bietstrategie.

Common-Value Modell

Im Common-Value Modell wird davon ausgegangen, dass das Auktionsobjekt für alle Bieter den exakt gleichen Nutzen db_i hat.

$$db_i = db_j \ \forall \ i, j \in B$$

Ihre individuellen Bewertungen unterscheiden sich dennoch, da die Bieter über verschiedene Informationen verfügen und sich daher ihre erwarteten Nutzen $\hat{db}_i$ unterscheiden.[83]

[83] Im Zusammenhang mit Common-Value Auktionen tritt häufig der sogenannte *winner's curse* auf. Der *winner's curse* besagt, dass der Gewinner einer Common-Value Auktion in der Regel einen Verlust erleidet, da er den tatsächlichen Wert des Auktionsobjektes am stärksten überschätzt, während der Großteil der übrigen Bieter den Wert weitgehend richtig einschätzt. Besonders plausibel lässt sich der *winner's curse* am Experiment von BAZERMAN AND SAMUELSON (1983) veranschaulichen. Dabei wird ein mit Münzen gefülltes Glas unter einer Gruppe von Interessenten versteigert. Die Schätzungen der Bieter über den tatsächlichen

Correlated-Values Modell

Das Private-Values Modell und das Common-Value Modell sind Spezialfälle des umfassenderen Correlated-Values Modells.
In diesem misst jeder Bieter dem Auktionsobjekt einen eigenen Wert bei, welchen er jedoch aus den ihm zur Verfügung stehenden Informationen nur schätzen kann. Zudem können die Bewertungen des Objektes verschiedener Bieter, beispielsweise durch Wiederverkaufsmöglichkeiten etc., voneinander beeinflusst sein. Durch diese Aspekte stellt das Correlated-Values Modell ein besonders universales und daher realitätsnahes Modell dar. Die berücksichtigten Verknüpfungen erhöhen jedoch die Komplexität des Modells, weswegen es in der Auktionstheorie geringere Beachtung findet.

Auktionstypen

Die Unterscheidung von Auktions*typen* richtet sich nach der Art der Durchführung der Auktionen. Sie legen insbesondere die oben genannten Regeln zur Ermittlung des Gewinners und der Bestimmung des zu zahlenden Preises sowie das Verfahren der Gebotsabgabe fest.

Dabei lassen sich vier grundlegende Auktionstypen unterscheiden:

- die Englische Auktion (*english auction* oder *ascending-bid auction*)
- die Holländische Auktion (*dutch auction* oder *descending-bid auction*)
- die versiegelte Erstpreisauktion (*first price sealed bid auction*)
- die Vickrey-Auktion (*Vickrey auction* oder *second price sealed bid auction*)

Bei Englischer und Holländischer Auktion handelt es sich um Auktionen mit offener Gebotsabgabe, d.h., das aktuelle Preisniveau wird entweder vom Auktionator oder einem Teilnehmer ausgerufen (*outcry*). Bei versiegelter Erstpreisauktion und

Wert des Glasinhalts entsprechen zum Großteil in etwa dem Wert der enthaltenen Münzen. Sie werden jedoch vom Gebot des Gewinners übertroffen, welches daher oftmals den Wert des Auktionsobjekts übersteigt, sodass der Auktionsgewinner einen Verlust erleidet. Erstmalig beschrieben wurde dies Phänomen von CAPEN ET AL. (1971) im Kontext der Versteigerung von Ölfeldern.

Vickrey-Auktion teilen die Teilnehmer ihr Gebot nur dem Auktionator mit. Dies wird als verdeckte Gebotsabgabe bezeichnet.
Die folgenden Beschreibungen gehen vom single-item, private-values Modell und risikoneutralen Bietern als Standardkonstellation aus.

Die Englische Auktion

Im Rahmen der Englischen Auktion eröffnet der Auktionator die Auktion üblicherweise mit Bekanntgabe eines Mindestgebotes. Die Bieter geben abwechselnd, sukzessiv höhere Gebote ab, bis nur noch ein Bieter in der Auktion verbleibt. Dieser erhält den Zuschlag und zahlt den Preis, der der Höhe seines letzten Gebotes entspricht. Die Gebotsabgabe erfolgt bei der Englischen Auktion offen, d.h. für die Mitbieter erkenntlich.[84]

Die Holländische Auktion

Ausgangspunkt der Holländischen Auktion ist ein Höchstpreis, den der Auktionator anschließend schrittweise senkt, bis ein Bieter den derzeitigen Preis akzeptiert und dies durch Abgabe eines festgelegten Zeichens bekannt gibt. Dieser Bieter erhält den Zuschlag zum letztgenannten Preis.

Die Erstpreisauktion mit versiegelten Geboten

Im Rahmen einer versiegelten Erstpreisauktion teilen die Bieter ihr Gebot nur dem Auktionator mit (geschlossene Gebotsabgabe). Der Bieter, der das höchste Gebot abgegeben hat, erhält den Zuschlag und zahlt einen Preis in Höhe seines Gebotes. Bei öffentlichen Ausschreibungen, bei denen dieses Verfahren in der Regel Anwendung findet, gewinnt der Bieter mit dem niedrigsten Gebot und übernimmt den ausgeschriebenen Auftrag zu diesem Preis.

Die Vickrey-Auktion

Bei der Vickrey-Auktion handelt es sich dem Vorgehen nach um eine versiegelte Zweitpreisauktion. Die Verfahrensweise entspricht dem der versiegelten Erstpreisauktion, jedoch hat der Gewinner der Auktion einen Preis in Höhe des höchsten,

[84] Die Herkunft des Wortes „Auktion" leitet sich von lat. *augere* = „steigern" ab, was zu dem Begriff Versteigerung führte (Hinweis von MOLDOVANU (1996)).

um das Gut konkurrierenden Gebotes zu zahlen.[85] Verkürzt wird dieses oft als zweithöchstes Gebot bezeichnet. Dies ist auch für den Standardfall, der Versteigerung lediglich eines einzelnen Objektes, zutreffend. Präziser ist allerdings die Bezeichnung als höchstes verlierendes Gebot, welche die dieser Preissetzung zugrundeliegenden Idee besser erfasst.
Wie bei den zuvor dargestellten Auktionstypen gewinnt auch bei der Vickrey-Auktion der Bieter die Auktion, der das höchste Gebot abgibt.
Im Verlauf der Arbeit wird gezeigt werden, dass es rational ist, bei der Vickrey-Auktion ein Gebot in Höhe der Wertschätzung des Auktionsobjekts abzugeben. Die Besonderheit dieses Verfahrens ergibt sich aus der Trennung von der Ermittlung des Gewinners und der Bestimmung des zu zahlenden Preises, der allein über das höchste Konkurrenzgebot bestimmt wird, aber im Gegensatz zu den zuvor beschriebenen Auktionstypen nicht vom eigenen Gebot abhängig ist.
Daraus resultiert die Eigenschaft der Vickrey-Auktion, dass die Bieter nur durch Abgabe von Geboten in Höhe ihrer jeweiligen Wertschätzung des Auktionsobjektes ihren Nutzen maximieren (vgl. Anreizkompatibilität S. 130). Da es für keinen Bieter möglich ist, sich durch Abgabe von Geboten, die nicht mit seiner tatsächlichen Wertschätzung des Auktionsobjekts übereinstimmen, einen Vorteil zu verschaffen, schließt die Vickrey-Auktion taktisches Verhalten aus, vorausgesetzt, die Bieter verhalten sich rational.
Zudem zeichnet sich dieses Vorgehen durch geringen Kommunikations- und Informationsbedarf aus.

3.5.2 Eigenschaften und Beurteilung der verschiedenen Auktionsverfahren

Die naheliegende Frage ist, bei welchem Auktionstyp es sich um das jeweils beste Verfahren hinsichtlich des Erzielens einer effizienten Allokation, der Erlösmaximierung des Verkäufers oder geringer Informations- und Kommunikationskosten handelt.

[85] Benannt ist dieser Auktionstyp nach *William Vickrey*, welcher 1996 für seine Arbeit *„Counterspeculations, auctions, and competitive sealed tenders“* (1961) gemeinsam mit *James Mirrless* den Nobelpreis für Wirtschaftswissenschaften für ihre Forschungen auf dem Gebiet der Informationsökonomie erhielt.

2) Übersteigen sowohl db_i als auch $\overline{db_i^{takt}}$ das höchste Konkurrenzgebot, so ist das Ergebnis mit der Situation, wenn der Bieter ein Gebot in Höhe db_i abgegeben hätte, identisch. Er erhält den Zuschlag, zahlt aber nur einen Preis p_i in Höhe des durch einen anderen Bieter abgegebenen, zweithöchsten Gebotes b^{II}.

3) Liegt zwischen db_i und $\overline{db_i^{takt}}$ jedoch mindestens ein Konkurrenzgebot, und ist $\overline{db_i^{takt}}$ das höchste Gebot, so erhält der Bieter den Zuschlag zum Preis von b^{II}, allerdings übersteigt dieser seine tatsächliche Wertschätzung db_i, sodass er einen Verlust in Höhe der Differenz $G_i = db_i - b^{II} < 0$ erleidet.

Die Ertragsaussichten lassen sich folglich weder durch eine aus taktischen Gründen zu niedrig noch durch eine zu hoch angegebene Zahlungsbereitschaft erhöhen. Das Gegenteil ist der Fall. Beide Vorgehensweisen bergen bei der Vickrey-Auktion die Gefahr von Verlusten. Die Abgabe eines Gebotes in Höhe der tatsächlichen Wertschätzung ist dominante Strategie. Die Allokation des Auktionsgutes erfolgt daher auf Basis der wahren Wertschätzungen der Teilnehmer, die durch den speziellen Mechanismus der Vickrey-Auktion dem Auktionator gegenüber offenbart werden.

Bei sich rational verhaltenden und risikoneutralen Bietern sowie dem Ausschluss von taktischem Verhalten gewinnt der Auktionsteilnehmer, welchem das Auktionsobjekt den höchsten Nutzen stiftet und der daher die höchste tatsächliche Zahlungsbereitschaft aufweist, die Auktion. Daher führt unter diesen Voraussetzungen jeder der in Kapitel 3.5.1 genannten Auktionstypen zum Erreichen einer effizienten Allokation.
Allerdings ist bei Englischer Auktion, Holländischer Auktion und versiegelter Erstpreisauktion taktisches Verhalten nur sehr schwierig auszuschließen, da der zu zahlende Preis direkt durch das eigene Gebot bestimmt wird. Dies ist besonders bei Holländischer Auktion und versiegelter Erstpreisauktion ersichtlich. Bei der Englischen Auktion können die Teilnehmer aus dem Bietverhalten der Konkurrenten möglicherweise Informationen über deren Wertschätzung des Auktionsobjektes schöpfen und sich durch entsprechende Anpassung des eigenen Verhaltens besser stellen.
Daher könnten Teilnehmer versuchen das Auktionsergebnis durch Abgabe taktischer Gebote und entsprechender Anpassung ihrer Bietstrategie ihre eigene

Wertschätzung zu verschleiern und so einen Vorteil zu erlangen. Taktisches Verhalten der Teilnehmer führt jedoch dazu, dass nicht zwangsläufig eine effiziente Allokation erreicht wird, da die Teilnehmer versuchen durch ein davon abweichendes Allokationsergebnis einen Vorteil zu erlangen.
Da der Mechanismus der Vickrey-Auktion taktisches Verhalten ausschließt und durch die verdeckte Gebotsabgabe Informationsoffenbarung gegenüber den Konkurrenten vermeidet, stellt er einen besonders geeigneten Allokationsmechanismus dar.

Vergleich der Preissetzungen der betrachteten Auktionstypen

Alle Auktionsverfahren führen unter Ausschluss von taktischem Verhalten zu einer effizienten Allokation des Auktionsobjektes. Daher stellt sich die Frage, ob ein bestimmter Auktionstyp aus Sicht des Verkäufers vorzuziehen ist, da dieser zu einem möglichst hohen Verkaufspreis führt.[87]
Dass der Verkäufer des Objekts bei einer Erstpreisauktion einen höheren Erlös erzielt, als bei einer Zweitpreisauktion, scheint intuitiv schlüssig. Allerdings ist dieser Gedanke nur augenscheinlich richtig. Die bereits erwähnten Vorteile der Vickrey-Auktion dürfen bei der Beurteilung der Auktionsformen hinsichtlich ihrer Erlöse nicht übersehen werden.

Tatsächlich führen alle vier beschrieben Auktionstypen bei gleichen Voraussetzungen, d.h. im Private-Values Modell mit risikoneutralen Bietern, zum identischen Ergebnis, also demselben Gewinner und demselben Verkaufspreis.

Dieses Ergebnis der Arbeit von VICKREY (1961) lässt sich wie folgt in dem Erlös-Äquivalenz-Theorem (*Revenue-Equivalence-Theorem*) zusammenfassen:

> Geben risikoneutrale Bieter, deren Wertschätzungen des Auktionsobjekts Zufallsvariablen einer stetigen Wahrscheinlichkeitsverteilung sind, im Private-Values Modell ihre Gebote unabhängig voneinander, d.h. ohne taktisches Verhalten, ab, führt jeder Auktionsmechanismus, der das zu allozierende Gut dem Höchstbietenden zuteilt, durchschnittlich zum gleichen Gewinn des Verkäufers.

[87] Der Verkäufer des Gutes dürfte im Allgemeinen weniger an einer effizienten Allokation interessiert sein, als vielmehr an seiner Ertragsmaximierung.

Der formale Beweis des *Erlös-Äquivalenz-Theorems* kann bei KLEMPERER (1999) sowie WOLFSTETTER (1996) nachvollzogen werden. Hier erfolgt eine intuitive Herleitung. Sind die Ergebnisse der Auktionstypen identisch, ist das Erlös-Äquivalenz-Theorem trivialerweise erfüllt.

Bei der versiegelten Erstpreisauktion teilt jeder Bieter dem Auktionator sein Gebot mit, bei der Holländischen Auktion hingegen nur der Bieter, der den zuletzt ausgerufenen Preis akzeptiert, dennoch sind beide Auktionen im Ergebnis identisch. Jeder Bieter legt für sich im Vorfeld der Auktion den Preis fest, zu welchem er das Objekt erwerben möchte, und bestimmt so sein Gebot. Der Bieter mit dem höchsten Gebot gewinnt die Auktion und zahlt den Preis in Höhe seines Gebotes.

Bei der Vickrey-Auktion und der Englischen Auktion gewinnt ebenfalls der Höchstbietende. Im Private-Values Modell erhöht ein Teilnehmer bei der Englischen Auktion das eigene Gebot sukzessiv, bis er einen Zuschlag erhält oder die eigene Wertschätzung db_i überschritten würde. Bei der Vickrey-Auktion wird die eigene Wertschätzung dem Auktionator direkt als Gebot mitgeteilt. Der vom Gewinner zu zahlende Verkaufspreis beider Auktionsformen ist jedoch (nahezu) identisch. In der Vickrey-Auktion entspricht seine Höhe dem höchsten Konkurrenzgebot. In der Englischen Auktion muss das höchste Konkurrenzgebot nur um eine marginale Einheit überschritten werden.
Beide Auktionstypen führen zu demselben Ergebnis, da der Teilnehmer mit der höchsten Zahlungsbereitschaft die Auktion gewinnt, der Verkaufspreis jedoch nur dem höchsten Konkurrenzgebot, bei der Englischen Auktion zuzüglich eines marginalen Gebotsschritts, entspricht.
Bei anderen Modellvoraussetzungen, beispielsweise unterschiedlichem Risikoverhalten, führt dies nicht immer zum gleichen Ergebnis, da bei der Englischen Auktion Informationen aus dem Bietverhalten der Konkurrenten zu gewinnen sind.

Im Rahmen einer versiegelten Erstpreisauktion maximiert ein Bieter seinen Gewinn, sofern sein Gebot b_i das höchste Konkurrenzgebot b^{II} um eine kleinstmögliche Einheit ϵ übersteigt und seine eigene Wertschätzung db_i nicht überschritten wird. Das optimale Gebot ist also:

$$b_i = b^{II} + \epsilon \;\;, falls \; b_i \leq db_i$$

Somit existiert bei der versiegelten Erstpreisauktion keine dominante Strategie, da das gewinnmaximierende Gebot eines Teilnehmers von den Konkurrenzgebo-

ten abhängig ist, eine dominante Strategie jedoch definitionsgemäß vom Verhalten der übrigen Teilnehmer unabhängig sein muss.
Risikoneutrale Auktionsteilnehmer und gleichverteilte[88] Bewertungen des Auktionsobjekts vorausgesetzt, existiert in einer versiegelten Erstpreisauktion jedoch für alle Auktionsteilnehmer ein optimales Gebot, welches im Durchschnitt den eigenen Gewinn maximiert.
Die Bestimmung des optimalen Gebots bei versiegelten Erstpreisauktionen wird im Folgenden dargestellt.

Insgesamt nehmen n Bieter an der Auktion teil. Erhält Bieter i keinen Zuschlag, da seine Wertschätzung db_i von mindestens einem Konkurrenten übertroffen wird, ist sein Gewinn $G_i = 0$. Daher sind für die Betrachtung nur die Konkurrenzgebote bis zur eigenen Wertschätzung, also im Intervall $[0, db_i]$ relevant. Liegen keine weiteren Informationen vor, muss davon ausgegangen werden, dass die Bewertungen der Konkurrenten in diesem Intervall gleichverteilt sind, d.h., die Wahrscheinlichkeit für jeden Wert im betrachteten Intervall beträgt $\frac{1}{db_i}$.
Die Wahrscheinlichkeit, dass das Gebot eines Bieters j kleiner gleich einem beliebigem Wert x des Intervalls ist, beträgt $P(b_j \leq x) = \frac{x}{db_i}$.
Ist db_i die höchste Bewertung und x das zweithöchste Gebot, so gibt es noch $n-2$ weitere Gebote der übrigen Bieter, die x nicht übersteigen.
Die Wahrscheinlichkeit, dass ein spezieller Bieter j ein Gebot in Höhe von x abgibt und es sich dabei für Teilnehmer i um das höchste Konkurrenzgebot handelt, ergibt sich aus Multiplikation der Wahrscheinlichkeit, dass j ein Gebot in entsprechender Höhe abgibt $P(b_j = x) = \left(\frac{1}{db_i}\right)$ und der Wahrscheinlichkeit, dass keines der $n-2$ übrigen Konkurrenzgebote b_k dies übersteigt $P(b_k \leq x) = \left(\frac{x}{db_i}\right)^{n-2}$:

$$P(b_j = x \wedge b_k \leq x) = \left(\frac{1}{db_i}\right)\left(\frac{x}{db_i}\right)^{n-2}$$

Da für *jeden* Konkurrenten von i die Möglichkeit besteht, dass dieser das zweithöchste Gebot abgibt, ist dies insgesamt (n-1)-mal der Fall. Die Wahrscheinlichkeit, dass die Höhe des höchsten Konkurrenzgebotes x beträgt, ergibt sich somit als:

$$P(b^{II} = x) = (n-1)\left(\frac{1}{db_i}\right)\left(\frac{x}{db_i}\right)^{n-2}$$

[88] Zur Gleichverteilung vgl. beispielsweise ZUCCHINI ET AL. (2009).

Besitzt eine stetige Zufallsvariable Z die Dichtefunktion $f(z)$, so stellt

$$E(Z) = \int_{-\infty}^{\infty} z\, f(z)\, dz$$

den Erwartungswert $E(Z)$ der Zufallsvariable Z dar.

Der Erwartungswert der Zufallsvariable des höchsten Konkurrenzgebots X ergibt sich in dem für Teilnehmer i relevanten Intervall $[0, db_i]$ somit als:

$$\begin{aligned}
E(X) &= \int_0^{db_i} x\,(n-1)\left(\frac{1}{db_i}\right)\left(\frac{x}{db_i}\right)^{n-2} dx \\
&= (n-1)\int_0^{db_i} \frac{x^{n-1}}{db_i^{n-1}}\, dx \\
&= \frac{n-1}{db_i^{n-1}} \int_0^{db_i} x^{n-1}\, dx \\
&= \frac{n-1}{db_i^{n-1}} \left[\frac{x^n}{n}\right]_0^{db_i} \\
&= \frac{n-1}{db_i^{n-1}}\,\frac{1}{n}\, db_i^n \;=\; \frac{n-1}{n}\, db_i
\end{aligned}$$

Dies ist der Erwartungswert des höchsten Konkurrenzgebotes. Daher sollte jeder Bieter sein Gebot gemäß $b_i = \frac{n-1}{n}\, db_i + \epsilon$ festlegen. Dieses Ergebnis stellt das Bayes-Nash-Gleichgewicht für versiegelte Erstpreisauktionen dar.

Der Auktionsgewinner zahlt bei der versiegelten Erstpreisauktion einen Preis p_i in Höhe seines eigenen Gebotes b_i, welches ein risikoneutraler Bieter bei rationalem Verhalten in Höhe von $b_i = E(b^{II}) + \epsilon$ abgibt. Er bezahlt somit im Durchschnitt einen Preis in Höhe des um eine marginale Einheit übertroffenen, zweithöchsten Gebots.

Gewinner und Verkaufspreis sind daher auch bei der versiegelten Erstpreisauktion und der Vickrey-Auktion identisch. Bereits gezeigt wurde, dass Vickrey-Auktion und Englische Auktion sowie Holländische Auktion und versiegelte Erstpreisauktion zum identischen Ergebnis führen.

Somit führen alle Auktionstypen zum gleichen Ergebnis, d.h. zu gleichem Gewinner und Verkaufspreis. Das Erlös-Äquivalenz-Theorem ist somit erfüllt.

Vergleich der Kommunikations- und Informationskosten der betrachteten Auktionstypen

Bei der Beurteilung der verschiedenen Auktionsformen als Marktmechanismus sind zudem die mit ihnen verbundenen Kommunikations- und Informationskosten von Bedeutung. Insbesondere bei innerbetrieblicher Nutzung ist die Wahl eines kosteneffizienten Koordinationsmechanismus vorteilhaft.
Da eine genaue Quantifizierung von Kommunikations- und Informationskosten kaum möglich ist, erfolgt ihr Vergleich für die betrachteten Auktionstypen auf lediglich qualitative Weise über den Kommunikations- und Informationsbedarf.

Bei der Durchführung einer *Englischen Auktion* sind durch die freien, offenen Gebote sehr viele Signale zwischen den Teilnehmern auszutauschen. Sowohl der Auktionator als auch die Konkurrenten müssen über jedes neue Gebot in Kenntnis gesetzt werden. Gleichzeitig können die Teilnehmer aus dem Bietverhalten der Konkurrenten möglicherweise Hinweise auf deren maximale Zahlungsbereitschaft gewinnen. Ein Signalaustausch findet daher zwischen allen Beteiligten, sowohl den Konkurrenten als auch dem Auktionator, statt. Der Kommunikationsbedarf ist daher als hoch anzusehen.
Im Gegensatz zu anderen Auktionsformen besteht im Vorfeld der Auktion kein Informationsbedarf über die maximalen Zahlungsbereitschaften der Konkurrenten, da alle Gebote während der Auktion offen abgegeben werden und das eigene Gebot auch wiederholt erhöht werden kann.

Im Rahmen der *Holländischen Auktion* ist den Bietern nur der jeweils aktuelle Preis durch den Auktionator mitzuteilen. Der Kommunikationsbedarf ist daher niedrig.
Allerdings ist es für die Teilnehmer von Bedeutung, sich im Vorfeld eine Vorstellung über die Zahlungsbereitschaften und möglichen Gebote ihrer Konkurrenten zu machen, da der sinkende Preis ihren Ertrag bei Auktionsgewinn zwar kontinuierlich erhöht, andererseits aber auch die Gefahr besteht, dass bei zu langem

Zögern ein Konkurrent den aktuellen Preis akzeptiert und daher die Auktion gewinnt. Das optimale Gebot hängt daher von den Vermutungen über die Bewertungen des Auktionsobjekts durch die Konkurrenten und Erwartungen hinsichtlich ihrer Gebote ab, wie auch die vorhergehenden Ausführungen gezeigt haben. Da genauere Informationen über die Konkurrenten die eigenen Ertragsaussichten steigern, ist der Informationsbedarf als hoch anzusehen.

Bei der *versiegelten Erstpreisauktion* ist der Kommunikationsbedarf sehr niedrig, da jeder Bieter lediglich ein Gebot abzugeben und dies dem Auktionator mitzuteilen hat.
Aus denselben Gründen wie bei der Holländischen Auktion ist daher der Informationsbedarf bei der versiegelten Erstpreisauktion hoch, da das eigene Gebot im Vergleich zu den vermuteten Konkurrenzgeboten so bemessen sein sollte, dass die Auktion gewonnen wird, jedoch nur ein möglichst geringer Preis zu zahlen ist. Dazu ist das höchste, erwartete Konkurrenzgebot minimal zu überbieten. Das optimale eigene Gebot ist direkt abhängig von den Konkurrenzgeboten.

Hinsichtlich des Kommunikationsbedarfes entspricht die *Vickrey-Auktion* aufgrund der gleichen Verfahrensweise bei der Gebotsabgabe der versiegelten Erstpreisauktion. Es besteht folglich nur geringer Kommunikationsbedarf.
Da bei der Vickrey-Auktion jedoch im Gegensatz zur Erstpreisauktion die Ermittlung des Preises auf Basis des zweithöchsten Gebotes, d.h. unabhängig von der Höhe des vom Gewinner abgegebenen Gebotes, erfolgt, ist es für die Bieter unnötig, bei der Festlegung des eigenen Gebotes Annahmen über die möglichen Konkurrenzgebote zu berücksichtigen. Aus der Anreizkompatibilität der Vickrey-Auktion folgt, dass die Abgabe eines Gebots in Höhe der eigenen maximalen Zahlungsbereitschaft dominante Strategie ist. Das eigene optimale Gebot hängt weder von den Vermutungen über die Zahlungsbereitschaften der anderen Teilnehmer noch von deren tatsächlichem Bietverhalten ab. Ein Informationsbedarf hinsichtlich der Konkurrenzgebote ist daher nicht vorhanden. In einer Zweitpreisauktion bestimmt das eigene Gebot lediglich, ob man den Zuschlag erhält oder nicht. Es steht jedoch, im Gegensatz zu den übrigen drei beschriebenen Auktionstypen, in keiner Verbindung zu dem zu zahlenden Preis.

Die folgende Tabelle fast die Ergebnisse in Anlehnung an WEINHARDT UND GOMBER (1996) zusammen.

Auktionsform	*Kommunikationsbedarf*	*Informationsbedarf*
Englische Auktion	hoch	nicht vorhanden
Holländische Auktion	sehr niedrig	sehr hoch
Versiegelte Erstpreisauktion	sehr niedrig	sehr hoch
Vickrey-Auktion	sehr niedrig	nicht vorhanden

Tabelle 3: *Gegenüberstellung des Kommunikations- und Informationsbedarfs der vier betrachteten Auktionstypen*

Die Vickrey-Auktion zeigt sich auch hinsichtlich Kommunikations- und Informationsbedarf den anderen Auktionsformen überlegen.

Bestehen Informationsasymmetrien zwischen den Teilnehmern, werden diese versuchen ihre Informationsvorteile gegenüber den anderen Teilnehmern taktisch auszunutzen, sodass unter Umständen keine effiziente Allokation erreicht wird. Bei dem von Vickrey entwickelten Vorgehen ist dies jedoch durch die Trennung von Gewinnerermittlung durch das eigene Gebot und Preisbestimmung über das höchste Konkurrenzgebot ausgeschlossen. Dies führt zum Anreiz der wahrheitsgemäßen Offenbarung der eigenen Informationen, die in der eigenen Wertschätzung des Auktionsobjekts zusammengefasst sind, gegenüber dem Auktionator. Dieser Aspekt wird als *Offenbarungsprinzip* (*revelation principle*) bezeichnet. Die Gebotsabgabe kann, völlig unabhängig von den Konkurrenten, allein durch Mitteilung der eigenen Wertschätzung erfolgen. Da sich von der eigenen Wertschätzung abweichende, taktische Gebote nachteilig auf die Ertragsaussichten auswirken, ist die wahre Angabe der eigenen Wertschätzung dominante Strategie. Ein ineffizientes Allokationsergebnis durch taktisches Verhalten wird daher ausgeschlossen.
Zusätzlich bevorzugen die Auktionsteilnehmer aus Diskretionsgründen die verdeckte Gebotsabgabe.[89]

[89] Eine weitere Verfolgung von Vickreys Ansatz hat gezeigt, dass die vier Auktionsformen nicht nur erlösäquivalent, sondern auch erlösmaximierend für den Verkäufer sind, sofern der Verkäufer zusätzlich ein Limit (Mindestpreis) angibt. Selbst wenn alle Auktionsteilnehmer, unabhängig davon, ob sie den Zuschlag erhalten oder nicht, einen Preis in Höhe ihres Gebotes zu zahlen haben, führt dies durch ein angepasstes Bietverhalten nicht zu einem höheren Erlös für den Verkäufer (vgl. hierzu MOLDOVANU (1996) und MYERSON (1981)).

3.6 Zusammenführung von Deckungsbeitragsrechnung und Vickrey-Auktion

Zwischenresümee

Grundsätzlich lassen sich zur Allokation der Leercontainer verschiedene zentrale und dezentrale Ansätze verwenden. Je nach Abgrenzung des Untersuchungsgegenstandes sind die in den bisherigen Veröffentlichungen beschriebenen Verfahren nur begrenzt geeignet, den Herausforderungen der Problematik gerecht zu werden und bei der Lösung der Problemstellung hilfreich zu sein.
Bei dem in dieser Arbeit vertretenen Problemverständnis bestehen Vorteile dezentraler Ansätze gegenüber zentralen Vorgehensweisen. Diese wurden in Kapitel 3.4 dargelegt. Die besonderen Eigenschaften von Auktionen als einer Form dezentraler, marktlich organisierter Koordinationsmechanismen wurden in Kapitel 3.5 beschrieben und die Vorzüge der Vickrey-Auktion gegenüber anderen Auktionstypen dargestellt.
Zuvor (Kapitel 3.2) wurden im Kontext der Leercontainerallokation Entscheidungen als Ursache für die verschiedenen mit dem Containertransport verbundenen Wirkungen herausgearbeitet und deren erfolgstechnische Auswirkungen in die Betrachtung von Deckungsbeiträgen überführt.
In diesem Kapitel erfolgt die Zusammenführung der Grundgedanken der Vickrey-Auktion und der Deckungsbeitragsrechnung, indem die gedankliche Affinität zwischen beiden Konzepten und die Vorzüge einer derartigen Sichtweise zur Steuerung und Koordination der Leercontainerströme verdeutlicht werden.

3.6.1 Beurteilung von Handlungsoptionen durch Gegenüberstellung ihrer relativen Deckungsbeiträge bei der Allokation unbeladener Container

Ausgehend von einem entscheidungsorientierten Kosten- und Erlösbegriff wurde in Kapitel 3.2.3 die Ermittlung eines Deckungsbeitrags zur Darstellung der Erfolgswirkung einer isoliert betrachteten Entscheidung beschrieben.
Die Steuerung der Leercontainerströme schließt jedoch das Problem der Koordination einer großen Anzahl von Einzelentscheidungen ein, da deren Erfolgs-

wirkungen gegenseitig voneinander beeinflusst werden.[90] Dieser Aspekt wird nun bei der Betrachtung der Deckungsbeiträge berücksichtigt.

Zur angemessenen Beurteilung der Vorteilhaftigkeit einer Handlungsweise ist nicht nur deren isolierte Erfolgswirkung in die Betrachtung einzubeziehen, sondern auch deren Auswirkungen auf die anderen Akteure des Systems.
Dabei gilt es zu bedenken, dass mit der Durchführung einer Handlungsoption nicht nur pagatorische Kosten zu berücksichtigen sind, sondern ebenfalls die in Anspruch genommene Kapazität in geeigneter Weise zu bewerten ist. Am angemessensten geschieht dies durch den bei bester alternativer Verwendung zusätzlich erzielbaren Erfolgsbeitrag.

Verdrängt eine Handlungsalternative A eine andere U, d.h. schließt die Durchführung von A die Durchführung von U aus, so sind bei der Betrachtung und Beurteilung der Handlungsoptionen Opportunitätskosten zu berücksichtigen, wie folgende Abbildung zeigt.

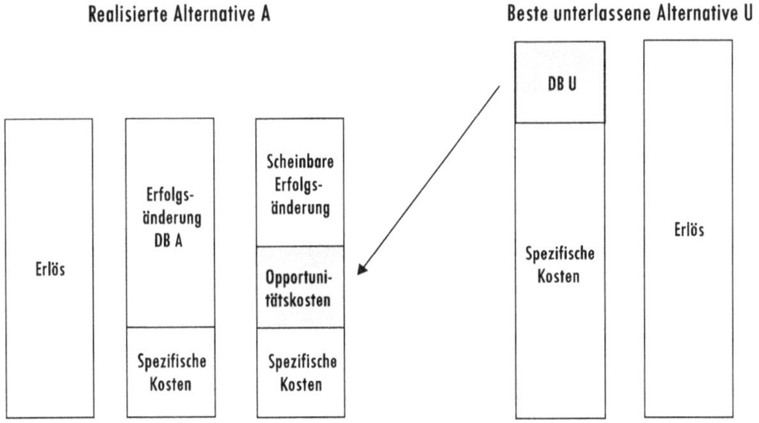

Abbildung 28: *Opportunitätskosten beim Vergleich zweier sich ausschließender Alternativen mit identischer Ressourcennutzung*

[90] Vgl. zur Dynamik des Systems sowie zur Darstellung als time-space-Netzwerk Kapitel 3.3 und Kapitel 2.2.4.2.

Der Deckungsbeitrag einer Alternative ergibt sich aus den bei ihrer Durchführung zu erzielenden Erlösen abzüglich der dieser Alternative direkt zurechenbaren Kosten.

Zwar wird mit der Durchführung von Alternative A ein Deckungsbeitrag $DB\ A$ erzielt, welcher auch zu einer Änderung der Zielfunktion um den entsprechenden Betrag führt, jedoch müssen in einer umfassenden Betrachtung auch die Opportunitätskosten berücksichtigt werden, falls die Alternativen miteinander um ein knappes Gut, beispielsweise begrenzte Kapazitäten, konkurrieren. Nur so kann gewährleistet werden, dass die verfügbare Menge des knappen Gutes zielfunktionsoptimierend eingesetzt wird. Die erfolgstechnische Überlegenheit von Alternative A gegenüber Alternative U entspricht lediglich der Differenz ihrer Deckungsbeiträge pro eingesetzter Kapazitätseinheit.
Entstehen für Erlangung oder Durchführung von Alternative A zusätzliche Kosten, so dürfen sie maximal die Differenz der Deckungsbeiträge zwischen beiden Alternativen betragen, andernfalls verliert Alternative A ihre relative Vorteilhaftigkeit und es findet ein Wechsel der relativen Vorteilhaftigkeit von Alternative A zu Alternative U statt.
Entstehen für Erlangung oder Durchführung *beider* Alternativen weitere Kosten, so bleibt Alternative A solange relativ vorteilhaft, solange der Kostenzuwachs von A den von U nicht um mehr als die ursprüngliche Differenz der Deckungsbeiträge übersteigt.

Opportunitätskosten stellen dabei keine Kosten an sich dar. Sie sind vielmehr eine kalkulatorische Größe eigener Art. Im Kontext der vorliegenden Arbeit stellen sie als Schattenpreise den Wert einer zusätzlich verfügbaren Einheit an Transportkapazität in Form des Engpassgutes *Container* dar.
Die verdrängte, alternative Verwendung des betrachteten Containers muss dabei nicht zwangsläufig undurchführbar sein. Oftmals dürften weitere Beschaffungsmöglichkeiten bestehen, sodass auch diese Alternative durch den weniger kostengünstigeren Einsatz eines anderen Containers realisiert werden kann. Die Opportunitätskosten entsprechen dann den im Vergleich zur günstigeren, verdrängten Beschaffungsalternative zusätzlich aufzuwendenden Mitteln.

Die Entscheidung über die Verwendung eines verfügbaren Containers hat auf andere Teilnehmer des Systems positive oder negative Auswirkungen, da der Container für anderweitige Verwendungen nicht zur Verfügung steht und so die bei bester, anderweitiger Verwendung erzielbaren Deckungsbeiträge verdrängt werden. Um die Vorteilhaftigkeit richtig beurteilen zu können, müssen diese Effekte internalisiert und so bei der Entscheidungsfindung berücksichtigt werden.

Zur Internalisierung dieser Interdependenzen sollten die Kosten zur Durchführung einer Option um den verdrängten Deckungsbeitrag erhöht werden. Die relativ vorteilhaftere Alternative könnte die unterlassene in Höhe des verdrängten Deckungsbeitrags entschädigen und sich selbst durch den eigenen Nutzenzuwachs immer noch besser stellen und so das Gesamtergebnis des Systems erhöhen. Verfügen alle Teilnehmer des Systems über quasilineare Präferenzen, existiert also ein Numéraire, sind derartige Ausgleichszahlungen zwischen den einzelnen Teilnehmern möglich.

Innerhalb des Unternehmens hätten diese Zahlungen nur eine Steuerungswirkung, jedoch keine Erfolgswirkung, da sie zwischen den Containerbeständen der Reederei durchgeführt werden und so aus Gesamtunternehmenssicht weder ein Mittelzu- noch -abfluss stattfindet.

Über die Koordinations- und Steuerungsfunktion hinaus kann diese Herangehensweise dem internen Rechnungswesen Daten z.B. über die Wirtschaftlichkeit der verschiedenen *profit center* und deren Beitrag zum Gesamterfolg der Unternehmung liefern.
Aus den internen Zahlungsströmen ließen sich Aussagen über das erfolgstechnische Potential einzelner Regionen, Orte oder Depots des Operationsgebietes und somit deren Vorteilhaftigkeit ableiten. Derartige Daten könnten bei den Planungen auf strategischer oder taktischer Ebene Informationen liefern, die beispielsweise zu einer Anpassung von Fahrtgebieten und Transportrouten führen.
Würde diese Sichtweise weiter ausgearbeitet, ließe sich unter Umständen auch die Leistung der Agenten vor Ort besser beurteilen und miteinander vergleichen. Es wäre erkennbar, wie wirtschaftlich sie handeln bzw. ob sie künftige Erträge und Transportaufträge mittelfristig richtig einschätzen. Dies würde zu einer gesteigerten Eigenverantwortlichkeit der einzelnen Depots und Agenten führen. Auch ließe sich so das auf Seite 117 in Fußnote 79 beschriebene Problem der unrentablen Hortung von Containern in Depots vermeiden oder zumindest verringern. Der Containerumlauf ließe sich auf diese Weise erhöhen und es würde sichergestellt, dass verfügbare Leercontainer gemäß ihrem erwarteten Nutzen in Form erzielbarer Erfolgsbeiträge optimal eingesetzt werden.

Für die Steuerung der Leercontainerströme sind im weiteren Verlauf der Arbeit zwei verschiedene Deckungsbeiträge von Bedeutung. Die Differenz zwischen den erzielten Erlösen der Containerverwendung und den mit der Bewegung direkt verbundenen Kosten wird im Folgenden als Deckungsbeitrag I bezeichnet. Dies ist der durch die Containerbewegung erzielte Erfolgsbeitrag.
Werden von dem Deckungsbeitrag I die Kosten für die Bereitstellung des benötigten Containers abgezogen, so erhält man den Deckungsbeitrag II.
In der folgenden Abbildung ist dieser Zusammenhang dargestellt.

<table>
<tr><td colspan="3">Erlös des Containereinsatzes</td></tr>
<tr><td>Mit dem Einsatz direkt verbundene Kosten</td><td colspan="2">Deckungsbeitrag I</td></tr>
<tr><td>Mit dem Einsatz direkt verbundene Kosten</td><td>Kosten der Bereitstellung des benötigten Containers</td><td>Deckungsbeitrag II</td></tr>
</table>

Abbildung 29: *Ermittlung der Deckungsbeiträge I und II*

Nun wird die Situation betrachtet, dass für eine bestehende Verwendungsmöglichkeit (z.B. einen Transportauftrag) ein Container zu beschaffen ist.[91] Mit dieser Verwendung ist ein bestimmter Erfolgsbeitrag (Deckungsbeitrag I) verbunden. Ist noch kein Container vorhanden, so ist die Beschaffung gemäß des in Kapitel 3.2 erzielten Ergebnisses in die Entscheidungskette mit einzubeziehen. Dafür sind verschiedene Beschaffungsoptionen zu vergleichen.

Mit verschiedenen Bezugsquellen sind in der Regel unterschiedliche Transportkosten verbunden. Daraus resultieren Unterschiede in den erzielbaren Deckungsbeiträgen II des Containereinsatzes. Die Bezugsquellen unterscheiden sich daher in ihrer Vorteilhaftigkeit.

Aus den Bezugsquellen können auch andere Depots Container beziehen. Die Interessenten konkurrieren daher um die verfügbaren Container der sich bietenden

[91] Werden reedereieigene Container betrachtet, stellt jede Beschaffungsoption eine Verwendungsoption aus Sicht des liefernden Depots dar. Darauf wird jedoch später eingegangen und zur Verdeutlichung der Zusammenhänge zunächst eine übersichtlichere Darstellung gewählt.

Bezugsquellen. Die Zahlungsbereitschaft eines Teilnehmers für Container aus einer bestimmten Bezugsquelle gibt an, wie viel der Teilnehmer für den Bezug des Containers aus dieser speziellen Bezugsquelle zusätzlich aufzuwenden bereit ist. Die Höhe der Zahlungsbereitschaft ist dabei abhängig von der relativen und absoluten Vorteilhaftigkeit der betrachteten Bezugsquelle. Bestehen alternative Beschaffungsmöglichkeiten, so ist der Teilnehmer bereit für die Beschaffung eines Containers aus einer bestimmten Bezugsquelle zusätzlich den Betrag aufzuwenden, um den der Deckungsbeitrag dieser Beschaffungsmöglichkeit den der nächstgünstigsten übersteigt. Andernfalls würde ein Wechsel der relativen Vorteilhaftigkeit eintreten.
Begrenzt wird die Zahlungsbereitschaft ebenfalls durch den bei Beschaffung und Einsatz eines bestimmten Containers erzielbaren Deckungsbeitrag II. Dieser stellt die Differenz zwischen dem bei Verwendung des Containers erzielbaren Deckungsbeitrag I und den mit der Beschaffung des benötigten Containers aus einer bestimmten Bezugsquelle verbundenen Transportkosten dar. Übersteigt der zusätzlich zur Beschaffung aufzuwendende Betrag den erzielbaren Deckungsbeitrag II, verlieren Beschaffung und Einsatz dieses Containers ihre absolute Vorteilhaftigkeit.

Der zusätzlich für die Beschaffung eines Containers aus einer Bezugsquelle aufzuwendende Betrag entspricht dabei der höchsten Zahlungsbereitschaft der um diesen Container konkurrierenden Teilnehmer und gibt somit den bei bester, alternativer Verwendung des Containers durch den entsprechenden Konkurrenten (zusätzlich)[92] erzielbaren Erfolgsbeitrag an. Dieser wird durch die anderweitige Verwendung des Containers verdrängt und stellt somit Opportunitätskosten dar. Durch eine entsprechende Ausgleichszahlung von dem Verwender des Containers an das entsprechende konkurrierende Depot würde dieser Effekt bei der Zuteilung des Containers berücksichtigt.
Die folgende Abbildung verdeutlicht die Ausführungen. Dargestellt sind jedoch nur die Überlegungen zur Bestimmung der Zahlungsbereitschaften für verschiedene Beschaffungsmöglichkeiten. Auf die Abbildung der notwendigen Ausgleichszahlungen zur Berücksichtigung der Opportunitätskosten ist aus Gründen der Klarheit verzichtet worden.

[92] „Zusätzlich“ bedeutet im Vergleich zu der besten alternativen Bezugsmöglichkeit des Konkurrenten.

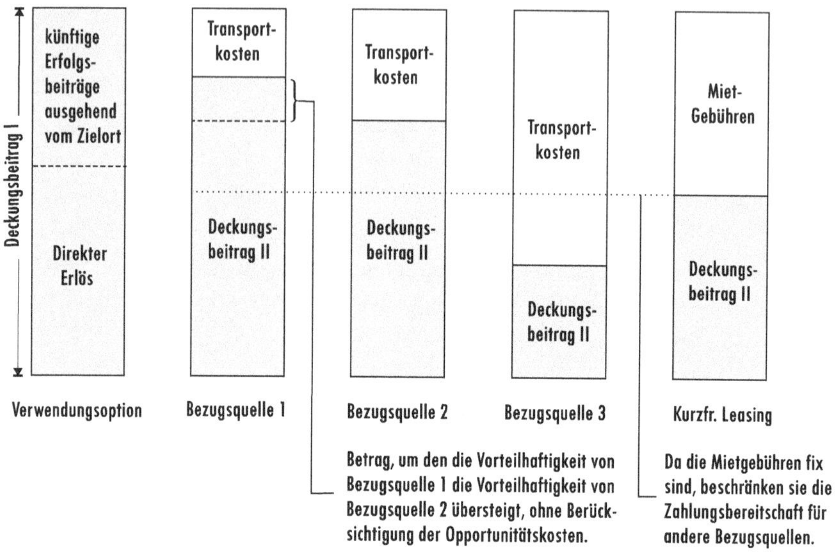

Abbildung 30: *Vergleich verschiedener Bezugsquellen und Auswirkungen auf die Zahlungsbereitschaften*

Aus der besten für einen Container derzeit bestehenden Einsatzmöglichkeit eines Depots ergibt sich dessen Deckungsbeitrag I. Dieser ist unabhängig davon, aus welcher Bezugsquelle der Container beschafft wird und somit für jeden potentiell beschaffbaren Container des betrachteten Typs identisch.
Unterschiede ergeben sich durch die verschiedenen, mit den jeweiligen Beschaffungsmöglichkeiten verbundenen Beschaffungskosten. Bei der Repositionierung eigener Container (Optionen 1, 2 und 3) handelt es sich dabei um Transportkosten u.ä., bei der kurzfristigen Leasingoption um die zu zahlende Mietgebühr. Zur Erlangung von Leasingcontainern sind keine Gebote abzugeben, sondern feste Beträge zu zahlen, jedoch begrenzen sie die maximale Zahlungsbereitschaft für andere Beschaffungsoptionen nach oben, da ab einem bestimmten Betrag die Wahl der Leasingoption günstiger ist. In dem in Abbildung 30 dargestellten Beispiel ist daher die Wahl von Bezugsquelle 3 in jedem Fall unvorteilhaft.
Sind für die Beschaffung des Containers aus den Bezugsquellen 1 und 2 weitere Beträge in Form von Ausgleichszahlungen aufzuwenden, so bleibt Bezugsquelle 1 relativ vorteilhaft, solange die zusätzlichen Aufwendungen für den Container aus Bezugsquelle 1 weder die zusätzlichen Aufwendungen für den Container aus

Bezugsquelle 2 um mehr als die zwischen beiden Bezugsquellen bestehende Transportkostendifferenz noch die Kostendifferenz zur Leasingoption überschreiten. Die Summe von Transport- bzw. Lagerkosten und Ausgleichszahlung stellen somit die entscheidungsrelevanten *kalkulatorischen Beschaffungskosten* dar.

$$kalk.\,Beschaffungskosten = \underbrace{Transportkosten/Lagerkosten}_{Beschaffungskosten} + \underbrace{Ausgleichszahlung}_{Opportunitätskosten}$$

Möglichst niedrige Beschaffungskosten bestimmen dabei die individuelle Rationalität der Entscheidung für den Teilnehmer. Die Wahl kostengünstiger Beschaffungsmöglichkeiten ist aber auch aus Gesamtunternehmenssicht unter der operativen Zielsetzung *Gewinnmaximierung* wünschenswert. Über den zusätzlich zu zahlenden Preis werden die Opportunitätskosten in die Betrachtung mit einbezogen und so jeweils die beste alternative Verwendung und der verdrängte Deckungsbeitrag berücksichtigt. Auf diese Weise werden die bestehenden Interdependenzen beachtet und somit die Einzelentscheidungen im Sinne des gesamten Systems koordiniert. Aus Gesamtunternehmenssicht sind somit die kalkulatorischen Beschaffungskosten entscheidungsrelevant. Die Kosten für die einzelnen Teilnehmer sind daher um die Opportunitätskosten zu erhöhen, um die aus Gesamtsicht optimale Allokation zu erreichen.
Die Opportunitätskosten stellen als Schattenpreis die Bewertung einer zusätzlichen Einheit der knappen Ressource dar. Wäre eine weitere Einheit verfügbar, könnte ein Nutzenzuwachs in entsprechender Höhe erzielt werden.

Sind die Opportunitätskosten niedrig, ist der verdrängte, bei alternativem Einsatz erzielbare Erfolgsbeitrag ebenso gering. Das Depot mit der besten, alternativen Verwendung des Containers wäre bereit für die Erlangung des Containers einen über die Transportkosten hinausgehenden Betrag aufzuwenden, der sich wiederum aus dessen Verwendungs- und anderweitigen Beschaffungsmöglichkeiten ergibt. Dieser Betrag stellt die verursachten Opportunitätskosten dar. Das Depot, welches den Container erhält, weist eine noch höhere Zahlungsbereitschaft auf, da der durch Verwendung des betrachteten Containers erzielte Deckungsbeitrag II höher als der der besten verdrängten Alternative ist. Das Depot kann daher der besten verdrängten Alternative eine Ausgleichszahlung in Höhe der Opportunitätskosten zukommen lassen und sich selbst durch Einsatz des Containers immer noch besser stellen.

Zur Veranschaulichung der Zusammenhänge seien beispielhaft drei Extremfälle skizziert:

Beispiel 1: Transportkosten = 0, Preis = hoch
Diese Situation könnte beispielsweise auftreten, wenn das derzeitige Depot einen Container selbst verwenden könnte und daher keine Transportkosten anfallen. Da diesen jedoch auch ein anderes Depots gut einsetzen könnte, ohne günstige Beschaffungsalternativen zu haben, ist der als Ausgleich zu zahlende Preis hoch. Ist die Zahlungsbereitschaft eines um den Container konkurrierenden Depots höher als die eigene, heißt dies, dass es aus Gesamtunternehmenssicht vorteilhafter ist, diesem den Container zu überlassen, da dessen erwarteter Erfolgsbeitrag, sogar nach Berücksichtigung der anfallenden Transportkosten, den des derzeitigen Depots übersteigt. Andernfalls wäre die Zahlungsbereitschaft des derzeitigen Depots höher und dieses erhielte den Container.

Beispiel 2: Transportkosten = hoch, Preis = 0
Hohe Transportkosten wären bei der Beschaffung eines Containers aus einem weit entfernten Depot denkbar. Ein Preis in Höhe von null besagt, dass für diesen Container keinerlei vorteilhafte Alternativnutzung besteht und deshalb keine anderen Teilnehmer um ihn konkurrieren.
Würde die Summe von Beschaffungs- und Opportunitätskosten einer anderen Beschaffungsmöglichkeit geringer sein, so wäre diese relativ vorteilhaft und dies selbst wenn Opportunitätskosten verursacht werden, also eine Verdrängung stattfindet, der ursprünglich betrachtete Container jedoch ungenutzt bleibt. Die Transportkostenersparnis würde die Opportunitätskosten(zunahme) in diesem Fall übersteigen.

Beispiel 3: Transportkosten = hoch, Preis = negativ
In diesem Fall würde der Abnehmer des Containers eine Vergütung erhalten, weil bei alternativer Verwendung des Containers negative Erfolgsbeiträge entstehen würden. Das derzeitige Aufenthaltsdepot wäre daher bereit einen Betrag bis maximal dieser Höhe für die Verwendung des Containers zu zahlen, um die andernfalls anfallenden negativen Erfolgsbeiträge zu vermeiden.
Dies könnte bei hohen Lagerkosten ohne künftige Verwendungsaussichten der Fall sein. Ein negativer Preis würde zwar alle potentiellen Abnehmer gleichermaßen betreffen und daher kein bestimmtes Zieldepot bevorzugen, jedoch würde

ein negativer Preis die Vorteilhaftigkeit dieser Bezugsquelle für die Interessenten gegenüber anderen Bezugsquellen erhöhen.

3.6.2 Vickrey-Clarke-Groves-Mechanismus

Die Vickrey-Auktion weist gegenüber anderen dezentralen, marktlichen Koordinationsverfahren verschiedene Vorteile, wie z.B. Informationseffizienz, Anreizkompatibilität, Ausschluss von taktischem Verhalten und die daraus folgende effiziente Allokation, auf.
Die Preissetzungsregel in der Vickrey-Auktion gewährleistet zudem die Internalisierung der durch den Gewinner verursachten externen Effekte.
Den Vickrey-Zahlungen liegt dabei ein sehr ähnlicher Gedanke wie der oben beschriebenen Betrachtung von verdrängten Deckungsbeiträgen zugrunde. Die bestehenden Interdependenzen werden bei Alternativenvergleich und Entscheidungsfindung berücksichtigt und so die Einzelentscheidungen aufeinander abgestimmt. Auf diese Weise wird eine effiziente Allokation erreicht.

Der Vickrey-Clarke-Groves-Mechanismus ist die Verallgemeinerung der Vickrey-Auktion für den Fall, dass die Teilnehmer über quasilineare Präferenzen verfügen und Geldzahlungen zwischen allen Teilnehmern, auch den Bietern, möglich sind. Das Verfahren basiert auf den Arbeiten von CLARKE (1971) und GROVES (1973), die sich im Rahmen der Bereitstellung öffentlicher Güter mit der Frage der Preissetzung und der Bestimmung der optimal bereitzustellenden Menge befassen.

Ein Vickrey-Clarke-Groves-Mechanismus ist durch zwei Aspekte gekennzeichnet:

1) Der Mechanismus maximiert den Gesamtnutzen, d.h. die Summe der individuellen Nutzen aller Teilnehmer.

2) Die Zahlungen jedes Teilnehmers entsprechen den durch seine Teilnahme verursachten Wirkungen.[93]

Sei $\mathbf{B} = \{1, ..., B\}$ die Menge der Teilnehmer und stelle ξ eine mögliche Allokation der verfügbaren Ressourcen dar.

---

[93] Dies stimmt mit dem von Vickrey formulierten Verständnis der Preissetzung überein.

Der durch den Teilnehmer b erzielte Gewinn g_b entspricht dem durch seine Teilnahme verursachten Beitrag zur Zielfunktion des Gesamtsystems. Dieser ergibt sich als Differenz der Summe der Deckungsbeiträge db der effizienten Allokation ξ^* bei Teilnahme von b und der Summe der Deckungsbeiträge der effizienten Allokation $\xi^{*\neg b}$ ohne Teilnahme von b:

$$g_b = \sum_{i=1}^{B} db_i\left(\xi^*\right) - \sum_{i=1,\, i\neq b}^{B} db_i\left(\xi^{*\neg b}\right)$$

bzw. in einer differenzierteren Darstellung:

$$g_b = db_b(\xi^*) + \underbrace{\sum_{i=1, i\neq b}^{B} db_i(\xi^*) - \sum_{i=1,\, i\neq b}^{B} db_i\left(\xi^{*\neg b}\right)}_{=p_b\ (von\, Teilnehmer\ b\ zu\, zahlender\ Preis)}$$

Das erste Glied ist dabei der vom Teilnehmer erzielte Nutzen u_b. Der zweite Ausdruck ist in der Regel negativ und stellt die Wirkungen auf die übrigen Teilnehmer dar, die aus den Veränderungen in der optimalen Allokation durch Teilnahme von b resultieren. Somit entspricht dieses Glied dem von Teilnehmer b zu zahlenden Preis p_b, als Summe der zu zahlenden Entschädigungen an die übrigen Teilnehmer. Der Gewinn von Teilnehmer b ergibt sich dementsprechend als $g_b = u_b - p_b$.

Für den Fall, dass es sich bei b um ein Depot handelt, welches verfügbare Container in den Allokationsprozess einbringt, kann der zu zahlende Preis positiv werden. Er stellt dann die von den übrigen Teilnehmern erhaltenen Zahlungen für die verfügbaren Container dar. Sind durch den Einsatz dieser Container zusätzliche Erfolgsbeiträge erzielbar, so ist die Teilnahme dieses Depots vorteilhaft und führt zu einer Zunahme der Zielfunktion, auch wenn das Depot selbst keine „direkte" Verwendungsmöglichkeit (Ladungstransport) hat.

Bei Vickrey-Clarke-Groves-Mechanismen ist die Teilnahme eines Akteurs sowohl aus Sicht des Gesamtsystems, als auch individuell nur sinnvoll, sofern der dadurch insgesamt verursachte Nutzenzuwachs die verursachten (Opportunitäts-) Kosten übersteigt. Im Fall der Leercontainerallokation sind jedoch zwangsläufig alle Depots des Unternehmens in den Allokationsprozess einzubeziehen. Allerdings ist der dieser Preissetzung zugrunde liegende Gedanke im weiteren Verlauf der Arbeit von Bedeutung.

Vickrey-Clarke-Groves-Mechanismen sind einzigartig, d.h., es gibt keine andere Art von Mechanismen, die zu effizienter Allokation und individueller Nutzenmaximierung führen und bei denen die Angabe der maximalen Zahlungsbereitschaft dominante Strategie ist.[94]

3.6.3 Anwendung der Verfahren bei der Containerallokation

Nach der in der vorliegenden Arbeit vertretenen Auffassung weist die Steuerung der Leercontainerströme, wie beschrieben, sowohl Parallelitäten zur Deckungsbeitragsrechnung und Opportunitätskostenbetrachtung als auch zu den von VICKREY (1961), CLARKE (1971) und GROVES (1973) formulierten Ideen auf. Beide Ansatzweisen können daher zum Verständnis der Problematik beitragen und zu ihrer Strukturierung herangezogen werden. Auf dieser Basis lässt sich ein Mechanismus zur Gestaltung des Allokationsprozesses entwickeln. Zudem wird eine Affinität zwischen beiden Konzepten gesehen, die im Rahmen der folgenden Zusammenführung und Anwendung für die Containerallokation verdeutlicht werden soll.

Die verfügbaren Leercontainer sind deckungsbeitragsmaximierend einzusetzen. Dabei müssen die individuelle Deckungsbeitragsmaximierung der einzelnen Akteure des Systems und ihre Entscheidungen mit der Sichtweise des Gesamtunternehmens, d.h. der insgesamt effizienten, deckungsbeitragsmaximierenden Allokation, in Übereinstimmung gebracht werden.

Für jeden verfügbaren Container sollte die Verwendung gewählt werden, bei der mit diesem Container der größte Erfolgsbeitrag als Summe von direkten Erlösen, Transportkosten und bewerteter Zustandsveränderung erzielt wird. Es sollten folglich die Verwendungsoptionen gewählt werden, die den höchsten erwarteten Beitrag zur Zielsetzung des Gesamtunternehmens liefern. Hierfür sind die verfügbaren Container den entsprechenden Depots zuzuteilen.

Betrachtet man die Situation aus Sicht einer Vickrey-Auktion, müssten diese Depots, die über die höchsten Zahlungsbereitschaften verfügen, den Zuschlag erhalten und dazu das höchste Gebot abgeben. Dies ist auch der Fall, da alle anderen Verwendungsoptionen der Mitbieter, zumindest unter Berücksichtigung der

[94] Vgl. GREEN AND LAFFONT (1977).

Opportunitätskosten, nicht vorteilhafter sind und ihre jeweilige Zahlungsbereitschaft daher geringer ist. Die maximale Zahlungsbereitschaft stellt den Beitrag zur Zielfunktion durch Nutzung einer Option dar und entspricht der Höhe des Deckungsbeitrages II.
Die über die Beschaffungskosten hinausgehende Ausgleichszahlung an das Depot mit der verdrängten Verwendungsoption zur Berücksichtigung der Opportunitätskosten entspricht der Preissetzung eines Vickrey-Clarke-Groves-Mechanismus. Die Festlegung des zu zahlenden Preises in Höhe des höchsten verdrängten Gebotes hat außerdem zur Folge, dass die durch Teilnahme des Gewinners verursachten Wirkungen auf die anderen Teilnehmer internalisiert werden. Hätte der Gewinner nicht an der Auktion teilgenommen, hätte der Bieter mit dem zweithöchsten Gebot den Zuschlag erhalten, einen Preis in Höhe des dritthöchsten Gebotes gezahlt und einen Nutzenzuwachsen in Höhe der Differenz zwischen diesen beiden Werten erzielt. Dieser Nutzenzuwachs geht ihm jedoch durch Teilnahme des Gewinners der Auktion verloren.

Die Differenz zwischen maximaler Zahlungsbereitschaft (erzielbarer Deckungsbeitrag II) und Vickrey-Zahlung (Opportunitätskosten) gibt den zusätzlich erzielbaren Erfolgsbeitrag einer Option im Vergleich zur nächstbesten Verwendung an. Der Gewinner kann das Depot mit der besten verdrängten Einsatzmöglichkeit in Höhe des verdrängten Deckungsbeitrags entschädigen, darüber hinaus einen Gewinn erzielen und so das Gesamtunternehmensergebnis um diesen Betrag erhöhen.
Die Vickrey-Zahlung in Höhe der Opportunitätskosten stellt zudem einen Schattenpreis des betrachteten Containers dar. Dieser gibt den erzielbaren Deckungsbeitragszuwachs an, sofern eine zusätzliche Einheit des betrachteten Gutes verfügbar wäre. Ist es möglich, weitere Einheiten zu einem Preis, der niedriger als der Schattenpreis ist, bereitzustellen, ist dies vorteilhaft und wirkt erfolgssteigernd.

Die Teilnahme eines Depots i bewirkt eine Veränderung der optimalen Allokation. Die Opportunitätskosten bilden die durch Teilnahme von Depot i verursachten Unterschiede im Vergleich zu der Situation, die eingetreten wäre, falls Depot i nicht an dem Prozess teilgenommen hätte, ab. Sie sind daher von den bestehenden Einsatzmöglichkeiten der Depots abhängig, die bei Nicht-Teilnahme von i die Container erhalten würden, die i zugeteilt werden.

Unter Umständen kann dort durch die Teilnahme von Depot i eine vorteilhafte Handlungsoption nicht bedient werden, da nun kein Container verfügbar ist. Dies hätte den Ausfall des mit dieser Handlungsoption verbundenen Deckungsbeitrages zur Folge.
In der Regel kann allerdings auf andere, weniger günstige Beschaffungsmöglichkeiten zurückgegriffen werden. In diesem Fall wären die für die anderweitige Beschaffung zusätzlich aufzuwendenden Mittel als die durch Teilnahme von i verursachten Opportunitätskosten zu verstehen. Dies kann zu weiteren Opportunitätskosten in anderen Depots führen, da nun ein zuvor anderweitig einzusetzender Container zur Bedienung der betrachteten, alternativ zu bedienenden Option eingesetzt wird.
In Abbildung 31 ist die Situation dargestellt, dass durch Teilnahme von Depot i ein Container aus Depot j abgezogen wird. Dies hat zur Folge, dass es nun für Depot j vorteilhaft ist, einen (zusätzlichen) Container aus Depot k zu beziehen. Somit entstehen auch in Depot k durch die Teilnahme von i verursachte Opportunitätskosten, da Depot j einen Teil der Wirkungen an Depot k weitergeben kann. Nicht in Depot j steht ein Container weniger zur Verfügung, sondern in Depot k.

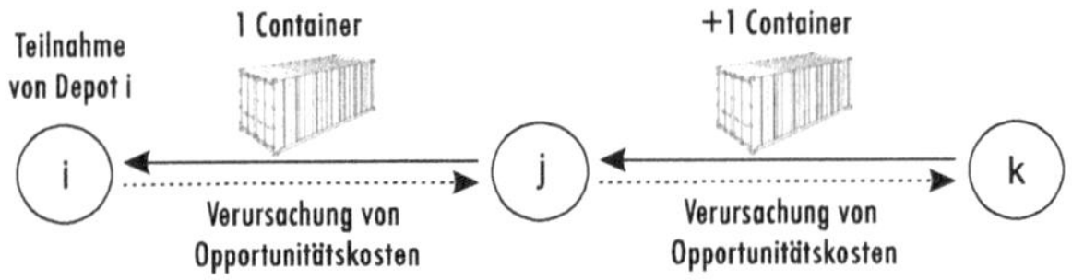

Abbildung 31: *Beispiel einer mehrstufigen Wirkung der Teilnahme von Depot i*

Opportunitätskosten können auch negativ sein, falls durch die Teilnahme von Depot i negative Erfolgsbeiträge (evtl. für Lagerung oder Repositionierung) vermieden oder verringert werden können, die bei Nicht-Teilnahme von i anfallen würden.

Dies wäre beispielsweise für folgenden Fall denkbar.
Ein Depot verfügt über 10 Container, durch deren Lagerung in dem Depot hohe Lagerkosten entstünden. Die Nachfrage der übrigen Teilnehmer (ohne i) beträgt jedoch nur 9 Container, sodass der letzte zwangsläufig gelagert werden müsste.

Nimmt jedoch Depot i teil und wird dieser Container von Depot i verwendet, führt dies durch die Vermeidung der Lagerkosten zu Opportunitätserlösen.

Das durch einen Vickrey-Mechanismus erzielte Ergebnis ist sowohl aus Gesamtunternehmenssicht als auch für jeden Teilnehmer optimal, da die Güter den Teilnehmern zugeteilt werden, die ihnen den höchsten Wert beimessen. Dabei werden die Interdependenzen zwischen den Teilnehmern berücksichtigt und bewertet.

Die folgende Abbildung stellt die Berücksichtigung von Opportunitätskosten in Form von Vickrey-Zahlungen am Vergleich zweier Beschaffungsalternativen dar.

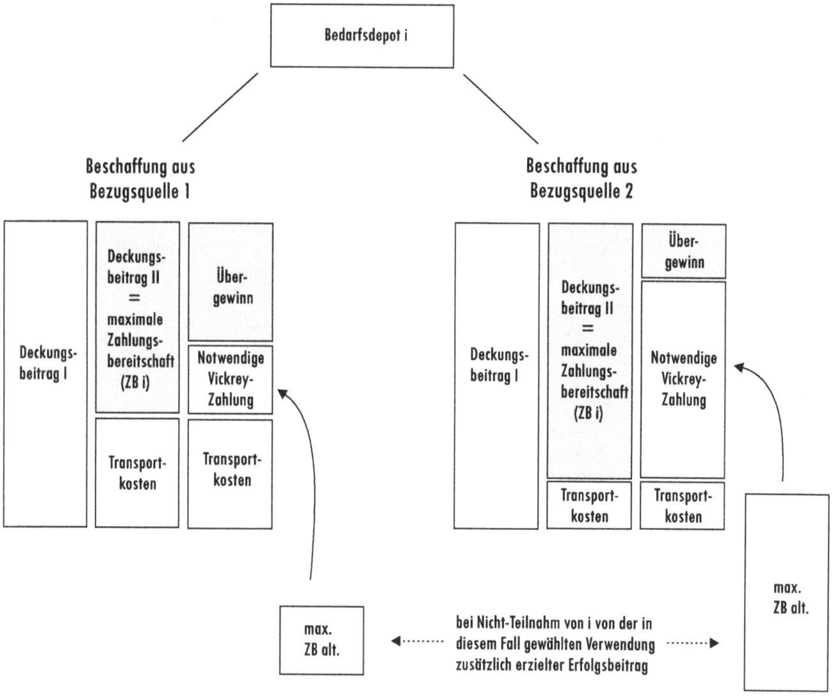

Abbildung 32: *Vergleich zweier Bezugsquellen zur Containerbeschaffung*

Das Bedarfsdepot i benötigt einen Container bestimmten Typs. Es kommt die Beschaffung aus Bezugsquelle 1 oder 2 in Betracht. Der durch den Einsatz des

Containers erzielbare Deckungsbeitrag I ist unabhängig von der Bezugsquelle. Allerdings besteht bei den Transportkosten der Containerbeschaffung aus den Bezugsquellen ein Unterschied, sodass der erzielbare Deckungsbeitrag II je nach Bezugsquelle differiert.
Die verfügbaren Container der beiden Bezugsquellen sollen mit Hilfe einer Vickrey-Auktion verteilt werden. Das betrachtete Bedarfsdepot i gibt für jeweils einen Container aus jeder Bezugsquelle ein Gebot in Höhe des mit ihm zu erzielenden Deckungsbeitrages II als maximale Zahlungsbereitschaft (ZB i) ab, da bis zu einem Preis in dieser Höhe beide Alternativen absolut vorteilhaft sind.
Auch nach Berücksichtigung der durch die Nutzung des Containers durch das Depot i verdrängten, alternativen Verwendung des Containers beider Bezugsquellen als Opportunitätskosten bleiben beide Beschaffungsmöglichkeiten absolut vorteilhaft. Die Opportunitätskosten entsprechen dabei dem Erfolgsbeitragszuwachs bei bester Verwendung des Containers ohne die Berücksichtigung der Einsatzmöglichkeiten von Teilnehmer i. Diese Sichtweise entspricht der Ermittlungsweise einer Vickrey-Zahlung, da die übrigen Interessenten bei rationalem Verhalten ebenfalls Gebote in Höhe ihrer maximalen Zahlungsbereitschaft abgeben. Die maximale Zahlungsbereitschaft des Depots mit der besten alternativen Verwendung ist in der Abbildung als max. ZB alt. bezeichnet.
Teilnehmer i erhält den Zuschlag, sofern seine Zahlungsbereitschaft die der anderen Teilnehmer übersteigt. Die sich ergebende Vickrey-Zahlung entspricht der maximalen Zahlungsbereitschaft des Teilnehmers mit der nächstbesten Verwendung, also dem zweithöchsten Gebot.
Bei Anwendung einer Vickrey-Auktion ergibt sich jedoch ein Problem, welches in der Abbildung dargestellt ist. Da beide Beschaffungsmöglichkeiten, auch nach Berücksichtigung von Opportunitätskosten bzw. Vickrey-Zahlung, absolut vorteilhaft für Teilnehmer i sind und sein in Höhe seiner maximalen Zahlungsbereitschaft abgegebenes Gebot die Gebote der übrigen Teilnehmer übersteigt, erhält Teilnehmer i bei beiden Beschaffungsmöglichkeiten den Zuschlag. Er benötigt jedoch nur einen Container, dessen Einsatz ihm den entsprechenden Erlös einbringt. Obwohl mit der Beschaffung des Containers aus Bezugsquelle 1 höhere Transportkosten als bei Bezugsquelle 2 verbunden sind, ist die Beschaffung dieses Containers durch einen geringeren, verdrängten Deckungsbeitrag aus Gesamtunternehmenssicht als auch durch die damit verbundene, geringere Vickrey-Zahlung aus Sicht von Teilnehmer i günstiger und daher zu bevorzugen.

Der zusätzlich erhaltene Container aus Bezugsquelle 2 ist gemäß der Annahme, dass i nur einen Container benötigt, nicht mit dem gleichen Erlös von Teilnehmer i einzusetzen. Es erfolgt also eine Fehlallokation bei Zuteilung dieses Containers zu Depot i.

Um dieses Problem zu beheben, müsste entweder die Möglichkeit bestehen, dass die Teilnehmer nach Ermittlung der Zuschläge überschüssige, weniger vorteilhafte Zuschläge ablehnen können, die anschließend erneut dem Allokationsprozess zugeführt werden, oder es müsste der Zuteilungsmechanismus entsprechend abgewandelt werden, um derartige Fehlallokationen schon bei der Zuschlagsermittlung zu vermeiden.
Die erste Möglichkeit ist wenig praktikabel. Ein erneutes Verfügbarwerden vorläufig zugeteilter Container erhöht einerseits den Aufwand und Umfang des Prozesses, da ein Großteil der Container solange wiederholt unterschiedlichen Depots zugeteilt würde, bis ein Depot den Zuschlag akzeptiert.
Dies könnte zudem zu folgender Situation führen: Für Depots, die bereits einen Zuschlag akzeptiert haben, würden durch das Ablehnen von Containerzuschlägen durch andere Depots immer wieder erneut Container verfügbar werden, deren Beschaffung möglicherweise günstiger wäre, als die des bereits akzeptierten Zuschlags. Auf diese Weise kann kein effizientes Allokationsergebnis gewährleistet werden.

Eine mögliche Anpassung des Allokationsmechanismus, die dieses Problem ausschließt, wäre der Verzicht auf eine geschlossene Gebotsabgabe zugunsten der Abgabe sukzessiv steigender, offener Gebote ähnlich dem Vorgehen der Englischen Auktion.
Gemäß diesem Vorgehen würde Teilnehmer i zunächst für den Container aus Bezugsquelle 2 mit der Abgabe eines sehr niedrigen Gebotes beginnen und dieses sukzessiv erhöhen. Sobald das Gebot die Höhe der zwischen den beiden Bezugsquellen bestehenden Transportkostendifferenz erreicht, wird Bezugsquelle 1 ebenfalls vorteilhaft und der Teilnehmer beginnt nun auch für den Container aus dieser Bezugsquelle zu bieten. Bislang erhält er aber weder von Bezugsquelle 1 noch von Bezugsquelle 2 den Zuschlag für einen Container. Folglich erhöht er nun kontinuierlich seine Gebote auf beiden Märkten in gleichem Maß, sodass die kalkulatorischen Beschaffungskosten beider Alternativen identisch bleiben. Der Teilnehmer würde aus dem Bietprozess für eine Bezugsquelle aussteigen, sobald

die Bezugsquelle ihre absolute Vorteilhaftigkeit verliert, da die kalkulatorischen Beschaffungskosten die erzielbaren Erfolgsbeiträge übersteigen, oder der Teilnehmer den Zuschlag bei einer anderen Bezugsquelle erhält, die nun infolge des nicht mehr steigenden Preises relativ vorteilhaft geworden ist.
Übertrifft das Gebot für den Container aus Bezugsquelle 1 marginal das höchste, um die Einheit konkurrierende Gebot eines anderen Teilnehmers, erhält Depot i den Container. Die Zahlungsbereitschaft von Depot i übertrifft nun die Zahlungsbereitschaft des Depots mit der besten alternativen Einsatzmöglichkeit des betrachteten Containers.

Die kalkulatorischen Beschaffungskosten setzten sich aus den Transportkosten und der notwendigen Vickrey-Zahlung[95] bei Beschaffung aus Bezugsquelle 1 zusammen. Bei Bezug des Containers aus Bezugsquelle 2 sind die kalkulatorischen Beschaffungskosten in jedem Fall höher, da ein Gebot in Höhe der notwendigen Vickrey-Zahlung von Bezugsquelle 1 zuzüglich der Transportkostendifferenz zwischen beiden Bezugsquellen nicht ausreicht, um einen Zuschlag bei Bezugsquelle 2 zu erhalten. Da Depot i nur einen Container benötigt und Bezugsquelle 2 für den Teilnehmer nicht relativ vorteilhaft ist, steigt er aus dem Bietprozess aus.

Die zur Lösung des Problems beschriebenen Gedanken werden in Kapitel 3.7.2 wieder aufgenommen und vertieft.
Zunächst erfolgt die Erweiterung des betrachteten Beispiels um die Einbeziehung direkter Erlöse der Vorstufe in die Entscheidungsfindung.

[95] Auch wenn es sich bei dem beschriebenen Vorgehen nicht um eine Vickrey-Auktion handelt, entspricht der zu zahlende Preis der Vickrey-Zahlung und wird deshalb vom Autor so bezeichnet. In Kapitel 3.5 wurde gezeigt, dass der im Rahmen einer Vickrey-Auktion zu zahlende Preis in Höhe des zweithöchsten Gebotes und der in der Englischen Auktion zu zahlenden Preis in Höhe des eigenen, das letzte konkurrierende Gebot marginal übertreffenden Gebotes identisch sind.

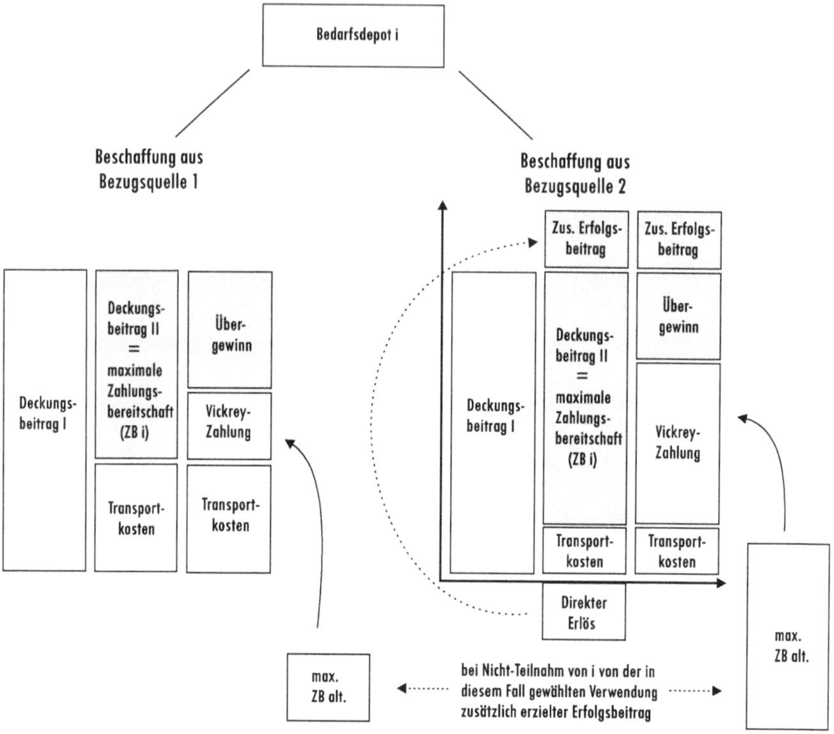

Abbildung 33: *Vergleich von Beschaffungsoptionen bei Einbeziehung direkter Erlöse der Vorstufe*

Sind mit der Beschaffung eines Containers aus einer bestimmten Bezugsquelle direkte Erlöse, beispielsweise durch einen zu bedienenden Ladungstransport von der Bezugsquelle zum betrachteten Depot, verbunden, sind diese bei der Entscheidungsfindung zu berücksichtigen. Aus Sicht der Bezugsquelle ist dies eine Verwendung des Containers mit einem bestimmten Erfolgsbeitrag, der sich aus dem direkten Erlös - abzüglich der Transportkosten - und den künftig erzielbaren Erfolgsbeiträgen ausgehend vom Depot i zusammensetzt.

Die Zahlungsbereitschaft des betrachteten Depots i ergibt sich aus den dort bestehenden Verwendungen abzüglich der mit der Erlangung des Containers verbundenen Kosten. Erstere entsprechen den erzielbaren Erfolgsbeiträgen des Containers in dem Depot, letztere den direkten Kosten bzw. Erlösen bei Bewegung

des Containers von der Bezugsquelle zu dem betrachteten Bedarfsdepot. In dem dargestellten Fall tritt nun die Situation auf, dass mit dieser Bewegung nicht nur Transportkosten, sondern auch erzielbare Transporterlöse verbunden sind. Diese positiven Erfolgsbeiträge steigern aus Gesamtunternehmenssicht die Vorteilhaftigkeit der Beschaffung des Containers aus dieser Bezugsquelle und erhöhen den mit dieser Entscheidung verbundenen Erfolgsbeitrag für die Unternehmung. Sie stellen gewissermaßen negative Transportkosten dar und sind diesen gegenüberzustellen bzw. von diesen abzuziehen.
Wäre bei isolierter Betrachtung des Bedarfsdepots ohne die Vorstufe die Beschaffung eines Containers aus einer anderen Bezugquelle 1 durch geringere kalkulatorische Beschaffungskosten vorteilhaft, so wäre die im Beispiel betrachtete Bezugsquelle 2 bereit, dem Bedarfsdepot einen Betrag bis maximal zur Höhe der erzielbaren direkten Erlöse zu zahlen, um ihre Vorteilhaftigkeit als Bezugsquelle gegenüber den anderen Beschaffungsoptionen zu erhöhen. Auf diese Weise erhöht sich auch die maximale Zahlungsbereitschaft des Bedarfsdepots um den entsprechenden Betrag. Dieser kann entweder als erhaltene Zahlung der Bezugsquelle oder eine entsprechende Reduktion der Transportkosten angesehen werden.
Im dargestellten Beispiel tritt durch die Berücksichtigung der infolge der Beschaffung erzielbaren Erlöse ein Wechsel der relativen Vorteilhaftigkeit von Bezugsquelle 1 zu Bezugsquelle 2 ein.

Nachdem die Zusammenhänge der Zahlungen und das Zustandekommen ihrer Höhe erläutert wurden, erfolgt im anschließenden Kapitel die Erweiterung des Mechanismus, sodass er den speziellen Anforderungen der Leercontainerstromsteuerung gerecht wird.

3.7 Vickrey-Mechanismen zur simultanen Allokation mehrerer Objekte

3.7.1 Mehrobjekt-Auktionen zur Steuerung der Leercontainerströme

Standard-Auktionsverfahren befassen sich mit dem Fall, dass jeweils nur ein einzelnes Objekt versteigert wird (sog. *single-item Auktion*).
Auch die Vickrey-Auktion und das von VICKREY formulierte Preissetzungsverfahren gehen von dem Fall aus, dass lediglich ein einzelnes Objekt einem der Auktionsteilnehmer zuzuteilen ist.

Im Rahmen der Leercontainersteuerung ist jedoch mehr als eine Einheit des homogenen Gutes zu allozieren. Über die räumliche und zeitliche Verteilung der verfügbaren Container ist simultan zu entscheiden, da nur so die zwischen den einzelnen Entscheidungen bestehenden Interdependenzen angemessen berücksichtigt und die Containerströme optimal koordiniert werden. Der in den vorhergehenden Kapiteln dargestellte Ansatz eines Allokations- und Koordinationsmechanismus ist derart zu erweitern, dass mehrere Objekte simultan an mehrere Interessenten alloziert werden können. Dabei gilt es zu beachten, dass die Vorzüge eines Vickrey-Mechanismus erhalten bleiben und ein hierauf basierendes Verfahren zur Bestimmung der Auktionsgewinner und zur Festlegung der von ihnen zu zahlenden Preise entwickelt wird.

Eine Weiterentwicklung der Vickrey-Auktion von einer Einzelobjekt- zu einer Mehrobjektauktion ist die *Generalized Vickrey Auction* (GVA) (vgl. VARIAN (1995)[96]). Dieses Verfahren geht jedoch davon aus, dass die Menge der zu allozierenden Objekte aus *unterschiedlichen* Gütern besteht.[97]

Die Besonderheit der Leercontainerallokation ist die technische Gleichheit der zu allozierenden Güter. Der Erlös, den ein Container einem bestimmten Auktionsteilnehmer (Depot) stiftet, hängt nicht davon ab, um welchen einzelnen Container es sich handelt, sondern lediglich von den Verwendungsmöglichkeiten des Depots und der Anzahl der dort bereits verfügbaren Container. Unterschiede bestehen nur bei den mit der Erlangung der Container entstehenden kalkulatorischen Beschaffungskosten als Summe von Transport- bzw. Lagerkosten und Opportunitätskosten. Daraus resultieren Unterschiede in den erzielbaren Deckungs-

[96] SCHMIDT (1999) weist darauf hin, dass die GVA zwar von VARIAN (1995) formuliert wird, eine sehr ähnliche Idee aber bereits in der Arbeit von GROVES (1973) dargestellt ist.

[97] Die speziellen Eigenschaften der Problematik der Leercontainerallokation werden von der GVA nicht berücksichtigt. Jeder Interessent gibt in der GVA ein Gebot für jedes mögliche Güterbündel ab, da ihm jedes Güterbündel einen bestimmten Nutzen stiftet. Grundsätzlich wäre die Anwendung dieses Mechanismus zur Leercontainerallokation möglich, sie scheint jedoch unzweckmäßig, da nicht berücksichtigt wird, dass es sich um völlig identische Objekte handelt und der Nutzen somit nicht von speziellen Objekten, sondern nur der Anzahl der erhaltenen Objekte abhängt. Außerdem dürfte die Anwendung dieses Vorgehens bei dem hier betrachteten Problem durch die große Menge zu allozierender Container und die daher noch viel größere Zahl möglicher Kombinationen kaum praktikabel sein.

beiträgen II der Container verschiedener Bezugsquellen und daher auch Divergenzen in den Zahlungsbereitschaften.
Es ist plausibel anzunehmen, dass verfügbare Container in einem Depot für die verschiedenen Verwendungen in der Reihenfolge abnehmender Vorteilhaftigkeit eingesetzt werden. Die Grenznutzen[98] nehmen dementsprechend ab. Daraus lassen sich die individuellen Nachfragefunktionen der Teilnehmer ableiten.

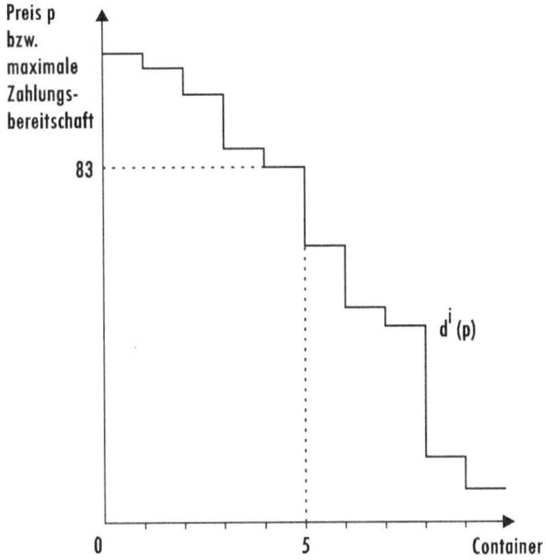

Abbildung 34: *Nachfragefunktion eines Teilnehmers*

Der Grenznutzen in Abhängigkeit von der Menge verfügbarer Container ist Ergebnis der lokalen Bewertung[99] und bildet die Grundlage für die Ermittlung der Zahlungsbereitschaften. Aus Gründen der Übersichtlichkeit werden bei der folgenden Beschreibung des Mechanismus die Transportkosten zunächst vernachlässigt und als null angenommen.[100]

---

[98] Unter dem *Grenznutzen* eines Containers wird der durch die zusätzliche Verfügbarkeit dieses Containers erzielbare Nutzenzuwachs als Beitrag zur zugrunde liegenden Zielfunktion verstanden.

[99] Vgl. Kapitel 3.3.2.

[100] Die Berücksichtigung der unterschiedlichen Transportkosten verschiedener Beschaffungs-

Aus Abbildung 34 lassen sich der Grenznutzen eines Containers in Abhängigkeit von der bereits verfügbaren Containeranzahl und die resultierende maximale Zahlungsbereitschaft zur Erlangung der entsprechenden Einheit erkennen. Der mit dem fünften Container erzielbare Deckungsbeitrag II beträgt in dem abgebildeten Beispiel 83 Geldeinheiten. Daher ist das betrachtete Depot bereit, zusätzlich zu den bereits entstehenden Kosten, einen Betrag bis maximal 83 Geldeinheiten zur Erlangung des Containers aus der Bezugsquelle aufzuwenden.

Sind in einem Depot K Container verfügbar, so hat jeder Interessent dem Auktionator seine Zahlungsbereitschaft für jede zusätzliche Einheit, insgesamt K Gebote, mitzuteilen.[101]
Gemäß den obigen Ausführungen sinkt der Nutzen jeder zusätzlichen Einheit und damit auch die Zahlungsbereitschaft für jede weitere Einheit. In einer versiegelten Zweitpreisauktion ist es sinnvoll, die maximalen Zahlungsbereitschaften als Gebote abzugeben. Die Gebote eines Teilnehmers i lassen sich als Vektor $\mathbf{b}^i = (b_1^i, b_2^i, ..., b_K^i)$ angeben. Darin ist b_k^i der Betrag, den Teilnehmer i maximal zur Erlangung der k-ten Einheit zu zahlen bereit ist. Durch den abnehmenden Grenznutzen zusätzlicher Einheiten gilt:

$$b_1^i \geq b_2^i \geq ... \geq b_K^i.$$

Der Vektor $\mathbf{b}^i$ stellt dabei die Inverse der Nachfragefunktion d^i dar, welche die Nachfragemenge des Teilnehmers nach Containern in Abhängigkeit vom zu zahlenden Preis p angibt.

$$d^i(p) = max\{k \ : \ p \leq b_k^i\}$$

Aus den individuellen Nachfragefunktionen der einzelnen Teilnehmer, die Container aus einer Bezugsquelle beziehen können, lässt sich nun die Gesamtnachfrage der für diese Bezugsquelle durchgeführten Auktion aggregieren. Nehmen N Bieter an der Auktion der K verfügbaren Einheiten teil, werden insgesamt $N \times K$ Gebote abgegeben. Die Gesamtnachfragefunktion für die verfügbaren Container des Depots ergibt sich durch horizontale Aggregation der individuellen Nachfra-

möglichkeiten erfolgt an der jeweils relevanten Stelle.

[101] Es wird zunächst nur von geschlossener Abgabe eines Gebotes für jeden zusätzlichen Container ausgegangen, da dies dem Vorgehen der Vickrey-Auktion entspricht.

gefunktionen der N Teilnehmer. Die K höchsten Gebote erhalten den Zuschlag und die K verfügbaren Container werden den entsprechenden Depots zugeteilt. Diese Zusammenhänge illustriert die folgende, an KRISHNA (2004) angelehnte Darstellung.

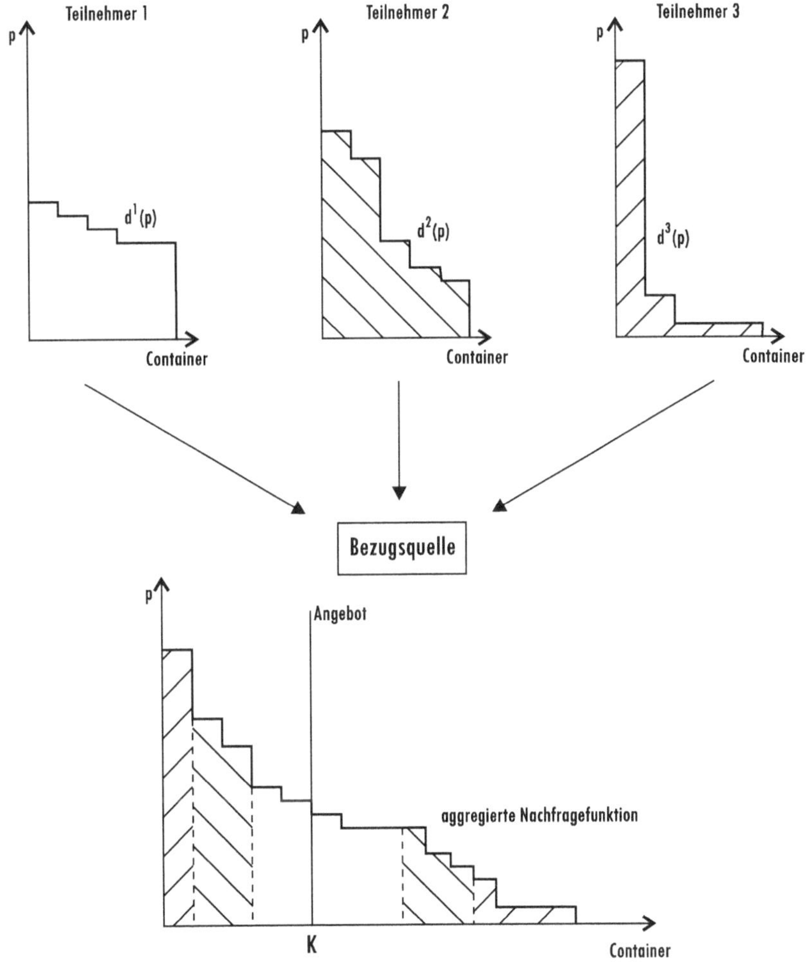

Abbildung 35: *Darstellung der Angebotsmenge K einer Bezugsquelle und der aggregierten Nachfrage der Interessenten*

Nun ist zu bestimmen, zu welchen Preisen die Gewinner die zugeteilten Einheiten erhalten sollen. Für den zu entwickelnden Mechanismus ist ein geeignetes Preissetzungsverfahren festzulegen. Hierzu werden folgende Preissetzungen verglichen:

- die diskriminatorische Preissetzung
- die Festlegung eines Einheitspreises
- die Bestimmung von Vickrey-Preisen

Die ersten beiden Preissetzungsverfahren finden in der Praxis häufig Anwendung, wenn mehrere Objekte simultan versteigert werden.

Bei der *diskriminatorischen* Preissetzung zahlt jeder Teilnehmer für die erhaltenen Einheiten insgesamt einen Betrag in Höhe der Summe seiner gewinnenden Gebote, da ihm für jede gewonnene Einheit ein Preis in Höhe seiner als Gebot angegebenen Zahlungsbereitschaft berechnet wird.
Diese Preissetzung entspricht dem Vorgehen einer versiegelten Erstpreisauktion bei der simultanen Allokation mehrerer Einheiten des Auktionsgutes. Für den Fall, dass nur eine Einheit alloziert werden soll ($K = 1$), ist dieses Auktionsverfahren mit der Erstpreis-Auktion identisch.
Eine diskriminatorische Preissetzung erzielt dabei in der Regel keine höheren Verkaufspreise als die im Folgenden vorgestellten Preissetzungen, da die Teilnehmer ihre Gebote dem Preissetzungsverfahren anpassen. Wie im Falle der Erstpreisauktion ist es für die Teilnehmer vorteilhaft, die jeweils konkurrierenden Gebote nur knapp zu überschreiten, um ihren Gewinn zu maximieren. Würde ein Teilnehmer Gebote in Höhe seiner maximalen Zahlungsbereitschaften abgeben, würde dies zwar zu einem überdurchschnittlich hohen Gewinn des Verkäufers führen, allerdings wäre der Gewinn des Teilnehmers in diesem Fall 0, da er für die Erlangung jeder Einheit jeweils einen Preis zu zahlen hätte, der dem Nutzen, die diese ihm stiftet, entspräche.

Bei der Festlegung eines *Einheitspreises* zahlt jeder Teilnehmer für jede gewonnene Einheit des Gutes einen Preis in Höhe des höchsten verlierenden Gebotes, gegebenenfalls um eine marginale Einheit erhöht. Bei diesem sogenannten *market-clearing-price* entspricht die Güternachfrage dem Güterangebot und der Markt wird komplett geräumt.

Als dritte Methode bietet sich eine Preissetzung auf Basis der Idee der *Vickrey-Zahlungen* an.
Zum besseren Verständnis der folgenden Preissetzungsmethode wird zunächst der Begriff des *Residualangebots* erläutert.
Die Zahl der Einheiten, die ein Teilnehmer i erhält, ist von dem Gesamtangebot der Bezugsquelle und der von den übrigen, konkurrierenden Teilnehmern nachgefragten Menge abhängig und wird als Residualangebot s^{-i} des Depots für Teilnehmer i bezeichnet.
Da die Nachfragemenge jedes Teilnehmers mit zunehmendem Preis sinkt, stellt das Residualangebot eines Depots für einen Teilnehmer eine steigende Funktion in Abhängigkeit vom Preis p dar. Das Residualangebot $s^{-i}(p)$ einer Bezugsquelle für Teilnehmer i ergibt sich aus dem Gesamtangebot K des Depots abzüglich der von den übrigen Teilnehmern bei dem jeweiligen Preis insgesamt nachgefragten Menge.

$$s^{-i}(p) = \max\{K - \sum_{j \neq i} d^j(p), 0\}$$

Die Funktion des Residualangebotes lässt sich auch ausgehend vom Vektor der Konkurrenzgebote $\mathbf{c}^{-i}$ ermitteln.

$$s^{-i}(p) = K - \max\{k : c_k^{-i} \geq p\}$$

Der Vektor $\mathbf{c}^{-i}$ enthält die K höchsten konkurrierenden Gebote für Teilnehmer i in abnehmender Reihenfolge. Dabei stellt c_1^{-i} das höchste, c_2^{-i} das zweithöchste und c_k^{-i} k-höchste Konkurrenzgebot dar. Zur Ermittlung des Residualangebots werden vom Gesamtangebot des Depots daher so viele Einheiten abgezogen, wie konkurrierende Gebote den jeweiligen Preis p übersteigen bzw. ihm entsprechen. Da das $K + 1$ höchste Konkurrenzgebot in keinem Fall einen Zuschlag erhält, genügt es, die K höchsten Konkurrenzgebote zu betrachten und die Länge des Vektors $\mathbf{c}^{-i}$ auf K zu beschränken.

Folgende Abbildung stellt beispielhaft die Nachfragefunktionen von drei Teilnehmern und die sich ergebenden Funktionen des Residualangebots dar.

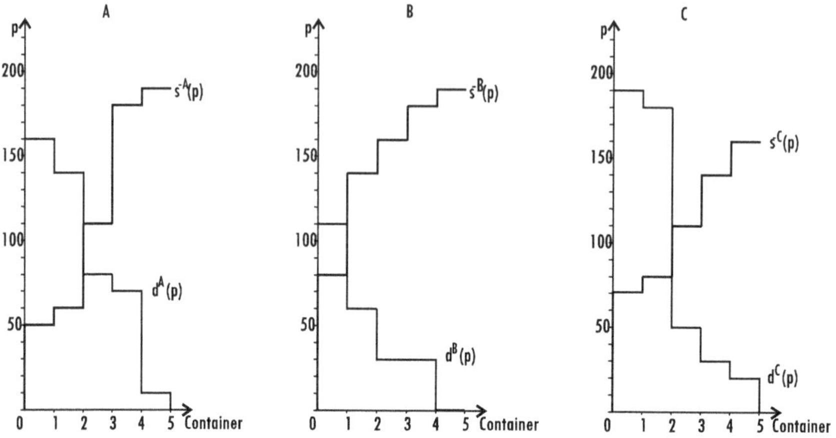

Abbildung 36: *Darstellung der Nachfrage- und Residualangebotsfunktionen*

Die Funktion $s^{-i}(p)$ ergibt sich - wie zuvor beschrieben - aus dem Gesamtangebot verfügbarer Container der Bezugsquelle abzüglich der Menge, die die übrigen Teilnehmer erhalten, wenn Teilnehmer i den jeweiligen Preis p bietet, also abzüglich der Anzahl der diesen Preis übersteigenden Konkurrenzgebote.
Um eine erste Einheit des Auktionsgutes zu gewinnen, muss der Teilnehmer das höchste um diese Einheit konkurrierende Gebot c_K^{-i}, welches ohne seine Teilnahme das niedrigste gewinnende Gebote wäre und somit den Zuschlag erhielte, mit seinem Gebot b_1^i überbieten und c_K^{-i} so zu dem höchsten verlierenden Gebot werden lassen. Um eine zweite Einheit zu gewinnen, muss das zweithöchste Gebot des Teilnehmers b_2^i das nächsthöhere (zweitniedrigste), ohne seine Teilnahme gewinnende Gebot c_{K-1}^{-i} übersteigen und so verdrängen. Zum Erlangen der k-ten Einheit des Gutes muss das k-te Gebot des Teilnehmers b_k^i das um die k-te Einheit konkurrierende verdrängen. Der Teilnehmer zahlt dementsprechend c_K^{-i} für die erste Einheit, c_{K-1}^{-i} für die zweite usw. Der Preis der k Einheiten, die er gewinnt, ergibt sich als Summe der k höchsten verlierenden Gebote der übrigen Teilnehmer. Die Menge an Einheiten, die ein Teilnehmer erhält, lässt sich am Schnittpunkt seiner Nachfragefunktion mit der Funktion des Residualangebots der Bezugsquelle ablesen. Die Fläche unterhalb der Funktion des Residualangebots bis zu diesem Schnittpunkt entspricht dem für die erhaltenen Einheiten zu zahlenden Betrag.

Dieser Preissetzungsregel liegt der Gedanke des Vickrey-Clarke-Groves-Mechanismus zu Grunde. Jeder Teilnehmer zahlt für seine Teilnahme einen Betrag in Höhe der Externalitäten, die seine Teilnahme den übrigen Teilnehmern verursacht. Würde er nicht teilnehmen, stünden seine erhaltenen Einheiten den übrigen Teilnehmern zur Verfügung und wären von diesen einzusetzen.
Auf Basis der eigenen Gebote jedes Teilnehmers wird vom Auktionator lediglich festgelegt, wie viele Einheiten der Teilnehmer erhält. Der zu zahlende Preis wird durch die Gebote der Konkurrenten bestimmt, nicht jedoch von der Höhe der eigenen Gebote beeinflusst. Somit besteht, wie in der Vickrey-Auktion, ein Anreiz zur Abgabe wahrer Gebote in Höhe der maximalen Zahlungsbereitschaft.

Erhält ein Teilnehmer keinen Zuschlag, bedeutet dies, dass bei Abgabe des entsprechenden Gebotvektors die Zahl der die eigenen Zahlungsbereitschaften übertreffenden Konkurrenzgebote größer gleich dem Angebot verfügbarer Container ist. Erzielt ein Teilnehmer *einen* Zuschlag und erhält somit einen Container, so übertreffen nur $K-1$ konkurrierende Gebote die eigenen Zahlungsbereitschaften, mit der Folge, dass das höchste Gebot des Teilnehmers einen Zuschlag erhält.

Für den Fall, dass nur eine Einheit des Gutes zu allozieren ist, entspricht das beschriebene Vorgehen dem einer versiegelten Zweitpreisauktion. Es stellt daher eine angemessene Erweiterung der Vickrey-Auktion zur simultanen Allokation mehrerer Einheiten eines Gutes dar.
Diese Preissetzungsregel wird daher im Folgenden verwendet werden.

Bei der beschriebenen Erweiterung der Vickrey-Auktion handelt es sich um eine Auktion mit verdeckter Gebotsabgabe. Für die Anwendung in der zur Allokation der Leercontainer notwendigen Weise ist dies problematisch, da die tatsächliche Zahlungsbereitschaft eines Depots für einen Container von den übrigen, parallel verlaufenden Auktionen anderer Depots und weiteren Beschaffungsmöglichkeiten beeinflusst wird.[102]

---

[102] Vgl. hierzu auch die Ausführungen der Seiten 155 f.: Bei der Abgabe versiegelter Gebote besteht die Möglichkeit, dass Teilnehmer zu viele Zuschläge bzw. Zuschläge zu einem ungünstig hohen Preis erhalten, da sie ihre Gebote für verschiedene Bezugsquellen im Prozessverlauf nicht aufeinander abstimmen können und ihre Nachfrage und Zahlungsbereitschaft nicht aufgrund erhaltener Zuschläge anpassen können. Dies macht entweder umfangreiche, wiederholte Reallokationsschleifen notwendig oder führt zu einer ineffizienten Allokation der Ressourcen.

In einem Verfahren mit offener Gebotsabgabe hätten die Teilnehmer die Möglichkeit ihre aktuellen Gebote der verschiedenen Auktionen jeweils aufeinander abzustimmen. Mit Ausnahme der unterschiedlichen Gebotsabgabe müsste dieses Verfahren jedoch - insbesondere mit Blick auf die Auktionsgewinner und die zu zahlenden Preise - zum identischen Ergebnis führen.

Diese Anforderung erfüllt ein von AUSUBEL (2004) entwickeltes Auktionsverfahren, das in der Literatur bislang als *,Ausubel-Auktion'* bezeichnet wird.
Die Ausubel-Auktion entspricht dabei weitgehend der oben beschriebenen Erweiterung der Vickrey-Auktion. Die Gebotsabgabe erfolgt jedoch nicht in Form von versiegelten Geboten, sondern wie bei der Englischen Auktion durch sukzessive Abgabe höherer Gebote durch die Teilnehmer. Die zu zahlenden Preise entsprechen der Idee der Preissetzung von Vickrey, ihrer Festlegung liegt jedoch eine leicht veränderte Betrachtungsweise zugrunde. Diese basiert auf der Überlegung, wie viele Einheiten des Auktionsgutes ein Teilnehmer in Abhängigkeit vom aktuellen Auktionspreis erhält, weil konkurrierende Nachfrage durch seine höhere Zahlungsbereitschaft verdrängt wird. Immer wenn der Auktionspreis so weit gestiegen ist, dass ein Teilnehmer sicher eine zusätzliche Einheit des Gutes erhält, zahlt er diesen aktuellen Preis zur Erlangung der Einheit.
Ist der Preis noch niedrig, übersteigt die Nachfrage der Konkurrenten noch das Angebot der betrachteten Bezugsquelle. Dementsprechend ist das Residualangebot $s^{-i}(p) = 0$. Mit steigendem Preis sinken jedoch die Nachfragemengen der Konkurrenten. Der Preis steigt bis zu der Höhe, bei der für mindestens einen der Teilnehmer die Situation eintritt, dass er eine Einheit des Gutes aus der Bezugsquelle erhält, da die Nachfragemenge der übrigen Teilnehmer ab diesem Preis um eine Einheit niedriger ist als das Gesamtangebot der Bezugsquelle. Dieser Teilnehmer erhält eine der verfügbaren Einheiten zu dem entsprechenden Preis.

Immer wenn der Fall eintritt, dass ein Teilnehmer unabhängig von der weiteren Verteilung der übrigen Einheiten eine Einheit erhält, zahlt dieser den Preis, der nötig war, um die Nachfrage der Konkurrenten um eine Einheit sinken zu lassen. Dies entspricht der zuvor dargestellten Herleitung des Residualangebots. Die Preise sind daher nur von der Höhe der Konkurrenzgebote, nicht aber von der eigenen Zahlungsbereitschaft abhängig, sodass alle Teilnehmer einen Anreiz erfahren, ihre tatsächlichen Zahlungsbereitschaften offen zu legen. Der von einem Teilnehmer zu zahlende Gesamtbetrag entspricht der Fläche unterhalb der

Nachfragefunktion, bis zu dem Punkt, an dem diese die Funktion des Residualangebots schneidet.

Zur Verdeutlichung der Zusammenhänge wird zunächst das folgende Beispiel I betrachtet. Vier Teilnehmer sind an den fünf verfügbaren Containern der betrachteten Bezugsquelle interessiert. Die folgende Tabelle enthält die Grenznutzen jedes Containers für die Teilnehmer.

Teilnehmer	*A*	*B*	*C*	*D*
Wert 1. Container	150	75	110	150
Wert 2. Container	128	20	110	80
Wert 3. Container	0	20	50	70
Wert 4. Container	0	0	50	65
Wert 5. Container	0	0	50	60

Tabelle 4: *Grenznutzen der Container für die Bieter*

Mit zunehmendem Preis der verfügbaren Container der Bezugsquelle sinken die Nachfragemengen der Teilnehmer. Diese ergeben sich aus den Nachfragefunktionen der einzelnen Teilnehmer $d^i(p)$. Überschreitet das Preisniveau den durch Einsatz des Containers erzielbaren Erfolgsbeitrag eines Teilnehmers, reduziert dieser seine Nachfrage dementsprechend.
Liegt der Preis beispielsweise bei 68 Geldeinheiten, so ergeben sich die in der folgenden Tabelle aufgeführten Nachfragemengen der Teilnehmer.

Teilnehmer	*A*	*B*	*C*	*D*
Nachgefragte Menge	2	1	2	3

Tabelle 5: *Nachfragemengen der Teilnehmer bei einem Preisniveau der Bezugsquelle von 68 Geldeinheiten*

Die Gesamtnachfrage beträgt bei diesem Preis 8 Container und liegt über dem Angebot der Bezugsquelle. Die Nachfragemenge der Konkurrenten jedes Teilnehmers i ist bei diesem Preis p

$$\sum_{j \neq i} d^j(p = 68) \geq 5 \ ,$$

sodass das Residualangebot der Bezugsquelle für alle Teilnehmer 0 ist.

Überschreitet der Preis 75 Geldeinheiten, so reduziert sich die Nachfrage von Teilnehmer B auf 0 Container. Die Gesamtnachfrage der Teilnehmer liegt mit 6 Containern zwar noch über der Angebotsmenge des Depots. Für die Teilnehmer A, C und D ist jedoch die Nachfrage der jeweiligen Konkurrenten ab diesem Preis kleiner als 5. Das Residualangebot der Bezugsquelle für die Teilnehmer A, C und D steigt daher ab einem Preis von $75 + \varepsilon$ Geldeinheiten auf 1 an. Sofern keine weiteren Bieter auftreten oder die bisherigen ihre Zahlungsbereitschaften ändern, erhalten die Teilnehmer A, C und D unabhängig vom weiteren Verlauf der Auktion jeweils mindestens einen Container. Die konkurrierende Nachfrage wird ab diesem Preisniveau in dem entsprechenden Maße verdrängt, sodass dies der zu entrichtende Vickrey-Preis für die jeweils erhaltene Einheit ist.
Steigt der Preis über 80 Geldeinheiten, so reduziert Teilnehmer D seine Nachfrage auf eine Einheit. Das Gesamtangebot der Bezugsquelle stimmt nun mit der Gesamtnachfrage überein. Das Residualangebot der Bezugsquelle erhöht sich für die Teilnehmer A und C auf zwei. Sie erhalten dementsprechend die beiden noch nicht zugeteilten Container jeweils zum Preis in Höhe von 80 Geldeinheiten.
Die folgende Abbildung stellt diesen Prozess für die Teilnehmer dar.

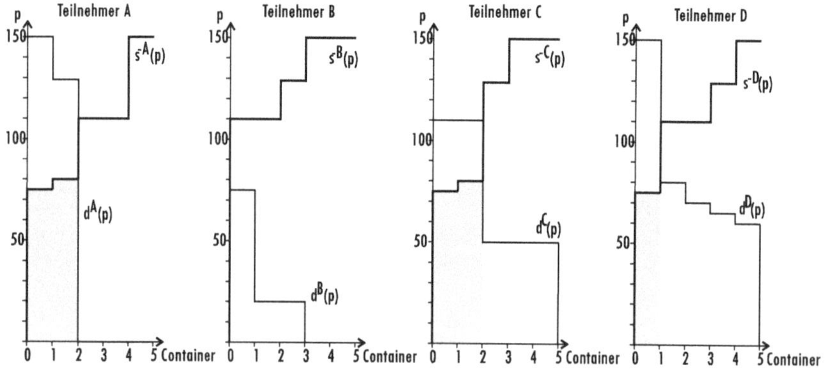

Abbildung 37: *Preisbestimmung der Ausubel-Auktion für Beispiel I*

Die zu zahlenden Beträge lassen sich ebenfalls auf Basis des Preissetzungsverständnisses des Vickrey-Mechanismus herleiten.
Wie in Kapital 3.6.2 dargestellt, entsprechen diese den durch die Teilnahme des jeweiligen Depots verursachten Veränderungen im Allokationsergebnis.
Es ist ein Preis in Höhe des höchsten verdrängten Gebotes zu zahlen. Dieses entspricht der zu erzielenden Deckungsbeitragszunahme bzw. der Kostenersparnis bei der besten alternativen Nutzung des Containers und daher der maximalen Zahlungsbereitschaft des entsprechenden Depots für diesen.

Nähme Teilnehmer A nicht an dem Allokationsprozess teil, so wären die beiden ihm zugeteilten Einheiten für die nächstbesten Verwendungen einzusetzen und stünden somit den Teilnehmern B und D zur Verfügung, die hierdurch einen zusätzlichen Erfolgsbeitrag von 75 bzw. 80 Geldeinheiten erzielen könnten. Gleiches gilt für den Fall, dass Teilnehmer C nicht teilnähme.
Nähme Teilnehmer D nicht teil, wäre der ihm zugeteilte Container durch Teilnehmer B einzusetzen. Dadurch könnte Teilnehmer B einen Erfolgsbeitrag in Höhe von 75 Geldeinheiten erzielen. Durch die Teilnahme von D wird dieser Erfolgsbeitrag verdrängt und stellt somit den zu zahlenden Vickrey-Preis dar.

Die Ausubel-Auktion stimmt mit den der Vickrey-Auktion zugrunde liegenden Gedanken hinsichtlich der Ermittlung der Gewinner und der Festlegung der zu zahlenden Preise überein. Den Zuschlag erhalten die Teilnehmer mit der höchsten Zahlungsbereitschaft. Der zu zahlende Preis ist lediglich von dem höchsten zu überbietenden Konkurrenzgebot abhängig und entspricht dem jeweils verdrängten Nutzen. Die von AUSUBEL (1995) gewählte Gestaltung des Mechanismus als *ascending-bid* Auktion vereinfacht, insbesondere für umfangreiche Problemstellungen, die Preissetzung gegenüber der formalen Vorgehensweise eines Vickrey-Mechanismus. Dies erübrigt zudem die Ermittlung der Vektoren der Konkurrenzgebote für jeden Teilnehmer. Je höher die Zahl der Teilnehmer ist, desto höher wäre auch die Zahl der zu ermittelnden Vektoren.

3.7.2 Verdeutlichung der Unzulänglichkeiten der Ausubel-Auktion für die Leercontainerallokation

Die Ausubel-Auktion alloziert zwar mehrere Objekte simultan an mehrere Interessenten, dabei wird jedoch nicht zwischen verschiedenen Anbietern der Aukti-

onsobjekte unterschieden. Die Auktionsgüter befinden sich in einer Art Pool und werden von einer zentralen Instanz, dem Auktionator, zugeteilt. Bei der Ausubel-Auktion sind die zu allozierenden Objekte somit in jeglicher Hinsicht identisch. Es gibt keine über den zu zahlenden Preis hinausgehenden Unterschiede bei den mit ihrer Erlangung verbundenen Kosten.
Dies ist im Rahmen der Leercontainersteuerung nur bei den Containern aus derselben Bezugsquelle der Fall, sodass hierfür das bisher beschriebene Verfahren der Ausubel-Auktion angewandt werden könnte.

Kennzeichnend für die Leercontainerallokation ist allerdings, dass ein Teilnehmer die benötigten Container aus verschiedenen Depots und weiteren Quellen, wie beispielsweise der Anmietung von Leasingcontainern oder dem Containertausch mit Kooperationspartnern, beziehen kann.
Zur Deckung des Bedarfs eines Depots zu einem bestimmten Zeitpunkt $t_{Verwendung}$ kommen grundsätzlich sämtliche Bezugsmöglichkeiten aus allen Depots mit verfügbaren Containern in Frage, deren Container rechtzeitig zur Verwendung bereitstehen würden, sodass gilt:

$$t + \tau_{ij} \leq t_{Verwendung} ,$$

wobei t den aktuellen Zeitpunkt und τ_{ij} die Transportdauer von Beschaffungsmöglichkeit i zum Bedarfsdepot j bezeichnet.

Da jedes Depot mit verfügbaren Containern diese in den Allokationsprozess einbringt, bestehen verschiedene Bezugsquellen die Einheiten des zu allozierenden Objekts anbieten. Es liegt also die Marktform des Polypols vor, da sich eine Vielzahl von Anbietern des zu allozierenden Gutes und eine Vielzahl von Interessenten gegenüberstehen.
Mit jeder Bezugsquelle sind unterschiedliche kalkulatorische Beschaffungskosten verbunden. Außerdem sollte, wie in Kapitel 3.4 beschrieben, die Allokation nicht durch eine zentrale Instanz erfolgen. Vielmehr gilt es die Vorteile einer dezentralen Organisation zu nutzen. Daher wird nicht nur eine Auktion durchgeführt, in welcher Entscheidungen über die optimale Allokation der insgesamt verfügbaren Container durch eine zentral koordinierende Instanz getroffen werden, sondern in jedem Depot werden die dort verfügbaren Container über eine eigene Auktion den Interessenten zugeteilt.

Für jeden verfügbaren Container ist die aus Gesamtunternehmenssicht vorteilhafteste der sich bietenden Verwendungsoptionen zu wählen, indem der entspre-

chende Interessent den Zuschlag erhält und diesem der Container zugeteilt wird. Als Alternativen kommen dabei alle bestehenden und rechtzeitig zu bedienenden Verwendungsmöglichkeiten in Betracht.
Selbst die Lagerhaltung eines Containers stellt bei diesem Verständnis eine Verwendungsoption dar, die ebenfalls in den Allokationsprozess einzubeziehen ist. Dies hat zur Folge, dass ein Depot, welches einen Container lagern möchte, diesen zum Zeitpunkt t in den Allokationsprozess einzubringen und ihn somit für den Zeitpunkt $t+1$ zu ersteigern hat. Nur so kann gewährleistet werden, dass die Container wirklich die optimale Verwendung finden. Jede Option, selbst die Lagerhaltung, muss ihre Vorteilhaftigkeit gegenüber den alternativen Verwendungen aufzuzeigen, um gewählt zu werden. Ist diese Alternative relativ vorteilhaft, wird sie einen Container zugeteilt bekommen. Ist die Lagerhaltung gegenüber den anderen Verwendungsmöglichkeiten nicht relativ vorteilhaft, wird ihr folgerichtig kein Container zugeteilt werden.

Aus den beschriebenen Umständen folgt, dass eine große Menge verfügbarer Einheiten des Gutes simultan zwischen einer Vielzahl von Anbietern und Nachfragern zu allozieren ist.

Alle verfügbaren Container gleichen Typs sind technisch absolut identisch und stellen somit ein homogenes Gut dar. Für jeden Interessenten unterscheiden sich die Container aus verschiedenen Bezugsquellen jedoch hinsichtlich der mit ihrer Beschaffung verbundenen Kosten.
Die Transportkosten variieren für die möglichen Kombinationen von Bezugsquelle und Verwendungsoption aufgrund verschiedener Transportwegverbindungen zwischen dem aktuellen Aufenthaltsort eines verfügbaren Containers und dem Verwendungsort.
Auch die durch die Verwendung eines Containers verursachten Opportunitätskosten werden für Container aus verschiedenen Bezugsquellen unterschiedlich ausfallen, da unterschiedliche Verwendungen bestehen und auf andere, alternative Beschaffungsmöglichkeiten zurückgegriffen werden kann.

Aus den dargestellten Aspekten folgt, dass jedes Depot mit verfügbaren Containern eines Typs als Anbieter auftritt und diese in einer eigenen Auktion anbietet. Dies wird von dem bisher entwickelten Mechanismus nicht berücksichtigt. Zudem gibt es bei jeder Auktion unterschiedliche Teilnehmer. Dies ist abhängig davon, ob Transportwegverbindungen bestehen, diese eine rechtzeitige Verfügbarkeit des

Containers ermöglichen und so eine Auktion als potentielle Bezugsquelle für einen Teilnehmer in Frage kommen lassen oder nicht.

Alle potentiellen Lieferdepots und übrigen Beschaffungsoptionen, die Container zur Bedienung einer Verwendungsoption zur Verfügung stellen können, bilden die relevanten Beschaffungsmöglichkeiten dieser Option.

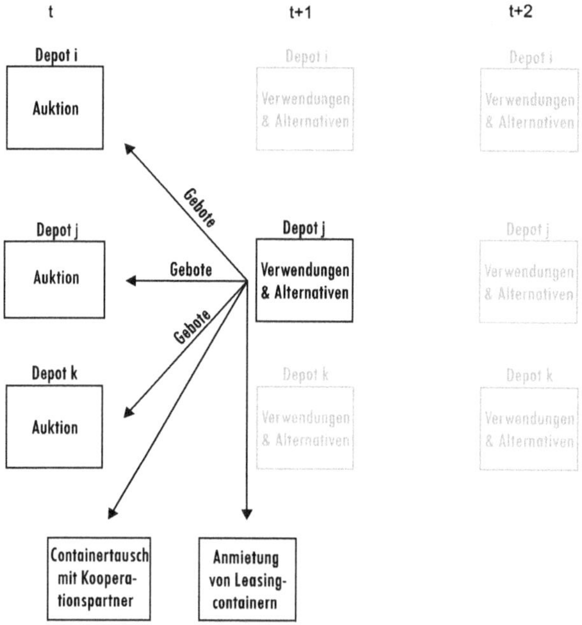

Abbildung 38: *Beschaffungsmöglichkeiten eines Depots*

Alle Verwendungsoptionen, für die ein spezieller Container einsetzbar ist, stellen die potentiellen Interessenten zur Verwendung dieses Containers dar, wie die Abbildung auf der folgenden Seite zeigt.

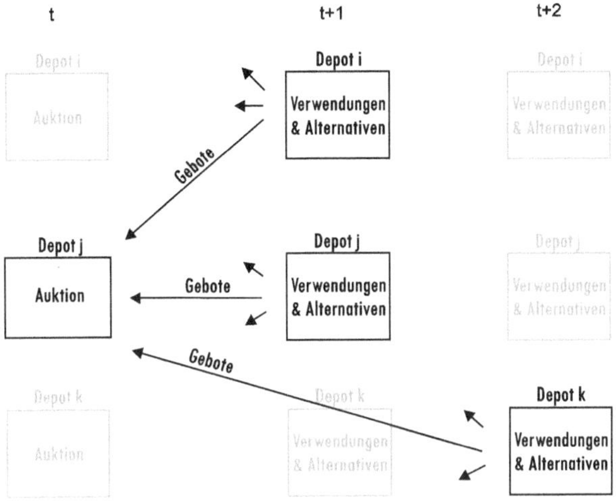

Abbildung 39: *Teilnehmer einer Auktion*

Durch diesen Aspekt ergibt sich zu den bisher beschriebenen Mechanismen der Unterschied, dass die aktuelle Zahlungsbereitschaft auch vom derzeitigen Preisniveau der Auktionen anderer Bezugsquellen beeinflusst wird. Aus diesem Grunde scheint die Abgabe eines einzelnen Gebots wie bei einer verdeckten Gebotsabgabe (sealed-bid) - zumindest in der bisherigen Darstellungsweise - nicht möglich, da ein Gebot immer in Zusammenhang mit anderen Beschaffungsmöglichkeiten und dem aktuellen Stand anderer Auktionen zu sehen ist. Wird der Mechanismus als Auktion mit sukzessiv steigenden Preisen gestaltet, so kann jeder Teilnehmer abhängig von der Entwicklung der anderen, alternativen Beschaffungsmöglichkeiten entscheiden, wie seine derzeit optimalen Gebote in den verschiedenen Auktionen lauten oder ob es sinnvoll ist, aus einer Auktion auszusteigen.

Auch bestehende Leasingalternativen beeinflussen das aktuelle Bietverhalten und beschränken die Zahlungsbereitschaften für die übrigen Bezugsquellen, da ab einem bestimmten Betrag, die Leasingoption kostengünstiger ist.

Der anzuwendende Mechanismus hat dabei sicherzustellen, dass die aus Einzelsicht jedes Teilnehmers optimale Allokation mit der optimalen Allokation aus Gesamtunternehmenssicht übereinstimmt. Die verfügbaren Container sind optimal auf die sich bietenden Handlungsoptionen aufzuteilen bzw. den entsprechenden

Teilnehmern zuzuordnen, wobei für alle Verwendungen auch die sich alternativ bietenden Bezugsmöglichkeiten einbezogen werden müssen. Die bestehenden Interdependenzen werden in Form der Opportunitätskosten berücksichtigt. Ziel der Teilnehmer ist daher, die Container mit den niedrigsten kalkulatorischen Beschaffungskosten zu erlangen.
Im Rahmen der Ausubel-Auktion würde ein Teilnehmer zunächst ein geringes Gebot für die Container der Bezugsquelle mit den niedrigsten Transport-/Lagerkosten abgeben und dies sukzessive erhöhen. Wenn der Preis soweit gestiegen ist, dass die mit höheren Transportkosten verbundene Beschaffung aus einer weiteren Bezugsquelle vorteilhaft wird, beginnt der Teilnehmer nun auch für die Container dieser Bezugsquelle zu bieten. Dabei erhöht der Teilnehmer seine Gebote parallel, sodass die kalkulatorischen Beschaffungskosten aller Bezugsquellen identisch sind. Erhält der Teilnehmer einen Zuschlag, so geschieht dies zunächst bei der Bezugsquelle, die mit den geringsten kalkulatorischen Beschaffungskosten verbunden ist, da das Preisniveau der übrigen weiter ansteigt.

Dies erfordert jedoch das simultane Ansteigen der Preise aller Bezugsquellen des Teilnehmers, sodass deren kalkulatorische Beschaffungskosten für den Teilnehmer gleich hoch sind. Diese Anforderung kann jedoch nicht in jedem Fall erfüllt werden, wie die Erläuterung des folgenden Beispiels zeigt.

Bezugsquelle	1	2
Transportkosten zu Depot i	0	10
Transportkosten zu Depot j	10	0

In diesem Beispiel müsste der Preis für Container aus Bezugsquelle 1 bereits 10 Geldeinheiten erreicht haben, bevor Bezugsquelle 2 für Teilnehmer i vorteilhaft wird und er beginnen würde am dortigen Auktionsprozess teilzunehmen. Die Gebote würde er dann, ausgehend von 0 Geldeinheiten sukzessive erhöhen, sodass die kalkulatorischen Beschaffungskosten beider Bezugsquellen gleich hoch wären. Teilnehmer j würde sich genau gegenteilig verhalten. Es ist jedoch nicht möglich, dass der aktuelle Auktionspreis von Bezugsquelle 1 den aktuellen Auktionspreis von Bezugsquelle 2 um 10 Geldeinheiten übersteigt, um beide Bezugsquellen für Teilnehmer i gleich vorteilhaft zu halten und gleichzeitig der aktuelle Preis bei Bezugsquelle 2 10 Geldeinheiten über dem von Bezugsquelle 1 liegt, damit beide Alternativen für Teilnehmer j gleich vorteilhaft sind.

3.7.3 Erweiterung der Vickrey-Auktion zur Nutzung für die Leercontainerallokation

Um die beschriebenen Besonderheiten berücksichtigen zu können, muss der bisher dargestellte Prozess für jeden Teilnehmer auf seine verschiedenen Beschaffungsmöglichkeiten ausgeweitet werden. Die Beschaffungsmöglichkeiten eines Teilnehmers müssen gemeinsam betrachtet werden, da sie zusammen das Angebot verfügbarer Container für diesen Teilnehmer darstellen. Das sich einem Teilnehmer bietende Residualangebot ist ebenfalls über alle für ihn relevanten Bezugsquellen zu aggregieren.

Untersuchung der Wirkung von Transportkosten

Bisher wurde von identischen Transportkosten für die Beschaffung der Container auch aus unterschiedlichen Bezugsquellen ausgegangen. Diese vereinfachende Annahme wird nun aufgegeben.

Sind mit der Beschaffung von Containern aus unterschiedlichen Bezugsquellen auch unterschiedliche Transportkosten verbunden, differieren die erzielbaren Deckungsbeiträge II und damit auch, wie in Kapitel 3.6.3 dargestellt, die maximalen Zahlungsbereitschaften.[103] Die Zahlungsbereitschaft zur Erlangung der günstigeren Beschaffungsalternative ist dabei jeweils um die Differenz der Transportkosten höher als die Zahlungsbereitschaft zur Erlangung der nächstungünstigeren Alternative.
Das in Kapitel 3.7.1 betrachtete Beispiel I wird nun in der entsprechenden Weise erweitert. Die fünf verfügbaren Einheiten sind nicht in einer Bezugsquelle, sondern in zwei unterschiedlichen Bezugsquellen mit drei bzw. zwei Containern vorhanden. Teilnehmer A kann dabei nur auf Bezugsquelle 1 zugreifen. Teilnehmer D nur auf die Bezugsquelle 2. Die Teilnehmer B und C können aus beiden Bezugsquellen Container beziehen. In der folgenden Darstellung sind die Zusammenhänge abgebildet. Die Verbindungslinien stellen bestehende Transportwegverbindungen dar. Deren Bewertungen geben die entstehenden Transportkosten an. Auf die explizite Berücksichtigung der verschiedenen Zeitpunkte wird aus Gründen der Klarheit verzichtet.

[103] In der Abbildung 41 auf Seite 179 zeigt sich dies in parallel zur Ordinate verschobenen Nachfragefunktionen für die Teilnehmer B und C.

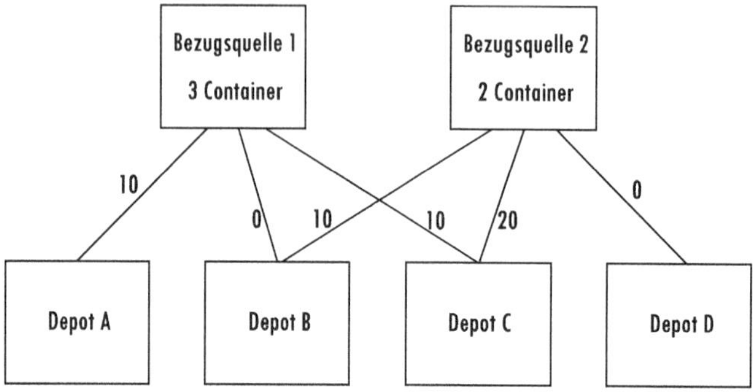

Abbildung 40: *Transportwegverbindungen für die Erweiterung des Beispiels I*

Tabelle 6 zeigt die sich aus der Konstellation des erweiterten Beispiels I ergebenden maximalen Zahlungsbereitschaften der Teilnehmer für die Container der Bezugsquellen.

Teilnehmer	*A*	*B*	*C*	*D*
Bezugsquelle 1				
Wert 1. Container	140	75	100	-
Wert 2. Container	118	20	100	-
Wert 3. Container	-10	20	40	-
Wert 4. Container	-	0	40	-
Wert 5. Container	-	0	40	-
Bezugsquelle 2				
Wert 1. Container	-	65	90	150
Wert 2. Container	-	10	90	80
Wert 3. Container	-	10	30	-
Wert 4. Container	-	-10	30	-
Wert 5. Container	-	-10	30	-

Tabelle 6: *Zahlungsbereitschaften der Teilnehmer im erweiterten Beispiel I*

Aus den entsprechenden Nachfragefunktionen lassen sich die effiziente Allokation der verfügbaren Container und die auf dem Vickrey-Mechanismus basierende Preissetzung bestimmen. Tabelle 7 fasst das Ergebnis zusammen.

Teilnehmer	*A*	*B*	*C*	*D*
Zugeteilte Container	2	0	2	1
Preis	75+90	-	75+80	65

Tabelle 7: *Allozierte Container und zu zahlende Preise im erweiterten Beispiel I*

Der Gedankengang wird anhand der bereits bekannten Darstellungsweise aufgezeigt. Die Bestimmung der Auktionsgewinner und der zu zahlenden Preise erfolgt über die Nachfragefunktionen und die Funktionen des Residualangebots der Teilnehmer. Abbildung 41 illustriert die Ermittlung der erhaltenen Einheiten und der für sie zu zahlenden Preise in dem erweiterten Beispiel I. Die anschließende Erläuterung verdeutlicht die Zusammenhänge.

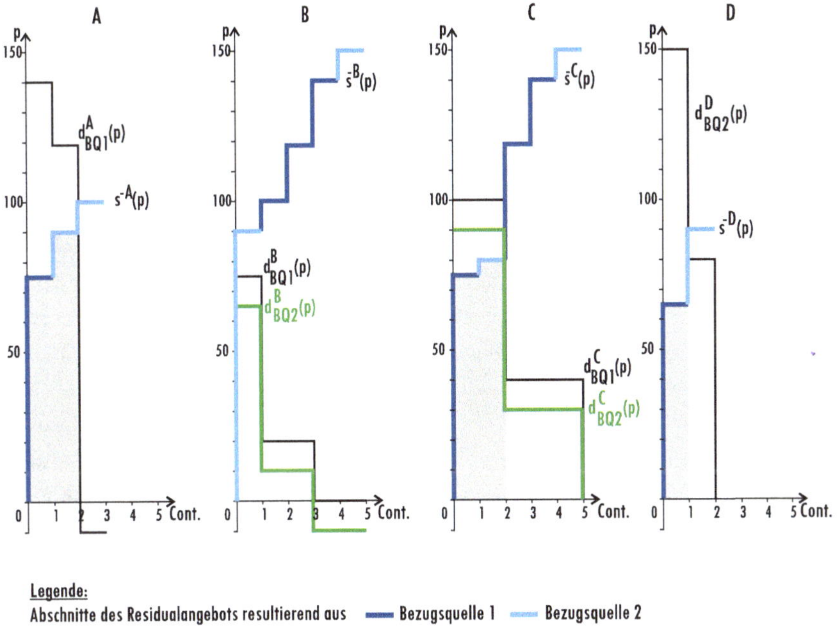

Abbildung 41: *Bestimmung der zugeteilten Mengen und der Vickrey-Zahlungen über die Residualangebotsfunktionen für das erweiterte Beispiel I*

Aus der Abbildung ist ersichtlich, wie viele Container jeder Teilnehmer erhält. Dies wird durch die x-Koordinate bestimmt, an der sich die Nachfragefunktion und die Funktion des Residualangebotes des Teilnehmers schneiden.
Den ersten Container erhält Teilnehmer A aus Bezugsquelle 1 zu einem Preis von 75 Geldeinheiten, da ab diesem Preisniveau Teilnehmer B seine Nachfrage auf null reduziert. Den zweiten Container erhält A zwar ebenfalls aus Bezugsquelle 1, jedoch resultiert der Zuschlag aus der Reduzierung der Nachfrage von Teilnehmer C, da dieser, sobald das Preisniveau von Bezugsquelle 2 80 Geldeinheiten erreicht, nicht bereit ist, für den entsprechenden Container aus Bezugsquelle 1 einen höheren Preis als 90 Geldeinheiten zu zahlen.
Teilnehmer B erhält keinen Zuschlag, da das Preisniveau beider Bezugsquellen, das die Nachfrage der übrigen Teilnehmer soweit reduzieren würde, dass Teilnehmer B einen Zuschlag erhielte, jeweils über seiner maximalen Zahlungsbereitschaft liegt.
Teilnehmer C erzielt zunächst einen Zuschlag bei Bezugsquelle 1 zum Preis von 75 Geldeinheiten. Dies ist an dem größeren Abstand zwischen der relevanten Nachfragefunktion des Teilnehmers für Bezugsquelle 1 $d^C_{BQ1}(p)$ und dem entsprechenden Abschnitt der Funktion des Residualangebots $s^{-C}(p)$ erkennbar. Den zweiten Zuschlag erzielt Teilnehmer C bei Bezugsquelle 2, da der relevante Abschnitt der Funktion des Residualangebots noch unterhalb der Nachfragefunktion des Teilnehmers für Bezugsquelle 2 $d^C_{BQ2}(p)$ liegt.
Teilnehmer D wird ein Container aus Bezugsquelle 2 zugeteilt. Der zu zahlende Preis beträgt 65 Geldeinheiten und ist durch Bezugsquelle 1 bestimmt worden. Übersteigt das Preisniveau von Bezugsquelle 2 65 Geldeinheiten, reduziert Teilnehmer B zwar seine Nachfrage nach Containern dieser Bezugsquelle auf 0, dies allein genügt jedoch nicht, um das Residualangebot für Teilnehmer D auf 1 ansteigen zu lassen, da Teilnehmer C bei diesem Preis zwei Container aus Bezugsquelle 2 beziehen würde. Erst durch das Ansteigen des Preisniveaus von Bezugsquelle 1 auf 75 Geldeinheiten reduziert Teilnehmer B seine Nachfrage auch dort auf 0 Container, sodass das Residualangebot für die Teilnehmer A und C auf 1 ansteigt. Durch den erhaltenen Zuschlag von Bezugsquelle 1 reduziert Teilnehmer C seine Nachfragemenge für Bezugsquelle 2 auf eine Einheit. Durch den Transportkostenunterschied zwischen Bezugsquelle 1 und 2 für Teilnehmer C geschieht dies bereits bei einem Preisniveau von Bezugsquelle 2 von 65 Geldeinheiten, da ab diesem Betrag der Bezug des Containers aus Bezugsquelle 1 günstiger ist.

Somit erhält im Ergebnis Teilnehmer D einen Container aus Bezugsquelle 2 zum Preis von 65 Geldeinheiten.

Erhält ein Depot i eine Einheit aus einer Bezugsquelle, hat sich die Nachfrage der übrigen Teilnehmer durch das steigende Preisniveau um diese Einheit reduziert.[104] Auf die übrigen Märkte hat das nur soweit Einfluss, dass sich der Bedarf von Depot i durch den zugeteilten Container nun um eine Einheit reduziert. Durch den sinkenden Grenznutzen eines zusätzlichen Containers ist die Zahlungsbereitschaft für den nächsten Container tendenziell geringer, sodass Teilnehmer i möglicherweise aus anderen Auktionen aussteigt. Dies kann dazu führen, dass ein Konkurrent in einer Auktion einer anderen Bezugsquelle einen Zuschlag erhält.

Bestimmung der Funktion des Residualangebots

Die Funktion des Residualangebots s^{-i} für einen Teilnehmer i ergibt sich als Summe der Residualangebote aller potentiellen Beschaffungsmöglichkeiten des Teilnehmers. Die Menge der potentiellen Beschaffungsmöglichkeiten eines Teilnehmers i sei mit BQ_i bezeichnet.

Bei der Ermittlung der Nachfrage der Konkurrenten zur Bestimmung des Residualangebots ist zu berücksichtigen, dass deren Nachfrage nicht nur vom Preisniveau der betrachteten Bezugsquelle, sondern auch von ihren übrigen Beschaffungsmöglichkeiten und den dort erzielten Zuschlägen als Funktion des dortigen Preisniveaus abhängig ist. Die erzielten Zuschläge eines Konkurrenten ergeben sich wiederum aus dem ihm zur Verfügung stehenden Residualangebot der jeweiligen Bezugsquelle. Somit ergibt sich die Funktion des Residualangebots für einen Teilnehmer i als:

$$s^{-i}(\cdot) = \sum_{q \in BQ_i} s_q^{-i}(p_q) = \sum_{q \in BQ_i} \max \left[K_q - \left[\sum_{j \neq i} \left(d_q^j(p_q) - \sum_{k \notin BQ_i} s_k^{-j}(p_k) \right) \right], 0 \right]$$

Das Residualangebot s_q^{-i} einer Bezugsquelle q ist eine Funktion des jeweiligen Preisniveaus p_q der Bezugsquelle. Durch Berücksichtigung der Transportkosten lassen sich die verschiedenen Preisniveaus p_q der Bezugsquellen in ein beliebiges,

---

[104] Dies kann auch daraus resultieren, dass einer der übrigen Teilnehmer den Zuschlag für eine in einer anderen Bezugsquelle verfügbaren Einheit erhält.

einheitliches Referenz-Preisniveau p_ϕ umrechnen und die Residualangebote der Bezugsquellen als Funktion von p_ϕ darstellen. Dazu müssen die Preisniveaus aus entscheidungstheoretischer Sicht gleichwertig sein. Dies ist der Fall, wenn sie zu den identischen kalkulatorischen Beschaffungskosten führen, sodass gilt:

$$p_\phi + TK_{\phi i} = p_q + TK_{q i}$$

$$p_\phi = p_q + TK_{q i} - TK_{\phi i} \quad ,$$

wobei $TK_{\phi i}$ die Transportkosten der Bezugsquelle ϕ zu Teilnehmer i darstellt.

Durch Berücksichtigung der Transportkostendifferenzen für Teilnehmer j zwischen Bezugsquelle q und seinen übrigen Bezugsquellen k, können ebenfalls die Preisniveaus p_k der Bezugsquellen k in das entsprechende Preisniveau der jeweils betrachteten Bezugsquelle q, bei dem die kalkulatorischen Beschaffungskosten der Bezugsquellen für den Konkurrenten j gleich hoch und sie daher aus entscheidungstheoretischer Sicht identisch sind, umgerechnet werden.

$$p_k = p_q + TK_{q j} - TK_{k j}$$

Dementsprechend erhält man:

$$s^{-i}(\cdot) = \sum_{q \in BQ_i} \max \left[K_q - \left[\sum_{j \neq i} \left(d_q^j(p_q) - \underbrace{\sum_{k \notin BQ_i} s_k^{-j}(p_q + TK_{q j} - TK_{k j})}_{\kappa} \right) \right], 0 \right]$$

Anschließend kann p_q gemäß der obigen Darstellung durch $p_\phi + TK_{\phi i} - TK_{q i}$ ersetzt und das Residualangebot für Teilnehmer i als Funktion des gewählten, einheitlichen Referenzpreisniveaus p_ϕ dargestellt werden.

Der Term κ entspricht den Teilnehmer j zugeteilten Einheiten aus den Bezugsquellen k, die keine Bezugsquelle für Teilnehmer i darstellen.
Diese Zuschläge der Konkurrenten aus den übrigen, nicht für i relevanten Bezugsquellen ergeben sich aus den entsprechenden Abschnitten der Residualangebotsfunktionen der Konkurrenten. Die Residualangebotsfunktion für Teilnehmer i ist um diese Abschnitte zu erweitern, wobei das Preisniveau in der beschriebenen Weise umzurechnen ist.

Zur Verdeutlichung wird das folgende Beispiel II betrachtet. Um die wesentlichen Aspekte besser darstellen zu können, wird angenommen, dass keine Transportkosten anfallen. Die Preisniveaus verschiedener Bezugsquellen sind daher direkt miteinander vergleichbar. Transportkosten ließen sich jedoch über die Umrechnung des Preisniveaus einer Bezugsquelle in das einer anderen in der beschriebenen Weise berücksichtigen. Die folgende Tabelle zeigt die maximalen Zahlungsbereitschaften der Teilnehmer für verfügbare Container.

Teilnehmer	*E*	*F*	*G*
Wert 1. Container	100	150	200
Wert 2. Container	90	130	0
Wert 3. Container	80	70	-
Wert 4. Container	-	0	-
Wert 5. Container	-	0	-

Tabelle 8: *Zahlungsbereitschaften der Teilnehmer in Beispiel II*

Betrachtet werden drei Interessenten E, F und G sowie zwei Bezugsquellen 3 und 4. Dabei kann E nur Container aus Bezugsquelle 3 beziehen, F aus beiden Bezugsquellen und G nur aus Bezugsquelle 4. Die folgende Abbildung stellt die Situation dar.

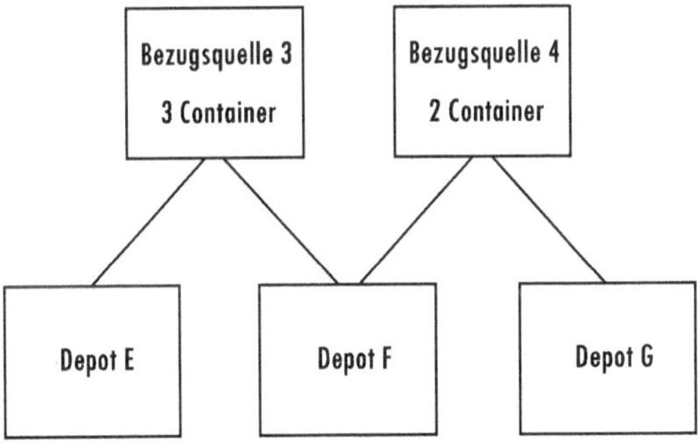

Abbildung 42: *Darstellung der Transportwegverbindungen von Beispiel II*

Die folgende Abbildung stellt die resultierenden Nachfragefunktionen und die Funktionen des Residualangebots dar.

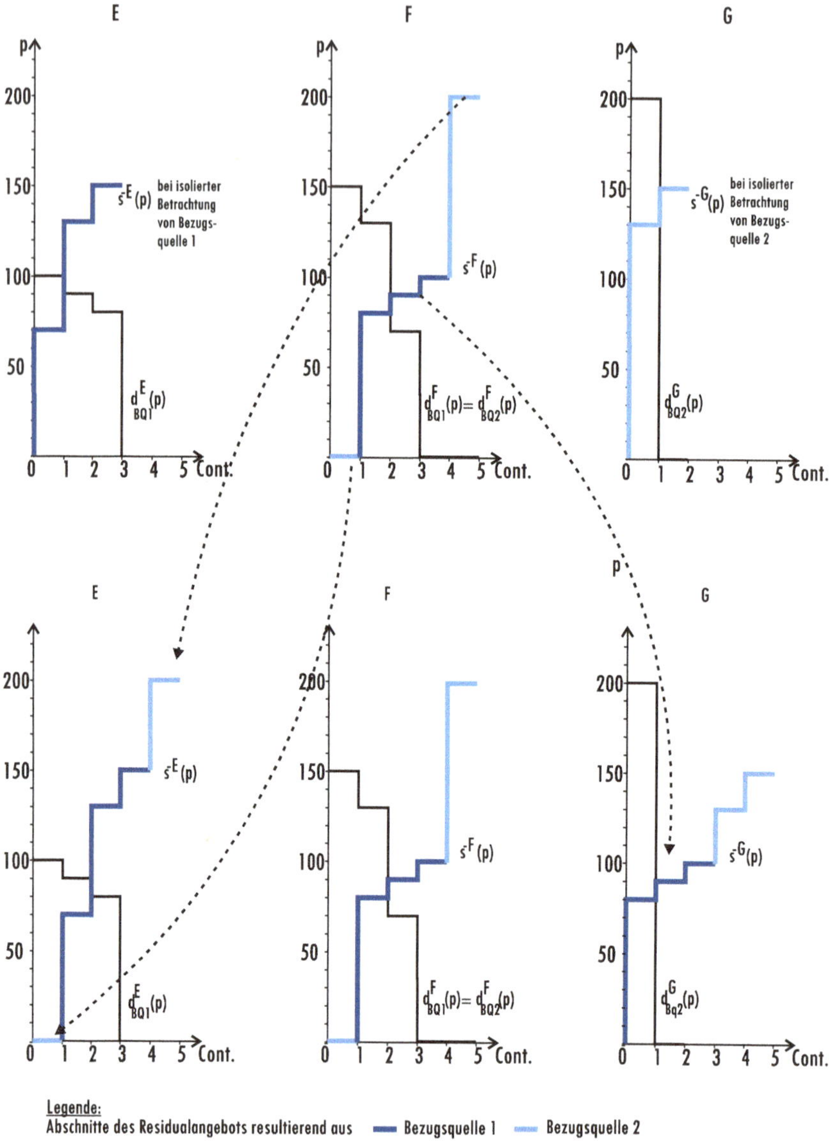

Abbildung 43: *Nachfragefunktionen und Ermittlung der Residualangebotsfunktionen für die Teilnehmer des Beispiels II*

Die Funktion des für den jeweiligen Teilnehmer verfügbaren Residualangebots ist um die Abschnitte der Residualangebotsfunktionen der Konkurrenten zu erweitern, die aus Bezugsquellen resultieren, auf die der betrachtete Teilnehmer nicht zugreifen kann. Die Abschnitte der Residualangebotsfunktionen der Konkurrenten, die sich auf Beschaffungsmöglichkeiten beziehen, auf die auch der betrachtete Teilnehmer zugreifen kann, sind bereits in seiner originären Residualangebotsfunktion berücksichtigt und dürfen daher nicht doppelt erfasst werden.

Die zu zahlenden Preise ergeben sich aus den durch die Teilnahme eines Interessenten verursachten Veränderungen des Allokationsergebnisses und den daraus resultierenden Wirkungen für die übrigen Teilnehmer.
Nähme Teilnehmer G nicht teil, erhielte F die beiden Einheiten aus Bezugsquelle 4 und E die drei in Bezugsquelle 1 verfügbaren Einheiten. Bei seiner Teilnahme erhält G eine Einheit aus Bezugsquelle 4, mit der Folge, dass nun Teilnehmer F seinen Bedarf nicht vollständig aus Bezugsquelle 4 befriedigt, er daher eine Einheit aus Bezugsquelle 3 bezieht und somit eine Einheit des Bedarfs von E und den damit verbundenen Deckungsbeitrag in Höhe von 80 Geldeinheiten verdrängt. Folglich zahlt G für den erhaltenen Container einen Betrag in Höhe von 80 Geldeinheiten. Nähme Teilnehmer E nicht teil, erhielten sowohl F als auch G ausreichend Container. Bei Teilnahme von E kann die Bedienung der ersten Einheit seiner Nachfrage sicher erfolgen, da 3 Container in Bezugsquelle 3 verfügbar sind und Konkurrent F in jedem Fall einen Container aus Bezugsquelle 4 beziehen kann. Zur Bedienung der zweiten von E nachgefragten Einheit wird jedoch die dritte Einheit des Bedarfs von F verdrängt und Opportunitätskosten in Höhe von 70 Geldeinheiten entstehen. Daher beträgt der Vickrey-Preis für den zweiten erhaltenen Container 70 Geldeinheiten. Nähme Teilnehmer F nicht teil, erhielten die Teilnehmer E und G genügend Container. Nimmt F teil, erhält er zunächst einen Container aus Bezugsquelle 4. Der zweite Container, den F erhält, würde andernfalls Teilnehmer E zugeteilt. Daher wird der von E mit diesem Container erzielbare Deckungsbeitrag in Höhe von 80 Geldeinheiten verdrängt.

Darstellung der Nachfrage und des Residualangebots als Funktionen verschiedener Variablen

Sind mit der Beschaffung von Containern aus verschiedenen Bezugsquellen unterschiedliche Transportkosten verbunden, führt dies zu parallel zur Ordinate verschobenen Nachfragefunktionen des Teilnehmers für die verschiedenen Bezugsquellen, sofern die Nachfrage in Abhängigkeit von der maximalen Zahlungsbereitschaft (Deckungsbeitrag II) dargestellt wird. Wird Nachfrage als Funktion des Deckungsbeitrags I, also vor Abzug der mit der Beschaffung aus den verschiedenen Beschaffungsmöglichkeiten verbundenen Kosten, dargestellt, ist sie für jede Bezugsquelle identisch.

Für einen Teilnehmer ist die Beschaffungsmöglichkeit mit den jeweils niedrigsten kalkulatorischen Beschaffungskosten die vorteilhafteste. Die einzelnen Abschnitte der Funktion des Residualangebots für einen Teilnehmer sind daher in der Reihenfolge steigender kalkulatorischer Beschaffungskosten zu ordnen, da der Teilnehmer zur Bedienung seiner besten verbleibenden Verwendungsmöglichkeit Container der jeweils günstigsten verbleibenden Beschaffungsmöglichkeit erhält. Die folgende Abbildung zeigt die Nachfrage und das Residualangebot für einen Teilnehmer Z als Funktionen verschiedener Variablen. Die anschließende Erläuterung verdeutlicht die Zusammenhänge.

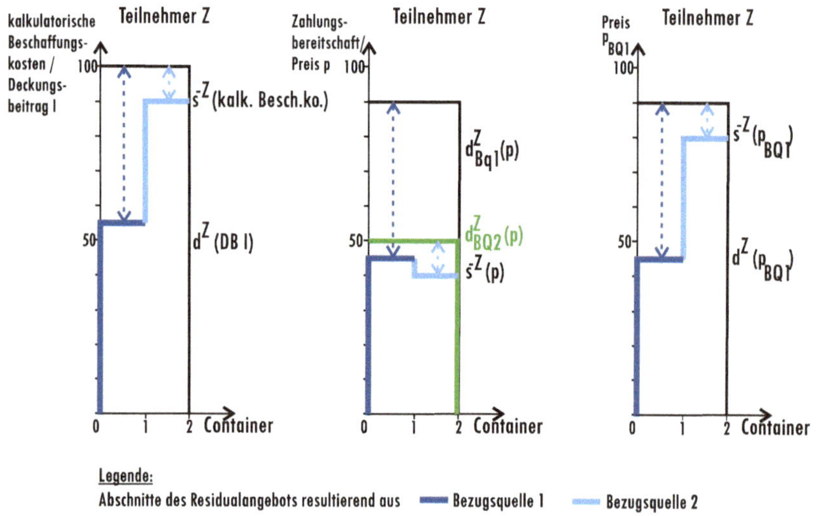

Abbildung 44: *Darstellung von Nachfrage und Residualangebot als Funktionen der kalkulatorischen Beschaffungskosten (links), als Funktionen des Preisniveaus der jeweiligen Bezugsquelle (Mitte) sowie als Funktionen des Preisniveaus von Bezugsquelle 1 (rechts)*

Im betrachteten Beispiel ist in den Bezugsquellen 1 und 2 je ein Container verfügbar. Mit der Beschaffung aus Bezugsquelle 1 sind Transportkosten in Höhe von 10 Geldeinheiten verbunden. Für die Beschaffung eines Containers aus Bezugsquelle 2 entstehen Transportkosten in Höhe von 50 Geldeinheiten. Das höchste Konkurrenzgebot für den Container in Bezugsquelle 1 beträgt 45 Geldeinheiten, das für den Container aus Bezugsquelle 2 nur 40 Geldeinheiten. Der erzielbare Deckungsbeitrag I beträgt - unabhängig von der gewählten Bezugsquelle - für die ersten beiden Container jeweils 100 Geldeinheiten.

Der linke Teil der Abbildung zeigt die Nachfrage des Teilnehmers als Funktion des erzielbaren Deckungsbeitrags I, also vor Abzug der mit der Bereitstellung der Container verbundenen Transport- bzw. Lagerkosten.
Im Gegensatz zu der bisher in der vorliegenden Arbeit gewählten Betrachtungsweise ist dementsprechend auch die Funktion des Residualangebots nicht in Abhängigkeit vom Preisniveau p, sondern zuzüglich der Transport- bzw. Lagerkosten, als Funktion der kalkulatorischen Beschaffungskosten dargestellt.
Das Residualangebot als Funktion der kalkulatorischen Beschaffungskosten ist eine monoton steigende Funktion, da zunächst auf die Bezugsquellen zurückgegriffen wird, die mit den geringsten kalkulatorischen Beschaffungskosten verbunden sind. Diese führen zu dem höchsten Erfolgsbeitrag als Differenz zwischen erzielbarem Deckungsbeitrag I und den kalkulatorischen Beschaffungskosten.

Die mittlere Darstellung zeigt die Nachfragefunktionen des Teilnehmers und die Funktion des Residualangebots in Abhängigkeit vom Preisniveau p der jeweiligen Bezugsquelle. Der Erfolgsbeitrag eines Containers ergibt sich als Differenz zwischen der maximalen Zahlungsbereitschaft (Deckungsbeitrag II) und dem zu zahlenden Preis. Da die Transportkosten der verschiedenen Bezugsquellen unterschiedlich hoch sind, ist es möglich, dass die kalkulatorischen Beschaffungskosten einer Bezugsquelle trotz eines höheren Preisniveaus niedriger als die einer anderen Bezugsquelle sein können. Die Funktion des Residualangebots in Abhängigkeit vom jeweiligen Preisniveau ist also nicht monoton steigend.
Werden die unterschiedlichen Preisniveaus der Bezugsquellen jedoch in der beschriebenen Weise in das Preisniveau einer Bezugsquelle umgerechnet und sowohl die Nachfrage als auch das Residualangebot als Funktion dieses Referenz-Preisniveaus dargestellt, bildet das Residualangebot eine monoton steigende Funktion, da die Transportkostenunterschiede zwischen verschiedenen Bezugs-

quellen im Referenz-Preisniveau berücksichtigt werden. Man erkennt, dass die drei Darstellungsweisen äquivalent sind und sich nur in der Berücksichtigung der Transport- und Lagerkosten unterscheiden. Jede Betrachtungsweise führt zur Wahl der Beschaffungsmöglichkeiten in der Reihenfolge abnehmender Vorteilhaftigkeit.

Wirkung einer Leasingoption auf die von den Konkurrenten zu zahlenden Preise

Bestehen Leasingoptionen als Beschaffungsmöglichkeiten, beschränken diese die maximale Zahlungsbereitschaft eines Teilnehmers für andere Bezugsquellen. Die maximale Zahlungsbereitschaft für die Container anderer Bezugsquellen ist dabei so hoch, dass deren kalkulatorische Beschaffungskosten genau so hoch sind, wie die bei Anmietung eines Leasingcontainers entstehenden Kosten. Als Folge ergibt sich, dass das Preisniveau der Bezugsquellen und damit die von den Konkurrenten zu zahlenden Preise von den mit der Leasingoption verbundenen Kosten beeinflusst werden. Dies ist auch richtig, da die Verwendung eines Teils der an der Bezugsquelle verfügbaren Container durch den betrachteten Teilnehmer von den Konkurrenten verdrängt wird. Der betrachtete Teilnehmer kann jedoch auf die Leasingoption zurückgreifen und deren Container einsetzen. Aus der Leasinggebühr abzüglich der Transportkosten bei Beschaffung aus der Bezugsquelle ergeben sich die Opportunitätskosten. Diese stellen die Verbindung zwischen der Leasingoption und den von den Konkurrenten für einen Teil der Container der Bezugsquelle zu zahlenden Preisen her.
Die Zusammenhänge werden am folgenden Beispiel III illustriert.

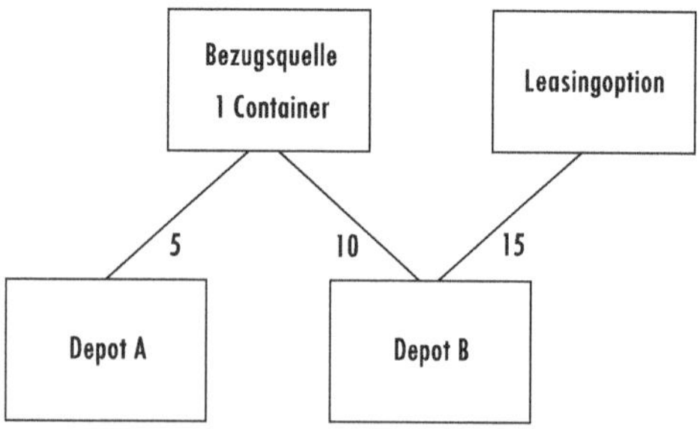

Abbildung 45: *Transportverbindungen und -kosten in Beispiel III*

Sowohl Teilnehmer A als auch Teilnehmer B benötigen jeweils nur einen Container. Der erzielbare Deckungsbeitrag I von Teilnehmer A beträgt 100 Geldeinheiten, der von Teilnehmer B 120 Geldeinheiten. In der Bezugsquelle ist ein Container verfügbar. Die Bewertungen der Verbindungslinien geben die Transportkosten an. Für Teilnehmer B besteht neben der Bezugsquelle die Möglichkeit, Container aus einer Leasingoption zu beziehen. Es ergibt sich die in Abbildung 46 dargestellt Allokation.

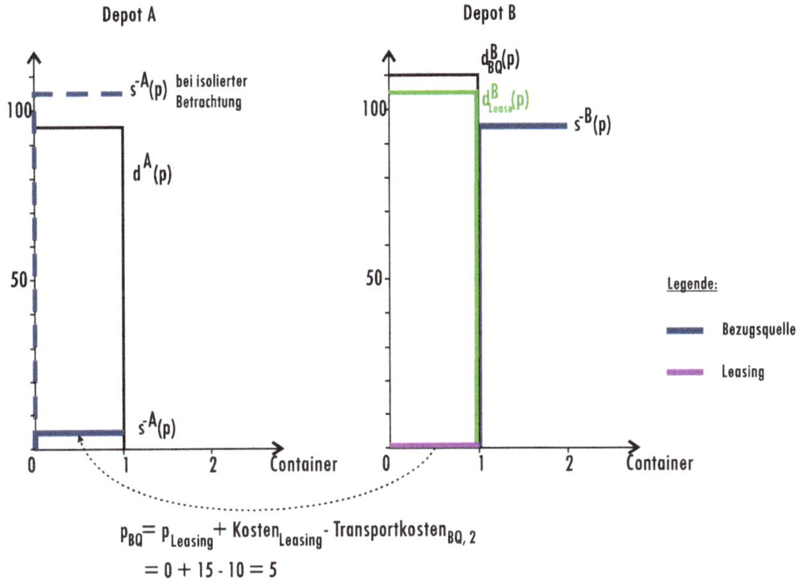

Abbildung 46: *Allokation und Preisbestimmung für Beispiel III*

Teilnehmer A erhält den verfügbaren Container der Bezugsquelle zu einem Preis von 5 Geldeinheiten. Ohne die Leasingoption wäre dazu ein Preisniveau in Höhe von 110 Geldeinheiten notwendig. Übersteigt der Preis für den Container der Bezugsquelle 5 Geldeinheiten, wird die Nutzung der Leasingoption für Teilnehmer B relativ vorteilhaft. Er wählt die Leasingoption und reduziert seine Nachfrage. Der entsprechende Abschnitt der Funktion des Residualangebots für Teilnehmer B kann auf die angegebene Weise in das entsprechende Preisniveau für die Bezugsquelle umgerechnet und der Funktion des Residualangebots für Teilnehmer A hinzugefügt werden.

zum Zeitpunkt t um eine Verwendungsmöglichkeit des Containers, die mit den übrigen, alternativen Einsatzmöglichkeiten zu konkurrieren hat.
Neben dem Bezug eigener Container aus Lagerbeständen der Depots können noch weitere Beschaffungsmöglichkeiten, beispielsweise durch das Anmieten von Leasingcontainern oder die Verwendung von Containern eines Partnerunternehmens, genutzt werden.
Die Allokation erfolgt mit Hilfe der im vorhergehenden Kapitel beschriebenen, modifizierten Vickrey-Auktion zur simultanen Zuteilung mehrerer Objekte.

Die Depots mit künftigen Verwendungsmöglichkeiten nehmen an allen Allokationsprozessen der verfügbaren Container ihrer potentiellen Bezugsquellen teil. Die Auktionsteilnehmer besitzen individuelle Containernachfragefunktionen, die sich aus den Erlösen der sich bietenden Verwendungsmöglichkeiten ergeben. Der Wert eines zusätzlichen Containers entspricht dem erzielbaren Deckungsbeitrag I der besten verbleibenden Verwendungsmöglichkeit und ist somit davon abhängig, wie viele Container bereits in einem Depot verfügbar sein werden. Solange der durch seinen Einsatz erzielbare Deckungsbeitrag I eines zusätzlichen Containers über den mit seiner Beschaffung verbundenen kalkulatorischen Beschaffungskosten liegt, ist die Beschaffung des Containers insgesamt für das Depot vorteilhaft, da ein positiver Erfolgsbeitrag erzielt wird. Werden die bestehenden Interdependenzen als Opportunitätskosten bei der Entscheidungsfindung berücksichtigt, ist die entsprechende Verwendung auch aus Gesamtunternehmenssicht optimal.

Die kalkulatorischen Beschaffungskosten ergeben sich als Summe der mit dem Bezug des Containers verbundenen Transport-/Lagerkosten und der durch die Beschaffung des Containers verursachten Opportunitätskosten. Durch Abzug der mit der Beschaffung des Containers aus einer bestimmten Bezugsquelle verbundenen Transport-/Lagerkosten vom Deckungsbeitrag I dieses Containers erhält man den erzielbaren Deckungsbeitrag II. Ist dieser höher als alle anderen bei alternativer Nutzung durch andere Depots zu erzielende Deckungsbeiträge II, ist der Einsatz dieses Containers für die betrachtete Verwendung relativ vorteilhaft. Der höchste, bei alternativem Einsatz des Containers zu erzielende Deckungsbeitragszuwachs[106] stellt die Opportunitätskosten dar.

---

[106] Die *Zunahme* des Deckungsbeitrags II eines anderen Teilnehmers ist die entscheidungsrelevante Größe, da nicht zwangsläufig dessen kompletter Deckungsbeitrag II verdrängt wird, sondern der Teilnehmer in der Regel auf Beschaffungsmöglichkeiten mit höheren Transport-

Erhält ein Teilnehmer einen Zuschlag, reduziert sich seine Nachfrage um die gewonnene Einheit. Seine beste bisher bestehende Verwendungsoption kann bedient werden. Ein zusätzlicher Container kann daher nur für die beste verbleibende Verwendung eingesetzt werden, deren Deckungsbeitrag I nicht höher sein kann als der, der zuvor bedienbar gewordenen. Somit sinkt auch die Zahlungsbereitschaft des Depots für einen weiteren Container tendenziell.

Ein Teilnehmer erhält die Anzahl an Einheiten einer Bezugsquelle, für die seine Zahlungsbereitschaften die der Konkurrenten soweit übersteigen, dass ausreichend viele Konkurrenzgebote verdrängt wurden und somit die Nachfrage der Konkurrenten um die entsprechenden Einheiten geringer als das Containerangebot dieser Bezugsquelle ist. Für jede erhaltene Einheit zahlt der Teilnehmer einen Betrag in Höhe des Preisniveaus, welches die Nachfrage der Konkurrenten um die jeweilige Einheit sinken ließ. Dessen Höhe entspricht dem zusätzlich erzielten Erfolgsbeitrag des Konkurrenten, der bei Nicht-Teilnahme des Teilnehmers den Container erhalten hätte. Sobald der durch die Verwendung eines zusätzlichen Containers einer Bezugsquelle erzielbare Deckungsbeitrag II niedriger ist, als der für die Erlangung dieses Containers zu zahlende Preis, erhält ein Depot keine (weiteren) Container aus dieser potentiellen Bezugsquelle. Die Zahlungsbereitschaft mindestens eines Konkurrenten muss höher als die des Teilnehmers sein. Der durch anderweitige Verwendung des Containers zu erzielende Deckungsbeitrag II übersteigt den des betrachteten Teilnehmers.

Die maximale Zahlungsbereitschaft eines Teilnehmers entspricht der Zunahme des Deckungsbeitrags II bei Nutzung dieser Option im Vergleich zur besten Alternative. Der vom Interessenten, der den Container erhält, zu zahlende Preis entspricht dem durch seine Teilnahme verdrängten Nutzen der übrigen Interessenten und stellt daher eine Vickrey-Zahlung dar.

Da bei der Ermittlung der Zuteilung der Container sowohl Transport-/Lagerkosten als auch Opportunitätskosten in Form der Zahlungsbereitschaften der Konkurrenten berücksichtigt werden, wird die effiziente Allokation erzielt. Zwischen den Entscheidungen der einzelnen Akteure bestehende Interdependenzen innerhalb des Systems werden durch die Ausgestaltung des Mechanismus bei

kosten zurückgreifen und die Verwendungsoption bedient werden kann, jedoch ein geringerer Deckungsbeitrag II erzielt wird.

der Ermittlung der optimalen Zuordnung der verfügbaren Container auf die sich bietenden Verwendungsmöglichkeiten beachtet. Von besonderer Bedeutung ist hierbei die Funktion des Residualangebots in der entwickelten Form, die ebenfalls die Beschaffungsmöglichkeiten der Konkurrenten im Allokationsprozess und bei der Festlegung der zu zahlenden Preise berücksichtigt.
Die einem Depot zugeordneten Container stammen aus den Beschaffungsmöglichkeiten mit den aus Gesamtunternehmenssicht geringsten kalkulatorischen Beschaffungskosten. Auf diese Weise wird jeder einzelne, verfügbare Container seiner vorteilhaftesten Verwendung im System zugeordnet, da alle übrigen um diese Einheit konkurrierenden Depots einen geringeren Deckungsbeitragszuwachs durch Nutzung dieses Containers erzielen und somit über eine geringere Zahlungsbereitschaft als das Depot, dem der Container zugeteilt wird, verfügen. So werden die aktuell verfügbaren Container den aus Sicht des Gesamtsystems besten Verwendungen zugeordnet und so die - basierend auf dem derzeitigen Informationsstand - effiziente Allokation erzielt.

Für Beschaffungsalternativen, wie beispielsweise die Anmietung von Leasingcontainern oder Containern einer Partnerreederei, ist keine Abgabe von Geboten nötig, da für ihre Inanspruchnahme ein fester Kostenbetrag zu entrichten ist. Sind die mit der Beschaffung dieser Container verbundenen Kosten geringer als die kalkulatorischen Beschaffungskosten der Container aus eigenen Bezugsquellen, so wird zielsetzungskonform zunächst auf diese günstigere Beschaffungsmöglichkeit zurückgegriffen, bevor die übrigen Bezugsquellen in Anspruch genommen werden. Die mit der Beschaffung von Containern aus alternativen Bereitstellungsmöglichkeiten verbundenen Kosten begrenzen daher die Zahlungsbereitschaft für Container aus anderen Bezugsquellen.

Durch die dem System inhärente Dynamik und Unsicherheit besteht immer die Möglichkeit, dass zu einem späteren Zeitpunkt günstigere als die bereits gewählten Beschaffungsmöglichkeiten auftreten. Dies ist in der Datenbeschaffenheit des Problems begründet und somit unvermeidlich.
Eine Optimierung ist daher das Treffen der besten Entscheidungen auf Basis der aktuellen Datengrundlagen.
Werden neue Informationen über Beschaffungsmöglichkeiten und Verwendungen verfügbar, kann sich die zuvor getroffene Entscheidung als nicht optimal und die angestrebte oder erzielte Allokation als nicht effizient herausstellen.

Diese Problematik kann auch der vorgeschlagene Mechanismus nicht lösen. Allerdings ermöglicht der dargestellte Ansatz die sofortige Berücksichtigung neuer Bezugsquellen und Verwendungsmöglichkeiten ab dem Zeitpunkt ihres Bekanntwerdens in dem Allokationsprozess.

Bestehen Erwartungen über künftig auftretende, alternative Beschaffungsmöglichkeiten, so kann die aktuelle Zahlungsbereitschaft zum derzeitigen Zeitpunkt dahin gehend angepasst werden. Da allerdings nicht davon ausgegangen werden kann, ob noch unsichere, künftige Beschaffungsmöglichkeiten wirklich verfügbar sein werden, wie hoch deren Containerangebot sein wird und wie hoch die Gebote der konkurrierenden Teilnehmer und damit der zu zahlende Preis sein werden, muss die Quantifizierung dieser Optionen dem Einzelfall überlassen bleiben.

3.8.2 Bestimmung der relevanten Bezugsquellen

Zur Festlegung der relevanten Bezugsquellen der Depots mit künftigen Verwendungen ist zu klären, ob eine Aggregation des Allokationsprozesses möglich bzw. sinnvoll ist. Zu untersuchen sind:

- die Aggregation über die räumliche (und damit auch zeitliche) Dimension
- die Aggregation allein über die zeitliche Dimension

Aggregation über die räumliche Dimension

Besteht zu einem mehrere Perioden in der Zukunft liegenden Zeitpunkt ein Containerbedarf, der schon zum aktuellen Zeitpunkt bekannt ist, ist zu klären, ob zu dessen Bedienung direkt auf aktuelle Bezugsquellen zurückgegriffen werden und so eine zeitliche als auch räumliche Aggregation von Transport- und Entscheidungsstufen erfolgen sollte. Dazu sei das Beispiel der folgenden Abbildung betrachtet.

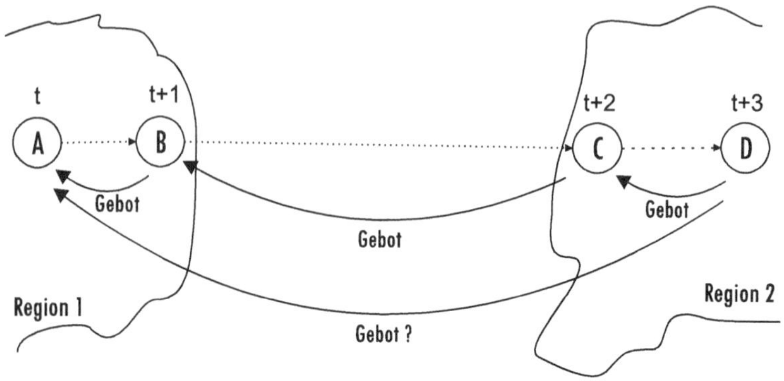

Abbildung 48: *Räumliche Aggregation der Nachfrage*

Zur Vereinfachung und Abkürzung des Bietprozesses im darstellten Beispiel wäre es denkbar, dass Depot D auch direkt für den in Depot A verfügbaren Container bietet, anstatt sukzessive Auktionen zur Allokation des Containers von Depot A über B und C an D zu nutzen.

Dabei ist zu beachten, dass für Depot C zum Zeitpunkt $t + 2$ sowie für Depot B zum Zeitpunkt $t + 1$ sowohl Bezugs- als auch Verwendungsalternativen bestehen werden. Diese sollten zum jeweiligen Zeitpunkt bei der Entscheidung, wie der Container eingesetzt werden sollte, berücksichtigt werden, da nur so der jeweils optimale Einsatz der verfügbaren Container gewährleistet werden kann.

Die im Depot D zum Zeitpunkt $t + 3$ bestehende Einsatzmöglichkeit wird auch bei diesem sukzessiven Vorgehen berücksichtigt. Sie schlägt sich als *Bewegung zu Depot D* in den Verwendungsalternativen von Depot C nieder. Der mit dieser Verwendungsalternative verbundene Erfolgsbeitrag ergibt sich aus den direkten Kosten und Erlösen der Bewegung des Containers von C nach D und der Bereitstellung und Einsatzmöglichkeit dieses Containers an Ort D. Die Verfügbarkeit des Containers in Depot D wird so im Zustandswert des Containers in Depot C zum Zeitpunkt $t+2$ berücksichtigt. Hierauf baut die Planung in Depot B auf, welches unter den entsprechenden Erwägungen über die Bewegung des Containers zu Depot C entscheidet. Dies beeinflusst die Beurteilung der Vorteilhaftigkeit der Containerbewegung von Depot A zu Depot B. Der durch die Verwendung des Containers in Depot D erzielbare Erfolgsbeitrag findet seine Berücksichtigung in dem künftig erwarteten Nutzen eines zusätzlichen Containers in Depot C und

somit in Depot B und wird über diese Stufen bei der Verwendungsentscheidung des Containers in Depot A berücksichtigt.
Eine zusätzliche, separate Berücksichtigung eines direkten Gebots von Depot D für den Container aus Bezugsquelle A ist nur dann sinnvoll, wenn neben dem Transportweg über B und C auch eine direkte Transportverbindung von A zu D besteht und sich somit auf diesem Weg keine weiteren Entscheidungs- und Handlungsmöglichkeiten ergeben.

Aggregation über die zeitliche Dimension

Den Ausführungen zur Klärung der Frage, ob ein Zusammenfassen von Entscheidungsstufen über die zeitliche Dimension vom Mechanismus berücksichtigt werden kann bzw. sollte, sei die folgende Abbildung vorangestellt.

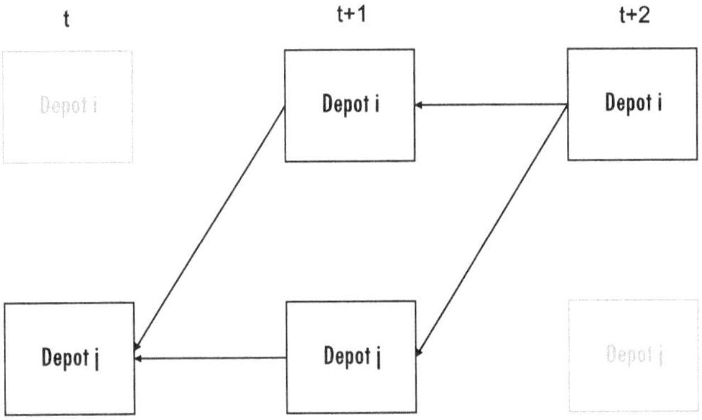

Abbildung 49: *Aggregation der Nachfrage über die zeitliche Dimension*

Depot j stellt eine potentielle Bezugsquelle für Depot i dar. In Depot i wird zum Zeitpunkt $t+2$ ein Container benötigt. Die Transportdauer zwischen i und j beträgt eine Zeiteinheit. Es bestehen Transportverbindungen sowohl zwischen $[(j,t);(i,t+1)]$ als auch $[(j,t+1);(i,t+2)]$. Depot i könnte daran interessiert sein, frühzeitig die Containerversorgung für Zeitpunkt $t+2$ sicherzustellen und dazu bereits an der Auktion in Depot j zum Zeitpunkt t teilzunehmen.
Daher ist zu klären, ob dies möglich bzw. sinnvoll ist, und wie der Mechanismus dies berücksichtigen würde. Falls dies möglich ist, schließt sich daran die Frage

an, wie die Menge der potentiellen Bezugsquellen zeitlich zu beschränken ist bzw. durch die Problemstruktur beschränkt ist. Andernfalls würde der Umfang der Beziehungen im System um ein Vielfaches zunehmen, da grundsätzlich jeder auch weiter in der Zukunft liegende Knoten als Teilnehmer an den aktuellen Auktionen auftreten könnte. Dies würde einerseits die Zahl der Auktionsteilnehmer und andererseits die Zahl der potentiellen Bezugsquellen durch die Möglichkeit des Bezugs von verschiedenen zeitlichen Ebenen eines Depots stark erhöhen.

Die Vergabe der zum Zeitpunkt $t+1$ in Depot j verfügbaren und zum Zeitpunkt $t+2$ Depot i erreichenden Container findet nicht in der aktuellen, sondern in der folgenden Periode statt. Vorziehen lässt sich diese Auktion nicht, da zum aktuellen Zeitpunkt nicht davon ausgegangen werden kann, dass bereits alle entscheidungsrelevanten Informationen zur Verfügung stehen. Dies betrifft einerseits die Bedarfe der übrigen Interessenten und so die mit Depot i konkurrierende Nachfrage, sowie andererseits die Zahl der Container, die in Depot j zum Zeitpunkt $t+1$ verfügbar sein wird. Im Verlauf dieser Periode werden auch für Depot i neue Informationen über die Einsatzmöglichkeiten und die Zahl der Container, über die das Depot zum Zeitpunkt $t+2$ verfügen kann, bekannt. Auch die mit der Beschaffung von Containern aus den alternativen Bezugsquellen verbundenen Kosten werden teilweise erst im Verlauf dieser Periode bekannt.

Die zeitliche Aggregation von Entscheidungsstufen ist daher mit einer Reihe von Schwierigkeiten verbunden. Deren Lösung lässt sich aber bereits aus Abbildung 49 erkennen. Im Rahmen des beschriebenen Mechanismus hat Depot i gar keine Möglichkeit direkt ein Gebot zur Bedienung des Bedarfs zum Zeitpunkt $t+2$ abzugeben. Dies ist auch nicht notwendig. Die zu diesem Zeitpunkt bestehende Verwendung schlägt sich mit ihrem Erlös in den Planungen der Depots i und j zum Zeitpunkt $t+1$ nieder, indem sie den erwarteten Nutzen eines zusätzlich verfügbaren Containers erhöht. Die Depots i und j sind mit ihren Bedarfen zum Zeitpunkt $t+1$ die Depots, welche am Auktionsprozess von Depot j zum Zeitpunkt t teilnehmen können, nicht jedoch Depot i mit dem Bedarf zum Zeitpunkt $t+2$. Zur Bedienung dieser Nachfrage sind nur die Wege über die beiden Depots zum Zeitpunkt $t+1$ möglich. Einerseits mit dem sofortigen Transport zu Depot i und der dort anschließenden Lagerhaltung für eine Periode, andererseits mit der Lagerhaltung für eine Periode in Depot j und dem anschließenden Transport zu Depot i während der Periode $[t+1, t+2]$.

Diese Entscheidung für die Periode $[t+1, t+2]$ ist jedoch noch nicht festzulegen, da zum Zeitpunkt $t+1$ sowohl in Depot i als auch in Depot j weitere Verwendungsmöglichkeiten aufgetreten sein können, deren Nutzung möglicherweise vorteilhafter ist als die Bewegung des Containers zu Depot i. Erst zum Zeitpunkt $t+1$ werden die entsprechenden Auktionen durchgeführt.

Vorausgesetzt, die Lieferung des Containers an Depot i bleibt auch zum Zeitpunkt $t+1$ eine relativ vorteilhafte Entscheidung, würde durch die beschriebene Vorgehensweise auch der kostengünstigere und damit vorteilhaftere Transportweg des Containers von Depot j zum Zeitpunkt t bis zu Depot i zum Zeitpunkt $t+2$ gewählt werden. Eine direkte Teilnahme von Depot i zur Bedienung des Bedarfs zum Zeitpunkt $t+2$ an der Allokation der in Depot j zum Zeitpunkt t verfügbaren Container sollte nur erfolgen, falls eine direkte Transportwegverbindung zwischen den beiden Knoten besteht.
Beispielsweise könnten die bisher betrachteten Transportwegverbindungen den Transport zwischen den Orten per Lkw darstellen. Daneben könnte noch ein weiterer Transportweg zwischen den Knoten (j,t) und $(i,t+2)$ mit höherer Transportdauer von zwei Perioden, z.B. per Eisenbahn, bestehen.

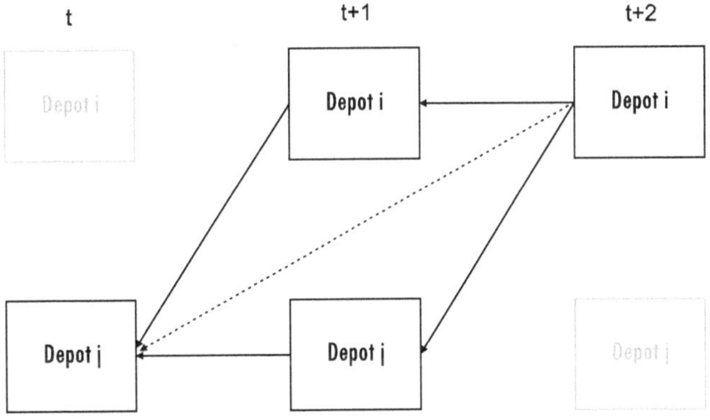

Abbildung 50: *Erweiterung des Beispiels um direkte Transportverbindung zwischen den Knoten (j, t) und (i, t+2)*

Aus den dargestellten Überlegungen ergibt sich ein weiteres Problem. Sobald eine der dargestellten Optionen den Zuschlag für einen Container aufgrund der in

Knoten $(i, t+2)$ bestehenden Verwendung erhält, sollte versucht werden, den mit dieser Verwendung verbundenen Erfolgsbeitrag aus den Bewertungen eines zusätzlichen Containers der übrigen Knoten herauszurechnen. Die Bedienung dieser Verwendung ist nun in der Planung berücksichtigt und die anderen Depots sollten keine Beschaffung aufgrund dieser Option durchführen. Doppelerfassungen des entsprechenden Erfolgsbeitrags sind zu vermeiden. Zur Verdeutlichung der andernfalls entstehenden Fehlentscheidungen sei das folgende Extrembeispiel betrachtet.
Am Knoten $(i, t+2)$ besteht nur die Einsatzmöglichkeit für einen Container, die allerdings mit einem sehr hohen Erlös in Höhe von 3.000 Geldeinheiten verbunden ist. An den Knoten $(i, t+1)$ und $(j, t+1)$ bestehen keine weiteren Verwendungsmöglichkeiten, sodass sich deren Nutzen eines Containers lediglich aus dem Erlös bei Lieferung des Containers an Knoten $(i, t+2)$ ergibt. Die Transport- und Lagerkosten sind im Verhältnis zu dem zu erzielbaren Erlös als gering anzusehen. Dies könnte dazu führen, dass an Knoten (j, t) jede der drei in Abbildung 50 dargestellten Verwendungsmöglichkeiten als relativ vorteilhaft eingestuft wird und ihnen daher jeweils ein Container zugeteilt wird.
Die Folge davon wäre, dass zur Bedienung der betrachteten Option an Knoten $(i, t+2)$ drei Container berücksichtigt werden. Benötigt wird jedoch nur ein Container. Für die übrigen zwei Container bestehen keinerlei vorteilhafte Verwendungsmöglichkeiten. Die Zuordnung dieser beiden Container an Knoten (j, t) zu anderen Verwendungsmöglichkeiten wäre vorteilhafter gewesen.

Der Mechanismus hätte also zu einer ineffizienten Fehlallokation eines Teils der Container geführt. Dieser Fall könnte selbst dann auftreten, wenn der Erlös der Option an Knoten $(i, t+2)$ nicht vollständig in die Bewertung eines zusätzlichen Containers an den Knoten $(i, t+1)$ bzw. $(j, t+1)$ einbezogen, sondern die Bedienung der Option über andere Wege berücksichtigt wird. Beispielsweise könnte die Erfolgswahrscheinlichkeit für die Bedienung über einen speziellen Weg mit 1/3 angenommen und der erzielbare Erlös hiermit multipliziert werden. Der resultierende Erwartungswert ist mit 1.000 Geldeinheiten für jeden Transportweg allerdings immer noch sehr hoch, sodass auch dies in der beschriebenen Weise zu Fehlallokationen führen kann.
Sobald die Bedienung der Option über einen Knoten berücksichtigt wurde, ist daher die Löschung der entsprechenden Option aus den Nachfragefunktionen der übrigen Knoten notwendig.

Wie stark der beschriebene Effekt ist, hängt von der Zahl der bestehenden Verwendungsalternativen in einem Knoten und der Ähnlichkeit der mit ihnen verbundenen Erlöse ab.
Ein grundsätzliches Problem ist die Frage, an welchem Punkt der Funktion des erwarteten Nutzens man sich befindet, da noch unbekannt ist, wie hoch die künftige Containerversorgung sein wird.

Der beschriebene Effekt ergibt sich nur bei der Planung über zwei oder mehr Stufen, wenn die Nachfragereduzierung auf einer nachgelagerten Stufe nicht ebenfalls bei den durch sie beeinflussten vorgelagerten Nachfragefunktionen durchgeführt wird. Die folgende Abbildung verdeutlicht diesen Zusammenhang.

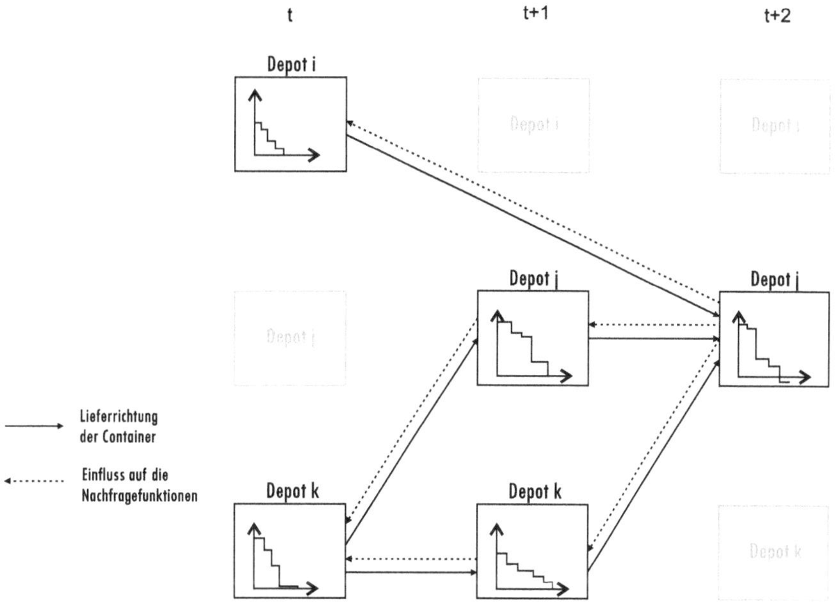

Abbildung 51: *Sukzessiver Aufbau der Nachfragefunktionen*

Wo es möglich ist und ein bestimmter Bedarf einer nachgelagerten Stufe durch eine Entscheidung auf einer vorgelagerten versorgt wird, sollte der mit der Bedienung dieses Bedarfs verbundene Erlös in den Nachfragefunktionen der übrigen potentiellen Versorgungswege nicht weiter berücksichtigt werden.

Dies beinhaltet auch die auf S. 33 beschriebene Möglichkeit, mit den auf dem Containerschiff geladenen Leercontainern anders als zuvor geplant zu verfahren und sie, je nach aktueller Bedarfs- und Verwendungslage, in einem anderen als dem bisher beabsichtigten Hafen zu löschen.

3.9.2 Zusammenfassung einzelner Container zu Gruppen

Einige Regionen und Transportrouten sind durch ein sehr hohes Containeraufkommen gekennzeichnet. Liegt ein solcher Fall vor, wäre es denkbar, den Allokationsprozess in der Weise zu verkürzen, indem nicht über die Allokation jedes einzelnen Containers entschieden wird, sondern über Bündel von mehreren Containern. Wie groß diese Bündel sein könnten oder sollten, hängt von den jeweiligen Gegebenheiten ab und kann nicht generell festgelegt werden.
Von Bedeutung ist dabei vor allem, wie groß die Containerangebots- und -nachfragemengen in dem betrachteten Gebiet sind und wie heterogen der Nutzen zusätzlich verfügbarer Container ist, d.h. wie sensibel die Nachfragefunktion hinsichtlich verfügbarer Container ist. Sind auch größere Containermengen verfügbar bzw. werden größere Containermengen benötigt und sind die durch ihren Einsatz erwarteten Erfolgsbeiträge ähnlich hoch, bietet sich die Allokation von Containerbündeln an. Dies würde den Umfang des Allokationsprozesses stark reduzieren und so die Praxistauglichkeit erhöhen. Dabei gilt zu bedenken, dass dieses gröbere Vorgehen dazu führen kann, dass nicht die optimale Lösung, sondern nur eine Näherung erreicht wird. Daher sind die oben genannten Bedingungen zu beachten, um den Optimalitätsverlust zu begrenzen.

3.9.3 Container als Bieter

Bisher wurde davon ausgegangen, dass Ladungen und weitere Verwendungsmöglichkeiten um verfügbare Container konkurrieren und die verfügbaren Container auf diese Weise den besten Verwendungen zuzuordnen sind. Es wäre allerdings auch der entgegengesetzte Fall denkbar, dass jeder verfügbare Container als Bieter der für ihn bestehenden Verwendungsoptionen auftritt. Dies wird im Folgenden untersucht.

Jede sich bietende Option stellt für den Container das Erreichen eines nachgelagerten Knotens innerhalb des Transportnetzwerks dar. Dies geschieht durch

Ladungstransport, Leerbewegung, Lagerhaltung, Verkauf, Vermietung etc. als Verwendungsoptionen, die von dem Knoten, an dem sich der Container derzeit befindet, ausgehen. Dabei muss jeder Container eine Verwendung zugeteilt bekommen, da er nicht am derzeitigen Knoten verbleiben kann, sondern zumindest durch Lagerung an den entsprechenden Knoten des Depots zum nachfolgenden Zeitpunkt bewegt oder aber durch Vermietung, Verkauf, Verschrottung u.ä. das System verlassen muss. Jeder Container versucht die mit seinem Einsatz zu erzielenden Erfolgsbeiträge zu maximieren. Dies entspricht auch der aus Gesamtunternehmenssicht effizienten Nutzung der Containerflotte, da die verfügbaren Container den besten Verwendungen zugeführt werden.

Sofern sich Container derzeit an unterschiedlichen Knoten des Systems befinden, weisen sie unterschiedliche Zahlungsbereitschaften für eine Option auf, da sich die Kosten für das Erreichen eines Knotens, an dem beispielsweise künftig eine Ladung zu transportieren und daher ein bestimmter Erfolgsbeitrag zu erwarten ist, unterscheiden. Befinden sich Container hingegen an demselben Knoten des Systems, weisen sie dieselbe Zahlungsbereitschaft bezüglich der für sie bestehenden Optionen auf.
Daraus folgt, dass alle verfügbaren Container gleichen Typs des Depots aus entscheidungstheoretischer Sicht identisch sind. Keiner dieser Container ist gegenüber einem anderen, identischen Container desselben Depots für eine der sich bietenden Verwendungsoptionen zu bevorzugen. Somit kann das Depot selbst, als Gesamtheit der verfügbaren Container, als Bieter auftreten. Dies entspricht der in der vorliegenden Arbeit beschriebenen Situation mit getauschten Rollen von Anbietern und Interessenten, wie das folgende Beispiel verdeutlicht.

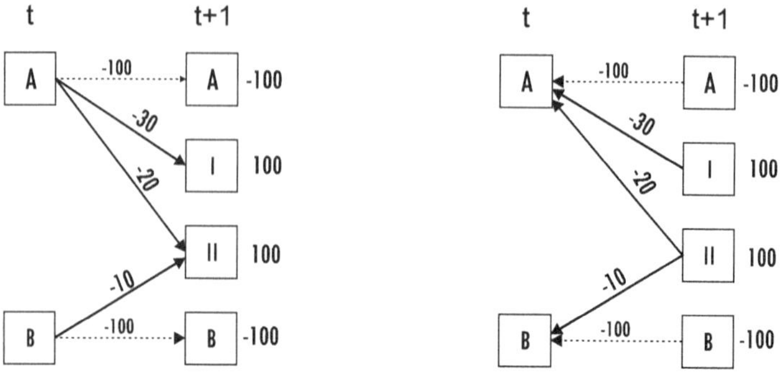

Abbildung 52: *Vergleich der beiden Konstellationen von Anbietern und Interessenten des Prozesses*

In den Depots A und B ist jeweils ein Container verfügbar. In den Depots I und II kann jeweils ein Container verwendet werden. Weitere Verwendungen, wie beispielsweise auch die Lagerhaltung der Container in den Depots A und B, werden aus Gründen der Übersichtlichkeit nicht in die Betrachtung mit einbezogen. Für diese Möglichkeiten wird angenommen, dass sie wesentlich unvorteilhafter als die dargestellten sind und daher nur in Ausnahmefällen gewählt würden. Die Pfeilbewertungen stellen die mit der Bewegung eines Containers verbundenen Kosten dar. Die Pfeilrichtung gibt die Richtung der Gebotsabgabe an.

Im linken Teil der Abbildung stellen die Depots mit verfügbaren Containern A und B die Interessenten dar, die um die bestehenden Verwendungen konkurrieren. Depot A bietet für die Verwendung des Containers in Depot II grundsätzlich 10 Geldeinheiten mehr als für die Verwendung des Containers in Depot I, da dieser Betrag der Differenz der Vorteilhaftigkeiten beider Optionen entspricht. Beide Depots konkurrieren um die Verwendung des Containers in Depot II. Infolgedessen beginnt dort der Preis für diese Option zu steigen. Erreicht der Preis 10 Geldeinheiten, sind für Depot A nun beide Verwendungsalternativen gleich vorteilhaft. Während für Alternative I allerdings mangels Konkurrenz sofort ein Zuschlag erzielt wird, ist dies für Option II noch nicht der Fall. Der Preis für letztere müsste also weiter steigen. Dadurch ist Option I für Depot A nun vorteilhafter als Option II, sodass Option I gewählt und aus dem Bietprozess für Option II ausgestiegen wird. Folglich erhält Depot B nun den Zuschlag für Option II zum Preis von $10+\epsilon$ Geldeinheiten.

Im rechten Teil der Abbildung treten die Depots I und II als konkurrierende Bieter um den verfügbaren Container in Depot A auf. Der Container von Depot B kann nur von Depot II bezogen werden. Da diese Option für Depot II aufgrund der geringeren Transportkosten vorteilhafter ist als der Bezug aus Bezugsquelle A, erhält Depot II mangels Konkurrenz sofort den Zuschlag zum Preis von 0 Geldeinheiten und reduziert seine Nachfrage dementsprechend. Hierdurch erhält Depot I den Zuschlag für den in Bezugsquelle A verfügbaren Container, ebenfalls zum Preis von 0 Geldeinheiten.

Beide Vorgehensweisen erzielen dieselbe Allokation, unterscheiden sich jedoch bei den Zahlungen. Dies ist richtig, da im linken Beispiel Depot 2 zunächst das um Option II konkurrierende Depot 1 verdrängen muss. Im rechten Beispiel ist dies nicht der Fall. Dies resultiert aus der Tatsache, dass dort die vorteilhafteste Möglichkeit (Zuordnung II B) isoliert ist, d.h. dort keinerlei Konkurrenz besteht und der Interessent daher sofort den Zuschlag erhält. Im linken Beispiel hingegen muss diese Zuordnungsmöglichkeit zunächst mit der anderen (A II) konkurrieren. Mehrere eingehende Pfeile bedeuten dabei Konkurrenz, mehrere ausgehende Pfeile Wahlmöglichkeiten. Somit wählt im rechten Beispiel Depot II die günstigere Option, während im linken Beispiel A und B um diese Option konkurrieren. Aus Gesamtunternehmenssicht ist jedoch nur das Erzielen einer effizienten Allokation von Bedeutung, da die Ausgleichszahlungen nur innerbetriebliche Steuerungsaufgaben, aber keine Erfolgswirkung haben.

Vorteilhafte, isolierte Zuordnungsmöglichkeiten wirken gemäß der obigen Ausführungen vereinfachend auf das Allokationsverfahren, da Zuschläge sofort erteilt und keine Ausgleichszahlungen zu ermitteln sind. Es wäre daher bei der Anwendung des Mechanismus günstig, möglichst viele derartig isolierte, vorteilhafte Optionen vorzufinden.

Treten die Depots mit verfügbaren Containern als Bieter für die sich bietenden Verwendungsoptionen auf, ist das Bestehen isolierter, konkurrenzfreier Verwendungen kaum zu erwarten, da in der Regel mehrere Container zum Bedienen einer Option in Betracht kommen. Wenig Konkurrenz könnte bei der Lagerhaltung von Containern auftreten, es ist jedoch nicht zu erwarten, dass diese Alternative sehr vorteilhaft ist.

Für den in der bisherigen Arbeit beschriebenen Fall, dass die Depots mit Verwendungsoptionen als Interessenten für die verfügbaren Container auftreten, ist das Bestehen konkurrenzfreier Beschaffungsmöglichkeiten wesentlich öfter zu erwarten. Beispielsweise wäre dies bei bestehenden Leasingoptionen der Fall, da in der Regel nicht mehrere Depots auf dieselbe Leasingoption zurückgreifen.

Die Möglichkeit Container anzumieten könnte bei der alternativen Betrachtungsweise der Problematik (Abbildung 52 links) wesentlich schwieriger berücksichtigt werden, da die Depots mit verfügbaren Containern als Bieter und somit als Konkurrenten zu den Leasingoptionen auftreten. Die Leasingoptionen wären demnach ebenfalls als Bieter im Modell zu berücksichtigen.

Die Variation des Mechanismus, dass verfügbare Container bzw. Depots mit verfügbaren Containern als Bieter für Verwendungsoptionen auftreten und nicht umgekehrt, ist zwar möglich, erscheint aber wenig praktikabel.

3.10 Umsetzung als Multiagentensystem

Zur Implementierung des beschriebenen Mechanismus bietet sich die Verwendung von Multiagentensystemen an.

Der Einsatz von Multiagentensystemen ist von Vorteil, wenn eigenständiges Handeln der beteiligten Akteure erforderlich ist, da Informationen und Fachkenntnisse im System verteilt sind, eine zentrale Steuerung nicht möglich oder ungeeignet ist und die Ziele der einzelnen Teilnehmer miteinander in Wettbewerb stehen.

WOOLRIDGE (2005) definiert Multiagentensysteme wie folgt.

> „A multiagent system is one that consists of a number of agents, which interact with one-another.
> In the most general case, agents will acting on behalf of users with different goals and motivations. To successfully interact, they will require the ability to cooperate, coordinate and negotiate with each other, much as people do.“

Ein Multiagentensystem besteht aus Software-Agenten. Software-Agenten sind Computerprogramme, die zu bestimmtem, autonomem Verhalten fähig sind. Im Gegensatz zu Software-Objekten verfügen Software-Agenten über die Fähigkeit eigenständig zu handeln und zu entscheiden, ob sie eine Aktion durchführen oder nicht.

Multiagentensysteme stellen somit einen Forschungsbereich der verteilten Künstlichen Intelligenz (VKI) dar.[107]

Es gibt verschiedene Agententypen. Diese unterscheiden sich hinsichtlich der Eigenschaften der Agenten, die deren Fähigkeiten und das Verhalten der Agenten bestimmen.
Eine besondere Gruppe von Agententypen bilden *kognitive Agenten*. Diese zeichnen sich dadurch aus, dass sie über ein Modell ihrer Umwelt verfügen. Daher ist es ihnen möglich, ihre Aktionen zu planen und entsprechend ihrer Vorgaben zielgerichtet zu handeln.
Kognitive Agenten stellen in einem Multiagentensystem autonome Einheiten des Gesamtsystems dar. Jeder Agent nimmt die für ihn relevante Umweltsituation wahr. Er verfolgt dabei seine individuellen Ziele und handelt dementsprechend. Dazu ist es notwendig, mit den anderen Agenten des Systems zu interagieren.
Durch eine geeignete Ausgestaltung des Mechanismus sind die Verhaltensweisen der einzelnen Agenten und deren Interaktionen im Sinne des Gesamtsystems zu koordinieren. Für Multiagentensysteme sind dazu verschiedene Möglichkeiten, wie beispielsweise *partial global planning*, *joint intentions*, *mutual modelling* oder *norms and social laws*, vorgeschlagen worden.[108]

Die Koordination der einzelnen Akteure erfolgt im Rahmen der vorliegenden Arbeit durch die beschriebene Form eines Auktionsmechanismus. Dabei verfolgt jeder einzelne Teilnehmer seine individuelle Nutzenmaximierung als Ziel. Durch die Ausgestaltung des Mechanismus in der beschriebenen Weise wird die Koordination der Aktivitäten der einzelnen Teilnehmer erreicht, sodass das aus Sicht des Gesamtsystems gewünschte Ergebnis erzielt wird.
Für jedes in die Betrachtung einzubeziehende Depot könnte ein Agent programmiert werden, der stellvertretend für das Depot als Interessent oder Anbieter auftritt. Der Agent handelt dabei zielgerichtet, indem er versucht seinen individuellen Nutzen bzw. Gewinn zu maximieren. Schematisch ist das entsprechende Handlungsprotokoll in der folgenden Abbildung wiedergegeben.

---

[107] Eine differenzierte Darstellung verschiedener Auffassungen über die Beziehung von Multiagentensystemen und Künstlicher Intelligenz findet sich beispielsweise bei WOOLRIDGE (2005).

[108] Vgl. WOOLRIDGE (2005).

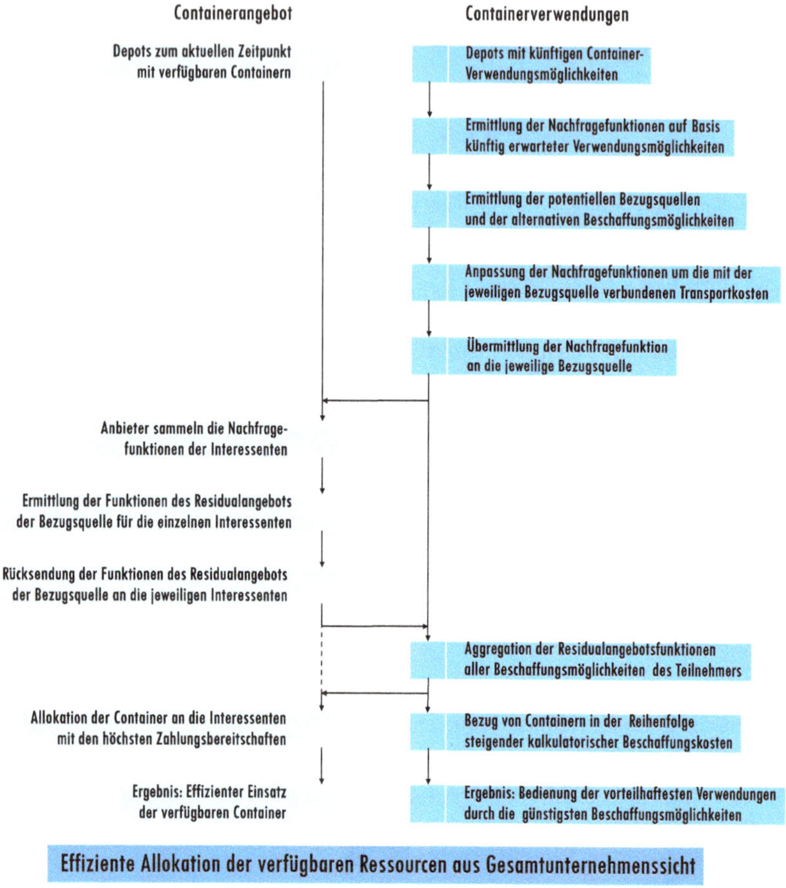

Abbildung 53: *Handlungsprotokoll bei Implementierung des entwickelten Mechanismus als Multiagentensystem*

Diese Ausführungen sollen jedoch nur eine Anregung zu einer Implementierung des entwickelten Verfahrens darstellen, die über das Ziel der vorliegenden Arbeit - der Strukturierung der betrachteten Problemstellung und der Entwicklung eines geeigneten Modells - hinausgeht. Die Implementierung eines Modells bildet einen eigenständigen Schritt, der auf den in der vorliegenden Arbeit erzielten Ergebnissen aufbaut und daher Gegenstand einer separaten Untersuchung sein sollte.

4 Schlussbetrachtung

4.1 Zusammenfassung und Ergebnisse

Den Untersuchungsgegenstand der vorliegenden Arbeit bildete die operative Steuerung der Leercontainerströme einer Reederei, einer Container-Leasinggesellschaft oder eines anderweitigen Transportunternehmens.
Verfügbare Container wurden als Potentiale zum Erzielen künftiger Erfolgsbeiträge aufgefasst. Daher ist die bestmögliche Nutzung der Transportbehälterflotte zu gewährleisten.
Ziel war die Formulierung eines Modells zur Leercontainerstromsteuerung und die Entwicklung eines Mechanismus zur effizienten Allokation der verfügbaren Ressourcen.

In der Vorbemerkung wurden grundlegende Gedanken zur Modellbildung sowie zu Problemauffassung und -verständis dargestellt. Anschließend folgte die Einführung in die Problematik der Allokation von Leercontainern.
Die Wichtigkeit der Auseinandersetzung mit diesem Thema als Motivation der vorliegenden Arbeit wurde aufgezeigt. Hierzu wurden aktuelle Entwicklungen der Unternehmensumwelt beschrieben und ein Einblick in die Größenordnung der durch Leerbewegungen entstehenden Kosten gegeben. Eine gute Repositionierungsstrategie ermöglicht das Ausschöpfen bestehender Kostensenkungspotentiale in der Leercontainersteuerung durch eine verbesserte Koordination der Aktivitäten und eine effizientere Nutzung der Transportbehälterflotte. Der Einfluss der Repositionierungsstrategie auf die Kundenzufriedenheit durch niedrige Preise sowie rechtzeitige und flexible Containerbereitstellung wurde ebenfalls dargestellt.
Der Untersuchungsgegenstand der Arbeit wurde abgegrenzt, das besondere Optimierungspotential beschrieben und die Bedeutung einer überlegenen Repositionierungsstrategie als strategischer Wettbewerbsvorteil verdeutlicht.

Es folgte zunächst der vorbereitende, deskriptive Teil der Analyse, in welchem Grundlagen, Entwicklung, derzeitige Situation und Besonderheiten als Basis für die spätere Modellbildung dargestellt wurden.
Darin erfolgte eine genauere Betrachtung des Transportbehältersystems Con-

tainer. Dessen Transportkosten senkende Wirkung, der Einfluss auf Entwicklung neuer Transport- und Beschaffungsstrategien und die aus den aktuellen Veränderungen der Unternehmensumwelt resultierenden Herausforderungen wurden beschrieben.
Zudem wurde ein Überblick über Containertypen, Leasingkontrakte, die Rolle von Containerdepots und Häfen sowie Nischencarriern gegeben.
Ladungsstromungleichgewichte und die damit verbundenen Probleme wurden als Ursache für Leertransporte im Containerverkehr aufgezeigt. Die planungstechnischen Besonderheiten unbeladener Container und das sich aus der technischen Gleichheit von Leercontainern desselben Typs ergebende Optimierungspotential wurden herausgearbeitet. Die Verwendungen der verfügbaren Container wurden als Entscheidungsvariablen des betrachteten Problems ermittelt und das Anstreben einer effizienten Allokation der verfügbaren Container als Ziel festgelegt.
Besonders problematisch ist dabei, dass Entscheidungen getroffen werden müssen, bevor alle planungsrelevanten Daten vollständig bekannt sind und die Entscheidungen daher auf Basis unvollständiger Information zu treffen sind, was eine hohe Flexibilität zur nachträglichen Anpassung der Entscheidungen erfordert.
Es erfolgte eine Gliederung des Problems nach hierarchischen und geographischen Aspekten sowie die Darstellung der Problematik als time-space-Netzwerk, um die Dynamik des Systems besser verdeutlichen zu können.

Verschiedene andere Modelle, Konzepte und Methoden weisen Berührungspunkte mit Teilaspekten der Steuerung der Leercontainerströme in dem hier vertretenen, umfassenderen Verständnis auf. Um einen weitreichenden Überblick und ein besseres Verständnis der Problematik zu erzielen, wurden diese vorgestellt.

Anschließend wurden die bisher zur Leercontainerproblematik und ähnlichen Problemstellungen veröffentlichten Artikel vorgestellt und im Kontext der aktuellen Herausforderungen beurteilt.

Auf der in Kapitel 2 gelegten Grundlage erfolgte die Modellbildung.
Dabei wurde zunächst die Zielgröße betrachtet. Es erfolgte eine kritische Auseinandersetzung mit dem Problemverständnis und der Abgrenzung des Untersuchungsgegenstandes der bislang zur Leercontainerproblematik veröffentlichen Ansätze sowie der darin durchgängig als Zielsetzung gewählten Minimierung der Leertransportkosten. Diese wurde mit einer Gewinnmaximierung als operative

Zielgröße verglichen. Es wurde herausgearbeitet, dass die Gewinnmaximierung bei dem in dieser Arbeit vertretenen, umfassenderen Verständnis der Steuerung der Leercontainerströme im Gegensatz zu Kostenminimierung eine angemessene, operative Zielgröße darstellt. Dementsprechend waren positive und negative Erfolgswirkungen von Repositionierungsmaßnahmen nun im Verbund zu betrachten.
Um dies zu ermöglichen, musste eine Grundlage gefunden werden, auf welcher im Rahmen der Leercontainersteuerung entstehende Kosten und erzielte Erlöse einander zugeordnet werden können. Dies erfolgte durch Anwendung des Identitätsprinzips nach RIEBEL auf die Leercontainerstromsteuerung. Dem Ergebnis nach können Kosten von Repositionierungsmaßnahmen und Erlöse aus Ladungstransporten einander zugeordnet werden, sofern sie auf dieselbe Verwendungsentscheidung eines verfügbaren Containers zurückzuführen sind.
Die Gegenüberstellung der entsprechenden Kosten und Erlöse ermöglicht die Ermittlung von Deckungsbeiträgen für Verwendungsentscheidungen als entscheidungsrelevante operative Zielgröße. Auf Basis dieser Deckungsbeiträge kann die weitere Modellierung des Entscheidungsprozesses aufbauen.

Während die direkten, durch die Verwendung eines Containers verursachten Wirkungen, wie die Erbringung einer Transportdienstleistung und der mit der Bewegung des Containers verbundene Verbrauch an Betriebsstoffen, sowie die Inanspruchnahme von Transportkapazität und Leistungen Dritter relativ leicht als monetäre Größen abgebildet werden können, stellt die Bewertung der Verfügbarkeit des Containers am Zielort eine Schwierigkeit dar. Diese Bewertung ist jedoch notwendig, da die Verfügbarkeit des Containers am Zielort gleichrangige, eventuell sogar gewünschte Wirkung der Verwendungsentscheidung ist. Daher muss versucht werden, die hierdurch zu erwartenden, künftigen Erfolgsbeiträge in geeigneter Weise zu erfassen, um so ihre Berücksichtigung im Entscheidungsprozess zu ermöglichen.

Die Einflussgrößen, von denen der Wert eines an einem Knoten des Transportnetzwerks zusätzlich verfügbaren Containers abhängt, wurden herausgearbeitet. Aufgrund der hohen Unsicherheit der in Zukunft bestehenden Verwendungen und des künftigen Containerbestandes ist die Ermittlung von Zustandswertfunktionen aufwendig und mit einer Reihe von Unwägbarkeiten verbunden. Aus diesem Grund wurden mögliche approximative Vorgehensweisen vorgeschlagen.

Die Struktur des betrachteten, realen Problems zeichnet sich durch eine räumliche Verteiltheit aus. Der Umfang des Problems und der zu berücksichtigenden Daten ist immens. Dies führt bei einer zentralen, hierarchischen Organisation der Entscheidungsfindung zu Problemen hinsichtlich des Rechen- und Zeitaufwandes zur Lösung eines entsprechend formulierten Modells. Die Wahl einer dezentralen Organisationsform mit den Depots als eigenständigen Entscheidungsträgern scheint geeigneter. Vorteile in der Informationseffizienz, der Flexibilität bei der notwendigerweise wiederholten Anpassung von Entscheidungen aufgrund der Unsicherheit der Planungsdaten und weitere Vorteile dezentraler Planungsansätze wurden herausgearbeitet.

Zur Abstimmung der Einzelaktivitäten im Sinne des Gesamtunternehmens wurden die Anforderungen an einen geeigneten Koordinationsmechanismus betrachtet. Die Anwendung eines dezentral organisierten und durch Marktmechanismen koordinierten Allokationsverfahrens ist für die Steuerung der Leercontainerströme besonders geeignet. Die Entwicklung eines entsprechenden Mechanismus geschah im Folgenden.

Auktionen stellen eine spezielle Form von Marktmechanismen dar. Vier grundlegende Auktionstypen wurden erläutert. Die Unabhängigkeit des bei Gewinn der Auktion zu zahlenden Preises von der Höhe des eigenen Gebotes stellt einen besonderen Vorzug der Vickrey-Auktion dar. Weitere Vorteile der Vickrey-Auktion gegenüber anderen Auktionstypen, beispielsweise hinsichtlich Kommunikations- und Informationskosten, wurden aufgezeigt.

Die der Vickrey-Preissetzung zugrunde liegenden Gedanken weisen eine große Ähnlichkeit zur Betrachtung verdrängter Deckungsbeiträge als Opportunitätskosten auf.
Auf diesen Überlegungen wurde sukzessiv ein geeigneter Koordinationsmechanismus zur Steuerung der Leercontainerströme erarbeitet. Zur Bedienung der künftig auftretenden Nachfrage ermitteln die Depots ihre potentiellen Bezugsquellen und alternative Beschaffungsmöglichkeiten. Sie nehmen an dem Allokationsprozess der derzeit an diesen Bezugsquellen verfügbaren Container teil. Dies geschieht im Rahmen des entwickelten Auktionsverfahrens. Ihre Zahlungsbereitschaften ergeben sich dabei aus den bestehenden Verwendungsmöglichkeiten des Containers, den übrigen Bezugsquellen und den alternativen Beschaffungsmöglichkeiten. Durch Ausgleichszahlungen auf Basis einer Vickrey-Preis-

setzung wird gewährleistet, dass die Aktivitäten der einzelnen Teilnehmer (Depots) im Sinne der Zielsetzung des Gesamtunternehmens koordiniert werden. Die verfügbaren Container werden ihren aus Gesamtunternehmenssicht besten Verwendungen zugeführt. Das Ergebnis ist eine effiziente Allokation der verfügbaren Transportbehälterkapazität.

Die probleminhärente Unsicherheit entscheidungsrelevanter Planungsdaten erfordert Entscheidungen bei unvollständiger Information. Werden neue Informationen verfügbar und machen diese eine Anpassung der bisherigen Entscheidungen notwendig, so ist dies bei dem beschriebenen, dezentralen Vorgehen sehr viel einfacher möglich, als bei Anwendung eines zentral organisierten Verfahrens. Letzteres müsste einen neuen Gesamtplan ermitteln, auch wenn dieser letztendlich in großen Teilen mit dem bisherigen übereinstimmen würde, während sich bei dem vorgeschlagenen Vorgehen die Wirkungen auf die direkt betroffenen und die von den Anpassungen beeinflussten Elemente des Systems beschränken.

Abschließend wurden zusätzliche Erweiterungsmöglichkeiten des entwickelten Mechanismus betrachtet und die Implementierung als Multiagentensystem skizziert.

Über die bisher beschriebenen Eigenschaften hinaus, weist der entwickelte Mechanismus weitere Vorzüge auf.

Neu auftretende Bezugsquellen lassen sich schnell und ohne größeren Aufwand sofort in den Allokationsprozess einbeziehen. Anderweitige Beschaffungsmöglichkeiten, wie beispielsweise die Anmietung von Leasingcontainern oder die Nutzung von Containern einer Partnerreederei, lassen sich einfach auf ihre Vorteilhaftigkeit prüfen, indem die anfallenden Gebühren mit den Beschaffungskosten der günstigsten Bezugsquelle verglichen werden.
Die Möglichkeit, eigene Container einer Partnerreederei zu überlassen, kann ebenfalls von dem entwickelten Mechanismus als zusätzliche Verwendungsmöglichkeit berücksichtigt werden. Deren Nachfragefunktion resultiert aus der benötigten Containermenge und der erzielbaren Gebühr als Erfolgsbeitrag.

Aus den ermittelten Vickrey-Zahlungen resultieren Erkenntnisse über die Bewertung der in Anspruch genommenen Ressource *Transportbehälterkapazität* an den verschiedenen Knoten des Transportnetzwerks als Schattenpreise. Nutzen und Knappheit von Containern der einzelnen Typen an verschiedenen Orten und zu

verschiedenen Zeitpunkten lassen sich so ermitteln. Die Datenbasis für künftige Planungen würde so fortlaufend verbessert werden.
Das beschriebene Vorgehen ermöglicht durch die Bewertung der verfügbaren Container und über die Betrachtung der Ausgleichszahlungen zwischen den Depots eine Beurteilung der Depots als *profit center* des Unternehmens. Diese Daten können für Entscheidungen auf anderen Planungsebenen des Unternehmens herangezogen werden.

Über die Betrachtung von Schattenpreisen ist es auch möglich, zu erzielende Mindestpreise bei der Vergabe eigener Container an Partnerreedereien festzulegen. Auf diese Weise könnte der Containertausch mit Partnerreedereien einfach und naheliegend in die operative Planung einbezogen werden und die bisher kaum vorzufindende Kooperation von Transportunternehmen an Bedeutung gewinnen. Auch wenn größere Reedereien dies aus unternehmenspolitischen Gründen bisher vermeiden, würde diese Möglichkeit insbesondere für kleinere Transportunternehmen und Nischencarrier eine interessante Entscheidungsalternative darstellen.
Der Austausch von Containern, eine Zusammenarbeit bei der Repositionierung und Containerbereitstellung sowie die Abstimmung von Schiffsfahrplänen könnte durch eine effizientere Nutzung der Transportbehälterflotte und der eingesetzten Containerschiffe auch für größere Reedereien vorteilhaft sein und so zur Kooperation zweier oder mehrerer Unternehmen führen.
Die Nutzung eines marktbasierten Mechanismus zur internen Koordination erleichtert die Vergleichbarkeit über Unternehmensgrenzen hinweg. Dies vereinfacht die Bildung virtueller Unternehmen und die Kooperation von Transportgesellschaften, da unternehmensintern ein Mechanismus genutzt wird, der auch zur Bestimmung von Ausgleichszahlungen zwischen den einzelnen Unternehmen des Unternehmensnetzwerkes angewandt werden kann.

Die in anderen Modellierungsansätzen höchst problematische Berücksichtigung zwischen verschiedenen Containertypen bestehender Substitutionsbeziehungen ist bei dem in der vorliegenden Arbeit entwickelten Verfahren sehr einfach möglich. Ist einem Depot bekannt, dass auch ein anderer Containertyp für den Transport eingesetzt werden könnte, so wählt es die Depots mit rechtzeitig verfügbaren Containern entsprechenden Typs ebenfalls als Bezugsquellen und berücksichtigt sie so bei der Gebotsabgabe und im Allokationsprozess.

4.2 Ausblick

Die vorliegende Arbeit lässt sich in verschiedene Richtungen fortführen.

Die in Kapitel 3.8 betrachteten Aspekte befassen sich mit einer differenzierten Ausgestaltung des Mechanismus. Neben diesen Vorschlägen sind weitere, in die gleiche Richtung zielende Alternativen denkbar.
Darüber hinaus lassen sich, je nach Problemverständnis, weitere Ansatz- und Erweiterungspunkte untersuchen.

Naheliegend und vielversprechend scheint die angedeutete Implementierung des Mechanismus als Multiagentensystem.

Auch im Bereich der Ermittlung der Zustandswerte ist die Entwicklung effizienter Heuristiken und verfeinerter Prognosemethoden wünschenswert. Dies kann jedoch nicht allgemein geschehen. Vielmehr müssen diese Verfahren mit der jeweiligen Datenbasis abgestimmt werden. Fallstudien in Zusammenarbeit mit den entsprechenden Unternehmen bieten sich hierzu an.

Wie in der Einleitung betont sind das Problemverständnis, die Strukturierung des Problems und der Modellbildungsprozess von Subjektivität geprägt. Daher sind auch andere Sichtweisen und Problemauffassungen sowie Strukturierungs- und Modellierungsansätze denkbar. Als mögliche Ansatzpunkte bieten sich die in Kapitel 2.2.5 vorgestellten Probleme, Modelle und Methoden an, aber auch vollkommen andere Herangehensweisen könnten angewendet werden.

Darüber hinaus sind Erweiterungen des beschriebenen Vorgehens ohne Bezug zur Leercontainerproblematik naheliegend. Die grundlegenden Elemente des entwickelten Mechanismus eignen sich zur effizienten Allokation verfügbarer Ressourcen sowie zur Koordination anderer innerbetrieblicher Prozesse und würden auch hierbei eine flexiblere, dezentrale Modellierung, Planung und Steuerung ermöglichen. Daten zur Bewertung unternehmensinterner Ressourcen und Kapazitäten werden dabei ebenfalls gewonnen.
Die Entwicklung ähnlicher Verfahren auf Basis des Vickrey-Clarke-Groves-Mechanismus und des in der vorliegenden Arbeit formulierten Modells für andere Problemstellungen scheint daher vielversprechend.

A Anhang Containertypen

Dieser Anhang gibt einen Überblick über die gebräuchlichsten Containertypen.

Gemäß ISO 668 beträgt die Standardbreite jedes Containertyps 8 Fuß (2.438mm). Die Höhen sind 8 Fuß 6 Zoll (2.591mm) und 9 Fuß 6 Zoll (2.896mm) im Format *High Cube* .
Viele Containertypen gibt es in 20 Fuß (6.058mm) als auch 40 Fuß (12.192mm) Länge. Für besonders voluminöse Ladungen werden *General Purpose* Container in einer Länge von 45 Fuß (13.716mm) verwendet. In Nordamerika werden zunehmend auch 48 Fuß und 53 Fuß Container eingesetzt.

Die folgende Auflistung ist nicht abschließend. Sie dient lediglich der Übersicht und der Veranschaulichung. Neben den aufgeführten werden weitere, speziellere Containertypen verwendet. Einen Teil der abgebildeten Containertypen gibt es überdies in zusätzlichen Größen wie beispielsweise *40-Fuß-Open-Top*-Container und *Reefer* in 8 Fuß 6 Zoll Standardhöhe bzw. in 20 Fuß Länge. Aus Gründen der Übersichtlichkeit wurde auf die Aufnahme der weiteren bestehenden Kombinationen von Containertypen und -größen verzichtet.

Die angegebenen Daten stellen Näherungswerte dar. Durch unterschiedliche Baureihen weichen die tatsächlichen Maße davon geringfügig ab.

Die Länge, Breite und Höhe in den folgenden Tabellen stellen die für Kunden relevanten Innenmaße dar.

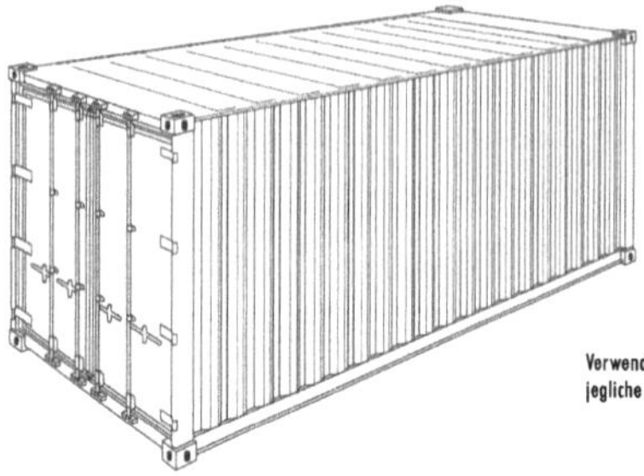

20 Fuß General Purpose

ISO Size TypeCode 22 G0
22 G1 mit Lüftung
22 U6 Hardtop *

Länge	Breite	Höhe
5898mm	2352mm	2392mm
Türenbreite	Türenhöhe	Volumen
2338mm	2280mm	33,2m³
Tara	Zuladung	Gesamtgewicht
2185kg	28295kg	30480kg

Verwendung:
jegliche Art von (Stück-)Gütern

40 Fuß General Purpose

ISO Size TypeCode 42 G0
42 G1 mit Lüftung
42 U6 Hardtop *

Länge	Breite	Höhe
12032mm	2350mm	2390mm
Türenbreite	Türenhöhe	Volumen
2338mm	2280mm	67,6m³
Tara	Zuladung	Gesamtgewicht
3845kg	26635kg	30480kg

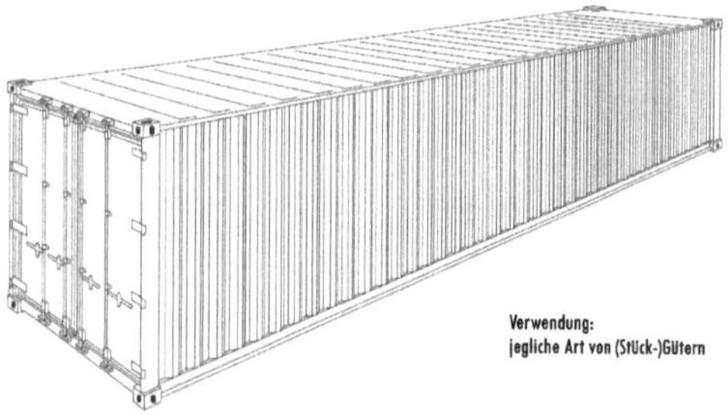

Verwendung:
jegliche Art von (Stück-)Gütern

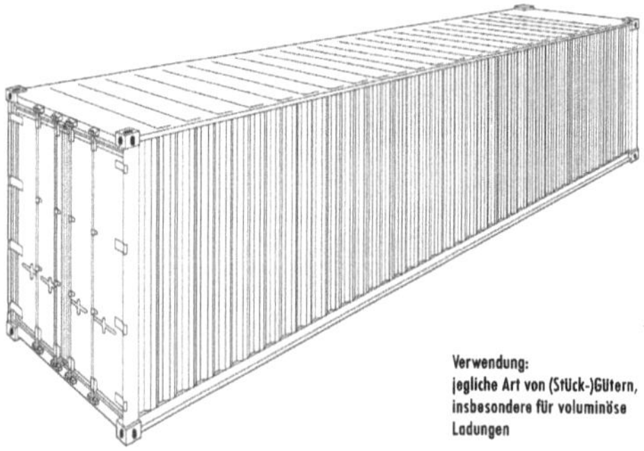

40 Fuß High Cube General Purpose

ISO Size TypeCode 45 G0
45 G1 mit Lüftung
45 U6 Hardtop *

Länge	Breite	Höhe
12032mm	2350mm	2695mm
Türenbreite	Türenhöhe	Volumen
2338mm	2585mm	76,2m³
Tara	Zuladung	Gesamtgewicht
4015kg	26465kg	30480kg

Verwendung:
jegliche Art von (Stück-)Gütern, insbesondere für voluminöse Ladungen

* Bei Containern des Typs "Hard Top" kann das Dach entfernt werden, mit dem Vorteil, dass schwere Ladungsgüter direkt per Kran in den Container geladen werden können.

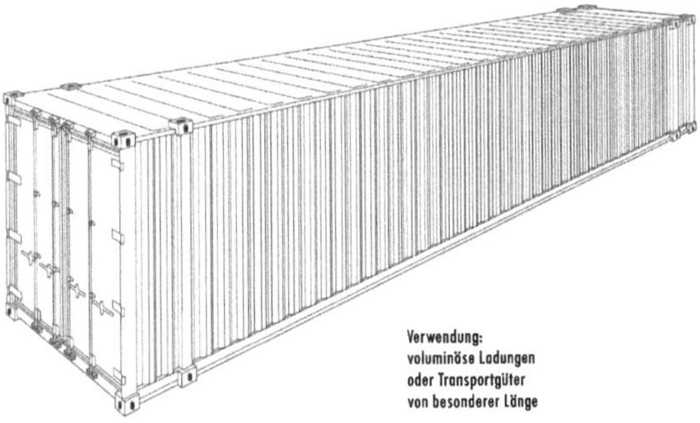

Verwendung:
voluminöse Ladungen
oder Transportgüter
von besonderer Länge

45 Fuß High Cube General Purpose

ISO Size TypeCode L5 GP
L5 G1 mit Lüftung

Länge	Breite	Höhe
13532mm	2414mm	2695mm
Türenbreite	**Türenhöhe**	**Volumen**
2374mm	2585mm	88,4m³
Tara	**Zuladung**	**Gesamtgewicht**
4950kg	29050kg	34000kg

20 Fuß Flat Rack / Platform

ISO Size TypeCode 22 P8

Länge	Breite	Höhe
6038mm	2438mm	2213mm
Türenbreite	**Türenhöhe**	**Volumen**
Tara	**Zuladung**	**Gesamtgewicht**
2740kg	31260kg	34000kg

Verwendung:
Transport extrem schwerer und großer Objekte

Besonderheiten:
- bis zu 7 Container können nebeneinander zu einer Einheit verbunden werden
- Seitenwände umklappbar

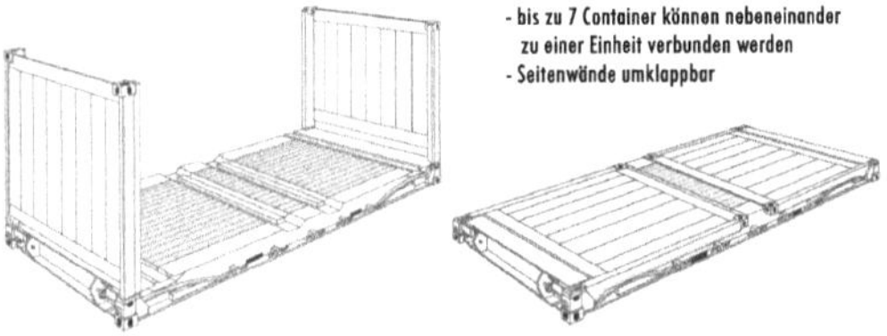

40 Fuß High Cube Flat Rack / Platform

ISO Size TypeCode 45 P8

Länge	Breite	Höhe
12080mm	2438mm	1955mm
Türenbreite	**Türenhöhe**	**Volumen**
Tara	**Zuladung**	**Gesamtgewicht**
4900kg	40100kg	45000kg

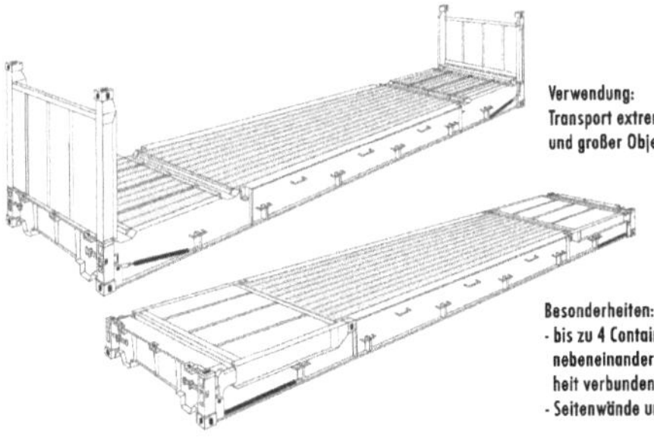

Verwendung:
Transport extrem schwerer und großer Objekte

Besonderheiten:
- bis zu 4 Container können nebeneinander zu einer Einheit verbunden werden
- Seitenwände umklappbar

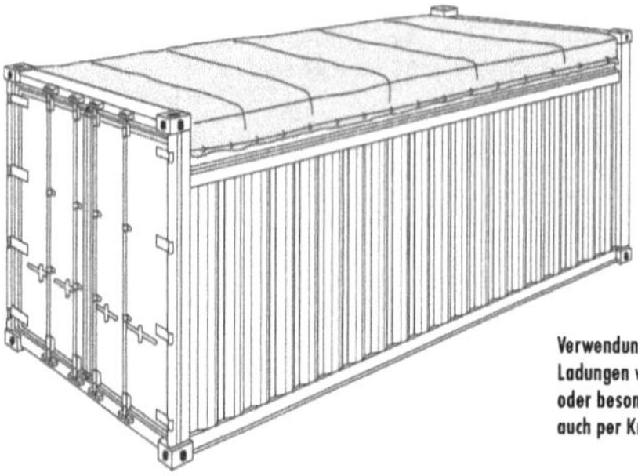

Verwendung:
Ladungen von besonderer Höhe oder besonderem Gewicht, da auch per Kran zu beladen

20 Fuß Open Top

ISO Size TypeCode 22 U1

Länge	Breite	Höhe
5894mm	2346mm	2352mm
Türenbreite	Türenhöhe	Volumen
2342mm	2281mm	32,5m³
Tara	Zuladung	Gesamtgewicht
2230kg	28250kg	30480kg

40 Fuß High Cube Reefer

ISO Size TypeCode 45 R1
45 R9 nicht für Lebensmittel

Länge	Breite	Höhe
11580mm	2290mm	2513mm
Türenbreite	Türenhöhe	Volumen
2290mm	2522mm	67m³
Tara	Zuladung	Gesamtgewicht
4180kg	26300kg	30480kg

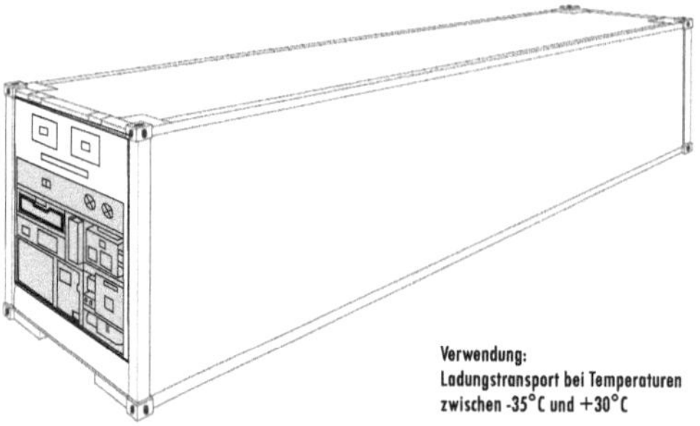

Verwendung:
Ladungstransport bei Temperaturen zwischen -35°C und +30°C

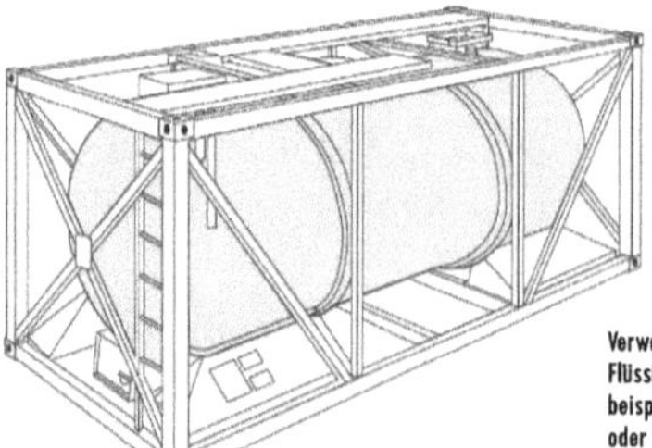

Verwendung:
Flüssigkeiten beispielsweise Nahrungsmittel oder Chemikalien

20 Fuß Tank Container

ISO Size TypeCode 20 T5 = 8' hoch
22 T5 = 8'6" hoch

Länge	Breite	Höhe
Türenbreite	Türenhöhe	Volumen
Tara	Zuladung	Gesamtgewicht

Literaturverzeichnis

ABRACHE, J., CRAINIC, T. G. AND GENDREAU, M. (1999). A new decomposition algorithm for the deterministic dynamic allocation of empty containers. *Publication CRT-99-49, Centre de recherche sur les transports, Université de Montréal, Montréal, Canada, 1999.*

ADAM, D. (1996). *Planung und Entscheidung: Modelle, Ziele, Methoden.* 4., vollst. überarb. und wesentlich erw. Aufl., Gabler, Wiesbaden.

ANG, J. S., CAO, C. AND YE, H.-Q. (2007). Model and algorithm for multi-period sea cargo mix problem. *European Journal of Operational Research* **180(3)**, 1381-1393.

ARLT, C. (1994). *Netzwerkflußprobleme: Lösungsansätze unter Berücksichtigung von Fixkosten.* Dissertation Universität Göttingen, Dt. Univ.-Verl. [u.a.], Wiesbaden [u.a.].

ARMSTRONG, M. (2000). Optimal multi-object auctions. *Review of Economic Studies* **67**, 455-481.

ARONSON, J. E. (1989). A survey of dynamic network flows. *Annals of Operations Research* **20**, 1-66.

AUSUBEL, L. M. (2004). An efficient ascending-bid auction for multiple objects. *The American Economic Review* **94(5)**, 1452-1475.

BALL, M. O. (1995). *Network routing.* North-Holland, Amsterdam [u.a.].

BAUMGARTEN, H. (1996). *Trends und Strategien in der Logistik 2000: Analyse, Potentiale, Perspektiven.* Technische Universität Berlin, Berlin.

BAZERMAN, M. H. AND SAMUELSON, W. F. (1983). I won the auction but don't want the prize. *Journal of Conflict Resolution* **27(4)**, 618-634.

BEA, F. X., FRIEDL, B. UND SCHWEITZER, M. (2005). *Allgemeine Betriebswirtschaftslehre. Band 2: Führung.* 9., neubearb. und erw. Aufl., Lucius & Lucius, Stuttgart.

BEAUJON, G. J. AND TURNQUIST, M. A. (1991). A model for fleet sizing and vehicle allocation. *Transportation Science* **25(1)**, 19-45.

BECKMANN, M. J. (1972). Decisions over time. In: MCGUIRE, C. B. AND RADNER, R. (eds.) *Decision and organization: a volume in honor of Jacob Marschak.* North-Holland, Amsterdam [u.a.].

BELLMAN, R. E. (1957). *Dynamic Programming.* Princeton University Press, Princeton, New Jersey.

BELLMAN, R. E. (1972). *Adaptive control processes.* 5. Aufl., Princeton University Press, Princeton, New Jersey.

BERENS, W., DELFMANN, W. UND SCHMITTING, W. (2004). *Quantitative Planung: Grundlagen, Fallstudien, Lösungen.* 4., überarb. u. erw. Aufl., Schäffer-Poeschel.

BERTSEKAS, D. P. (1987). *Dynamic programming: deterministic and stochastic models.* Prentice-Hall, Englewood Cliffs, NJ.

BERTSEKAS, D. P. (1988). The auction algorithm: a distributed relaxation method for the assignment problem. *Annals of Operations Research* **14**, 105-123.

BERTSEKAS, D. P. AND CASTAÑON, D. A. (1989). The auction algorithm for the transportation problem. *Annals of Operations Research* **20**, 67-96.

BIERMANN, H. (1972). *Ein Organisationsmodell zur Planung von optimalen Übersee-Container-Umläufen im Binnenland.* Vandenhoeck & Ruprecht, Göttingen.

BIRGE, J. R. AND LOUVEAUX, F. (1997). *Introduction to stochastic programming.* Springer, New York, NY [u.a.].

BLOECH, J. (1970). *Optimale Industriestandorte.* Physica Verlag, Würzburg [u.a.].

BLOECH, J. (2003). *Managementlehre und Optimalplanung.* Göttingen.

BLOECH, J. UND IHDE, G. B. (Hrsg.) (1996). *Vahlens Großes Logistik Lexikon.* Vahlen, München.

BOUTILIER, C., DEAN, T. AND HANKS, S. (1999). Decision-theoretic planning: Structural assumptions and computational leverage. *Journal of Artificial Intelligence Research* **11**, 1-94.

CAPEN, E. C., CLAPP, R. V. AND CAMPBELL, W. M. (1971). Competitive biding in high-risk auctions. *Journal of Petroleum Technology* **23**, 641-653.

CARRUTHERS, R. AND BAJPAI, J. N. (2002). Trends in trade and logistics: an east asian perspective. *World Bank Transport Sector Unit Working Paper No. 2.* World Bank, Washington D.C.

CHEUNG, R. K. AND CHEN, C.-Y. (1998). A two-stage stochastic network model and solution methods for the dynamic empty container allocation problem. *Transportation Science* **32(2)**, 142-162.

CHEUNG, R. K. AND POWELL, W. B. (1996a). Models and algorithms for the distribution problems with uncertain demands. *Transportation Science* **30(1)**, 43-59.

CHEUNG, R. K. AND POWELL, W. B. (1996b). An algorithm for multistage dynamic networks with random arc capacities, with an application to dynamic fleet management. *Operations Research* **44(6)**, 951-963.

CHOONG, S. T., COLE, M. H. AND KUTANOGLU, E. (2002). Empty container management for intermodal transportation networks. *Transportation Research Part E* **38(16)**, 423-438.

CLARKE, E. H. (1971). Multipart pricing of public goods. *Public Choice* **11(1)**, 17-33.

COASE, R. (1937). The natutre of the firm. *Economica* **4**, 386-405.

CRAINIC, T. G. (2000). Service network design in freight transportation. *European Journal of Operational Research* **122**, 272-288.

CRAINIC, T. G., DEJAX, P. AND DELORME, L. (1989). Models for multimode multicommodity location problems with interdepot balancing requirements. *Annals of Operations Research* **18**, 279-302.

CRAINIC, T. G., DELORME, L. AND DEJAX, P. (1993). A branch-and-bound method for multicommodity location with balancing requirements. *European Journal of Operational Research* **65**, 368-382.

CRAINIC, T. G., GENDREAU, M. AND DEJAX, P. (1993). Dynamic and stochastic models for the allocation of empty containers. *Operations Research* **41(1)**, 102-126.

CRAINIC, T. G., GENDREAU, M., SORIANO, P. AND TOULOUSE, M. (1993). A tabu search procedure for multicommodity location/allocation with balancing requirements. *Annals of Operations Research* **41**, 359-383.

CRAINIC, T. G. AND KIM, K. H. (2005). Intermodal transportation. In: BARNHART, C. AND LAPORTE, G. (eds.) *Handbooks in Operations Research and Management Science*, Elsevier.

CRAMTON, P. C. (2006). *Combinatorial auctions.* MIT Press, Cambridge, Massachusetts.

DAVIDSSON, P., HENESEY, L., RAMSTEDT, L., TÖRNQUIST, J. AND WERNSTEDT, F. (2004). Agent-based approaches to transport logistics. *Conference Paper: AAMAS Workshop on Agents in Traffic and Transportation, New York City 2004.* School of Engineering - Dept. of Systems and Software Engineering (Sektionen för teknik - avd. för programvarusystem), Ronneby.

DEMANGE, G., GALE, D. AND SOTOMAYOR, M. (1986). Multi-item auctions. *The Journal of Political Economy* **94(4)**, 863-872.

DOMSCHKE, W. UND SCHOLL, A. (2005). *Grundlagen der Betriebswirtschaftslehre: eine Einführung aus entscheidungsorientierter Sicht.* Springer, Berlin [u.a.].

DORER, K. (1999). *Motivation, Handlungskontrolle und Zielmanagement in autonomen Agenten.* Dissertation Universität Freiburg.

ELBESHAUSEN, E. (1977). *Warteschlangen mit Prioritäten.* Dissertation Technische Universität Braunschweig.

ERERA, A. L., MORALES, J. C. AND SAVELSBERGH, M. (2005). *Robust optimization for empty repositioning problems.* http://www2.isye.gatech.edu/people/faculty/Alan_Erera/pubs/ems07.pdf

ERMOL'EV, Y. M, KRIVETS, T. A. AND PETUKHOV, V. S. (1976). Planning of shipping empty seaborne containers. *Cybernetics and Systems Analysis* **12(4)**, 644-646.

FALK, J., SPIECK, S. UND MERTENS, P. (1993). Unterstützung der Lager- und Transportlogistik durch teilintelligente Agenten. *Information Management,* **2/93**, 26-31.

FISCHER, K., KUHN, N., MÜLLER, H.-J., MÜLLER, J. P., PISCHEL, M. UND SCHROTH, A. (1993). Verteiltes Problemlösen im Transportwesen. *Information Management,* **2/93**, 32-40.

FLOREZ, H. (1986). *Empty container repositioning and leasing: an optimization model.* Ph.D. Dissertation, Polytechnic Institute of New York.

FRANTZESKAKIS, L. F. AND POWELL, W. B. (1990). A successive linear approximation procedure for stochastic, dynamic vehicle allocation problems. *Transportation Science* **24(1)**, 40-57.

FRIEDRICH, A. (1997). *Logik und Fuzzy-Logik: eine leichtverständliche Einführung mit Beispielen aus Technik und Wirtschaft.* expert-Verlag, Renningen-Malmsheim.

FROESE, J. (2006). *Tagungsunterlagen zum Tagesforum Maritime Logistik.* Jens Froese (Hrsg.), Hamburg.

GENDRON, B., POTVIN, J.-Y. AND SORIANO, P. (2003). A tabu search with slope scaling for the multicommodity capacitated location problem with balancing requirements. *Annals of Operations Research* **122**, 193-217.

GÖTZE, U. (2007). *Kostenrechnung und Kostenmanagement.* 4., verb. Aufl., Springer Verlag, Berlin [u.a.].

GÖTZE, U. UND BLOECH, J. (2004). *Investitionsrechnung: Modelle und Analysen zur Beurteilung von Investitionsvorhaben.* 4., durchges. Aufl., Springer, Berlin [u.a.].

GÖTZE, U. UND MIKUS, B. (2006). *Strategische Unternehmensplanung: Phasen, Instrumente und ausgewählte Strategien.* GUC Verl. der Ges. für Unternehmensrechnung und Controlling m.b.H., Chemnitz.

GOMBER, P., SCHMIDT, C. UND WEINHARDT, C. (1996). Synergie und Koordination in dezentral planenden Organisationen. *Wirtschaftsinformatik* **38**, 299-307.

GOMBER, P., SCHMIDT, C. UND WEINHARDT, C. (1997). Elektronische Märkte für die dezentrale Transportplanung. *Wirtschaftsinformatik* **39**, 137-145.

GOMBER, P., SCHMIDT, C. UND WEINHARDT, C. (2000). Pricing in multiagent systems for transportation planning. *Journal of Organizational Computing and Electronic Commerce* **10(4)**, 271-280.

GOOSENS, D. (2006). *Exact methods for combinatorial auctions.* Dissertation Universität Leuven.

GREEN, J. AND LAFFONT, J. J. (1997). Characterization of satisfactory mechanisms for the revelation of preferences for public goods. *Econometrica* **45(2)**, 427-438.

GROSSMANN, H., OTTO, A. H., STILLER, S. UND WEDEMEIER, J. (2007). Maritimer EU-Handel auf Wachstumskurs. *Wirtschaftsdienst* **2007(3)**, 191-196.

GROVES, T. (1973). Incentives in teams. *Econometrica* **41(4)**, 617-631.

HADLEY, G. (1964). *Nonlinear and dynamic programming.* Addison-Wesley, Reading, Massachusetts [u.a.].

HAEGERT, L. (1970). Die Aussagefähigkeit der Dualvariablen und wirtschaftliche Deutung der Optimalitätsbedingungen beim Chance-Constrained-Programming. In: HAX, H. (Hrsg.) *Entscheidung bei unsicheren Erwartungen: Beiträge zur Theorie der Unternehmung; Referate der wissenschaftlichen Tagung des Verbandes der Hochschullehrer für Betriebswirtschaft, 20.-22. Mai 1970 in Graz; Generalthema "Unternehmerische Entscheidungen bei Unsicherheit".* Westdeutscher Verlag, Köln [u.a.].

HAGHANI, A. E. (1989). Formulation and solution of a combined train routing and makeup, and empty car distribution model. *Transportation Research B* **23(6)**, 433-452.

HANSSMANN, F. (1978). Entscheidungsmodelle in der strategischen Planung. In: MÜLLER-MERBACH, H. (Hrsg.) *Quantitative Ansätze in der Betriebswirtschaftslehre: Bericht von der wissenschaftlichen Tagung des Verbandes der Hochschullehrer für Betriebswirtschaft e. V. vom 1. bis 3. Juni 1977 in Darmstadt.* 1. Aufl., Vahlen, München.

HARRIS, M. AND RAVIV, A. (1981). Allocation mechanisms and the design of auctions. *Econometrica* **49(6)**, 1477-1499.

HARTMANN, N. (1951). *Teleologisches Denken.* de Gruyter, Berlin.

HAUKE, W. (1998). *Fuzzy-Modelle in der Unternehmensplanung.* Physica-Schriften zur Betriebswirtschaft, Universität Augsburg.

HAYEK, F. A. (1945). The use of knowledge in society. *The American Economic Review* **35(4)**, 519-530.

HAX, H. UND LAUX, H. (1972a). Flexible Planung - Verfahrensregeln und Entscheidungsmodelle für die Planung bei Ungewissheit. *Schmalenbachs Zeitschrift für betriebswirtschaftliche Forschung (ZfbF)* **24. Jg.**, 318-340.

HAX, H. UND LAUX, H. (1972b). Zur Diskussion um die flexible Planung. *Schmalenbachs Zeitschrift für betriebswirtschaftliche Forschung (ZfbF)* **24. Jg**, 477-479

HEYDE, J. E. (1957). *Entwertung der Kausalität? Für und wider den Positivismus.* Kohlhammer, Stuttgart.

HILL, T. (1991). *Production/Operations Management: text and cases.* 2nd ed., Prentice Hall, Englewood Cliffs, NJ.

HOHENBILD, R. (1974). *Das Verursachungsdenken in der betriebswirtschaftlichen Kostenlehre.* Dissertation Universität Bochum. Europäische Hochschulschriften, Lang, Bern.

HOLMBERG, K. AND HELLSTRAND, J. (1998). Solving the uncapacitated network design problem by a lagrangean heuristic and branch-and-bound. *Operations Research* **46(2)**, 247-259.

HOLMBERG, K., JOBORN, M. AND LUNDGREN, J. T. (1998). Improved empty freight car distribution. *Transportation Science* **32(2)**, 163-173.

HUCH, J. (1973). *Leertransporte im Containerverkehr.* Dissertation Universität Mannheim.

HURWICZ, L. (1960). Optimality and informational efficiency in resource allocation process. In: ARROW, K. J., KARLIN, S. AND SUPPES, P. (eds.) *Mathematical methods in the social sciences, 1959: proceedings of the first Stanford Symposium.* Standford Univ. Press., Stanford, California.

HUYHN, N. N. AND WALTON, C. M. (2005). Methodologies for reducing truck turn time at marine container terminals. *Technical Report SWUTC/05/167830-1.* Center for Transportation Research, The University of Texas at Austin.

IHDE, G. B. (1987). Stand und Entwicklung der Logistik. *Die Betriebswirtschaft* **47 (6)**, 703-716.

JARKE, M. (1981). *Überwachung und Steuerung von Container-Transportsystemen.* Dissertation Universität Hamburg. Gabler, Wiesbaden.

JOBORN, M., CRAINIC, T. G., GENDREAU, M., HOLMBERG, K. AND LUNDGREN, J. T. (2004). Economies of scale in empty freight car distribution in scheduled railways. *Transportation Science* **38(2)**, 121-134.

JULA, H., CHASSIAKOS, A. AND IOANNOU, P. (2004). Port dynamic empty container reuse. *Transportation Research Part E* **42(1)**, 43-60.

KAUFHOLD, K. H. (1993). *Paul Riebel zu Ehren : Ansprachen und Vorträge, gehalten bei der Verleihung der Ehrendoktorwürde an Herrn Professor Dr. Dr. h.c. mult. Paul Riebel durch den Fachbereich Wirtschaftswissenschaften der Georg-August-Universität zu Göttingen am 1. Juli 1992 hrsg. im Auftr. des Fachbereichs Wirtschaftswissenschaften von Karl Heinrich Kaufhold.* Schwartz, Göttingen.

KERN, W. (1974). *Investitionsrechnung.* Poeschel, Stuttgart.

KIRSCH, W., BAMBERGER, I., GABELE, E. UND KLEIN, H. K. (1973). *Betriebswirtschaftliche Logistik: Systeme, Entscheidungen, Methoden.* Gabler, Wiesbaden.

KLEEBERG, L. (2000). *Management von Transportnetzwerken: ein modellgestützter Führungsansatz zur Planung und Steuerung zukunftsorientierter Gütertransportsysteme für Stück- und Kleinguttransporte im kombinierten Straßen- / Schienengüterverkehr.* Dissertation Universität Göttingen. Duehrkohp & Radicke, Göttingen.

KLEMPERER, P. (1999). Auction theory: a guide to the literature. *Journal of Economic Surveys* **13(3)**, 227-286.

KNAPP, H. G. (1978). Zur Semantik quantitativer Modelle. In: MÜLLER-MERBACH, H. (Hrsg.) *Quantitative Ansätze in der Betriebswirtschaftslehre: Bericht von der wissenschaftlichen Tagung des Verbandes der Hochschullehrer für Betriebswirtschaft e. V. vom 1. bis 3. Juni 1977 in Darmstadt.* 1. Aufl., Vahlen, München.

KRISHNA, V. (2002). *Auction theory.* Academy Press, San Diego, California [u.a.].

LAI, K. K., LAM, K. AND CHAN, W. K. (1995). Shipping container logistics and allocation. *Journal of the Operational Research Society* **46**, 687-697.

LEDYARD, J. O., OLSON, M., PORTER, D., SWANSON, J. A. AND TORMA, D. P. (2000). *The first use of a combined value auction for transportation services.* Working Paper California Institute of Technology, Division of the Humanities and Social Sciences.

LI, J.-A., LEUNG, S. C., WU, Y. AND LIU, K. (2007). Allocation of empty containers between multi-ports. *European Journal of Operational Research* **182**, 400-412.

LIU, J.-A., LIU, K., LEUNG, S. C., LAI, K. K. (2004). Empty container management in a port with long-run average criterion. *Mathematical and Computer Modelling* **40**, 85-100.

LOUVEAUX, F. V. (1986). Discrete stochastic location models. *Annals of Operations Research* **6**, 23-34.

MAROHN, C. A. (1998). *Stochastische mehrstufige lineare Programmierung im Asset & Liability Management.* Dissertation Universität St. Gallen. Haupt, Bern [u.a.].

MCAFEE, R. P. AND MCMILLAN, J. (1987). Auctions and bidding. *Journal of Economic Literature* **25(2)**, 699-738.

MEIER, L. H. (2008). *Koordination interdependenter Planungssysteme in der Logistik.* Dissertation Universität Göttingen. Gabler, Wiesbaden.

MILGROM, P. (1989). Auctions and bidding: a primer. *The Journal of Economic Perspektives* **3(3)**, 3-22.

MILGROM, P. (2004). *Putting auction theory to work.* Cambridge University Press, Cambridge [u.a.].

MISHRA, D. AND PARKES, D. C. (2005). Ascending price Vickrey auctions for general valuations. *CORE discussion paper.* Université catholique de Louvain, Center for Operations Research and Econometrics (CORE).

MOLDOVANU, B. (1996). William Vickrey und die Auktionstheorie. *Wirtschaftsdienst* **76(12)**, 651-656.

MOLDOVANU, B. AND TIETZEL, M. (1998). Goethe's Second-Price Auction. *The Journal of Political Economy* **106(4)**, 854-859.

MÜLLER-MERBACH, H. (1973). *Operations Research: Methoden und Modelle der Optimalplanung.* 3., durchges. Aufl., Vahlens Handbücher der Wirtschafts- und Sozialwissenschaften, Vahlen, München.

MÜLLER-MERBACH, H. (1978). Quantitative Ansätze in der betriebswirtschaftlichen Forschung und Praxis. In: MÜLLER-MERBACH, H. (Hrsg.) *Quantitative Ansätze in der Betriebswirtschaftslehre: Bericht von der wissenschaftlichen Tagung des Verbandes der Hochschullehrer für Betriebswirtschaft e.V. vom 1. bis 3. Juni 1977 in Darmstadt.* 1. Aufl., Vahlen, München.

MULLER, F. (1961). Standardization. *The shipper-motor carrier executive* **15**, 16-17.

MYERSON, R. B. (1981). Optimal auction design. *Mathematics of Operations Research* **6(1)**, 58-73.

NEUMANN, K. (1977). *Operations Research Verfahren Band II: Dynamische Optimierung, Lagerhaltung, Simulation, Warteschlangen.* 1. Aufl., Carl Hanser Verlag, München und Wien.

NOTTEBOOM, T. E. (2004). Container shipping and ports: an overview. *Review of Network Economics* **3(2)**, 86-106.

PANKRATZ, G. (1999). Analyse kombinatorischer Auktionen für ein Multi-Agentensystem zur Lösung des Groupage-Problems kooperierender Speditionen. In: INDERFURTH, K. (Hrsg.) *Operations research proceedings 1999: selected papers of the Symposium on Operations Research (SOR '99), Magdeburg, September 1 - 3, 1999.* Springer, Berlin [u.a.].

PFOHL, H.-C. (2004a). *Logistikmanagement.* 2. Aufl., Springer, Berlin [u.a.].

PFOHL, H.-C. (2004b). *Logistiksysteme: betriebswirtschaftliche Grundlagen.* 7., korrigierte und aktualisierte Aufl., Springer, Berlin [u.a.].

PFOHL, H.-C. UND STÖLZLE, W. (1997). *Planung und Kontrolle: Konzeption, Gestaltung, Implementierung.* 2., neu bearb. Aufl., Vahlen, München.

PONTA, R. (1997). *Optimierung der Containerlogistik in Linienreedereien.* Dissertation Universität Paderborn. Mikrofiche Ausgabe.

PORTEUS, E. L. (1990). Stochastic inventory theory. In: HEYMAN, D.P. AND SOBEL, M. J. (eds.) *Stochastic models.* Elsevier Science Publishers North-Holland, Amsterdam [u.a.].

POWELL, W. B. (1987). An operational planning model for the dynamic vehicle allocation problem with unvertain demands. *Transportation Research B* **21B(3)**, 217-232.

POWELL, W. B. AND CARVALHO, T. A. (1998). Dynamic control of logistics queueing networks for large-scale fleet management. *Transportation Science* **32(2)**, 90-109.

POWELL, W. B., CARVALHO, T. A., GODFREY, G. A. AND SIMÃO, H. P. (1995). Dynamic fleet management as a logistics queueing network. *Annals of Operations Research* **61**, 165-188.

POWELL, W. B., JAILLET, P. AND ODONI, A. (1995). Stochastic and dynamic networks and routing. In: BALL, M. (ed.) *Handbooks in OR and MS, Vol. 8 Network routing.* North Holland [u.a.], Amsterdam [u.a.].

PRÉKOPA, A. (1995). *Stochastic programming.* Kluwer Acad. Publ., Dordrecht [u.a.].

PUTERMAN, M. L. (1994). *Markov decision processes: discrete stochastic dynamic programming.* Wiley, New York [u.a.].

RAMBAU, J. (2005). *Markovsche Entscheidungsprobleme und Diskrete Stochastische Dynamische Optimierung.* www.rambau.wm.uni-bayreuth.de/Teaching/Uni_Bayreuth/SS_2005/Online-Optimierung/Skript_MDP/Master.pdf

RATCLIFFE, L. L., VINOD, B. AND SPARROW, F. T. (1984). Optimal prepositioning of empty freight cars. *Simulation* **42(6)**, 269-275.

RENDSBURG, J. J., HE, Y. AND KLEYWEGT, A. J. (2005). A computer simulation model of container movement by sea. In: KUHL, M. E., STEIGER, N. M., ARMSTRONG, F. B. AND JONES, J. A. (eds.) *Proceedings of the 2005 Winter Simulation Conference.*

RIEBEL, P. (1967). Kurzfristige unternehmerische Entscheidungen im Erzeugungsbereich auf Grundlage des Rechnens mit relativen Einzelkosten und Deckungsbeiträgen. *Neue Betriebswirtschaft* **20(8)**, 1-23. Siehe auch Nachdruck in: RIEBEL, P. (1994). *Einzelkosten- und Deckungsbeitragsrechnung: Grundfragen einer markt- und entscheidungsorientierten Unternehmensrechnung* (7., überarb. und wesentlich erw. Aufl.), 269-307. Gabler, Wiesbaden.

RIEBEL, P. (1969). Die Fragwürdigkeit des Verursachungsprinzips im Rechnungswesen. In: LAYER, M. UND STREBEL, H. (Hrsg.) *Rechnungswesen und Betriebswirtschaftspolitik, Festschrift für Gerhard Krüger zu seinem 65. Geburtstag.* Siehe auch Nachdruck in: RIEBEL, P. (1994). *Einzelkosten- und Deckungsbeitragsrechnung: Grundfragen einer markt- und entscheidungsorientierten Unternehmensrechnung* (7., überarb. und wesentlich erw. Aufl.), 67-80. Gabler, Wiesbaden.

RIEBEL, P. (1978). Überlegungen zur Formulierung eines entscheidungsorientierten Kostenbegriffs. In: MÜLLER-MERBACH, H. (Hrsg.) *Quantitative Ansätze in der Betriebswirtschaftslehre: Bericht von der wissenschaftlichen Tagung des Verbandes der Hochschullehrer für Betriebswirtschaft e. V. vom 1. bis 3. Juni 1977 in Darmstadt.* 1. Aufl., Vahlen, München.

RIEBEL, P. (1993). Kuppelproduktion - Urphänomen und Problemquelle. In: KAUFHOLD, K. H. (Hrsg.) *Paul Riebel zu Ehren : Ansprachen und Vorträge, gehalten bei der Verleihung der Ehrendoktorwürde an Herrn Professor Dr. Dr. h.c. mult. Paul Riebel durch den Fachbereich Wirtschaftswissenschaften der Georg-August-Universität zu Göttingen am 1. Juli 1992, hrsg. im Auftr. des Fachbereichs Wirtschaftswissenschaften.* Schwartz, Göttingen.

RIEBEL, P. (1994). *Einzelkosten und Deckungsbeitragsrechnung: Grundfragen einer markt- und entscheidungsorientierten Unternehmensrechnung.* 7., überarb. und wesentlich erw. Aufl., Gabler, Wiesbaden.

SCHASSBERGER, R. (1973). *Warteschlangen.* Springer Verlag Wien und New York.

SCHMID, O. (1977). *Modelle zur Quantifizierung der Fehlmengenkosten als Grundlage optimaler Lieferservicestrategien bei temporärer Lieferunfähigkeit.* Dissertation Universität Mannheim. Wirtschaftswissenschaftliche Fakultät. Zürich [u.a.].

SCHMIDT, C. (1999). *Marktliche Koordination in der dezentralen Produktionsplanung: Effizienz - Komplexität - Performance.* Dt. Univ. Verlag, Wiesbaden [u.a.].

SCHNEIDER, D. (1972). "Flexible Planung als Lösung der Entscheidungsprobleme unter Ungewißheit?" in der Diskussion. *Zeitschrift für betriebswirtschaftliche Forschung* **24. Jg**, 456-476.

SCHWARZ, M. (2004). *Stochastic models in inventory theory.* Dissertation Universität Hamburg, Fachbereich Mathematik. Shaker, Aachen.

SEIDENFUS, H. S. (1965). *Organisatorische und preispolitische Möglichkeiten der Verminderung von Leerbewegungen der Transportmittel: ein Beitrag zur Erhöhung der Wirtschaftlichkeit in der Transportwirtschaft.* Vandenhoeck & Ruprecht, Göttingen.

SHAPIRO, S. AND HESKETT, J. L. (1985). *Logistics strategy.* West Publishing Co., Saint Paul [u.a.].

SHEN, W. S. AND KHOONG, C. M. (1995). A DSS for empty container distribution planning. *Decision Support Systems* **15**, 75-82.

STEENKEN, D., VOSS, S. AND STAHLBOCK, R. (2004). Container terminal operation and operations research - a classification and literature review. *OR Spectrum* **26**, 3-49.

STOUGIE, L. AND VLERK, M. H. V. D. (2005). *Approximation in stochastic integer programming.* http://www.win.tue.nl/bs/spor/2005-10.pdf

TOPALOGU, H. (2006). A parallelizable dynamic fleet management model with random travel times. *European Journal of Operational Research* **175(2)**, 782-805.

TOULMIN, S. E. (1968). *Voraussicht und Verstehen: ein Versuch über die Ziele der Wissenschaft.* Suhrkamp, Frankfurt am Main.

UNITED NATIONS CONFERENCE ON TRADE AND DEVELOPMENT (UNCTAD) (2006). *Review of Maritime Transport 2006.* United Nations, New York and Genf.

UNITED NATIONS CONFERENCE ON TRADE AND DEVELOPMENT (UNCTAD) (2007). *Review of Maritime Transport 2007.* United Nations, New York and Genf.

UNITED NATIONS CONFERENCE ON TRADE AND DEVELOPMENT (UNCTAD) (2008). *Review of Maritime Transport 2008.* United Nations, New York and Genf.

VARIAN, H. R. (1995). Economic mechanism design for computerized agents. *USENIX Workshop on Electronic Commerce* http://www.usenix.org/publications/library/proceedings/ec95/index.html

VICKREY, W. (1961). Counterspeculation, auctions, and competitive sealed tenders. *The Journal of Finance* **16(1)**, 8-37.

WEIGELT, T. (2006). *Roboter-Fußball: Perzeption, Deliberation und Aktion autonomer Systeme in dynamischen Umgebungen.* Dissertation Universität Freiburg. http://www.freidok.uni-freiburg.de/volltexte/2483/

WEINHARDT, C. UND GOMBER, P. (1996). Domänenunabhängige Koordinationsmechanismen für die dezentrale betriebliche Planung. *Information Management* **1/96**.

WELGE, M. K. UND AL-LAHAM, A. (2003). *Strategisches Management: Grundlagen - Prozess - Implementierung.* 4., aktualisierte Aufl., Gabler, Wiesbaden.

WHITE, W. W. (1972). Dynamic transshipment networks: an algorithm and its application to the distribution of empty containers. *Networks* **2**, 211-236.

WHITE, W. W. AND BOMBERAULT, A. M. (1969). A network algorithm for empty freight car allocation. *IBM System Journal* **8(2)**, 147-169.

WILDEMANN, H. (1997). Management von Produktions- und Zulieferungsnetzwerken. *Zeitschrift für Betriebswirtschaft*, **67(4)**, 417-439.

WITTEN, P. UND ZIMMERMANN, H.-G. (1978). Stochastische Transportprobleme. *Zeitschrift für Operations Research* **22**, 55-68.

WÖHE, G. UND DÖRING, U. (2002). *Einführung in die allgemeine Betriebswirtschaftslehre.* 21., neubearb. Aufl., Vahlen, München.

WOLFSTETTER, E. (1996). Auctions: an introduction. *Journal of Economic Surveys* **10(4)**, 367-420.

WORLD TRADE ORGANISATION (WTO) (2008). *International trade statistics 2008.* WTO, Genf.
http://www.wto.org/english/res_e/statis_e/its2008_e/its08_toc_e.htm

YAO, D. D., ZHANG, H. AND ZHOU, X. Y. (2003). *Stochastic modeling and optimization: with applications in queues, finance, and supply chains.* Springer, New York, NY [u.a.].

ZUCCHINI, W., SCHLEGEL, A., NENADIĆ, O. UND SPERLICH, S. (2009). *Statistik für Bachelor- und Masterstudenten: Eine Einführung für Wirtschafts- und Sozialwissenschaftler.* Springer, Berlin [u.a.].

Wertschöpfungsmanagement

Herausgegeben von Hans-Dietrich Haasis

Band 1 Hans-Dietrich Haasis (Hrsg.): Nachhaltige Innovation in Produktion und Logistik. 2007.

Band 2 Sebastian Gabriel: Prozessorientiertes Supply Chain Risikomanagement. Eine Untersuchung am Beispiel der Construction Supply Chain für Offshore-Wind-Energie-Anlagen. 2007.

Band 3 Christian Geßner: Unternehmerische Nachhaltigkeitsstrategien. Konzeption und Evaluation. 2008.

Band 4 Hendrik Wildebrand: Kundenindividuelle Massenproduktion zur Bewältigung überkapazitätsbedingter Unternehmenskrisen. 2009.

Band 5 Annika Stelter: Siedlungsentwicklung und Energielogistik in Deutschland im Spannungsfeld von Zentralität und Dezentralität. 2009.

Band 6 Hans-Dietrich Haasis / Marco Plöger (Hrsg.): Flexible Lagersysteme. Von der Bestandshaltung zur produktionssynchronen Versorgung. 2009.

Band 7 Matthias Schmidt: Mass Customization auf dem Chinesischen Automobilmarkt. Logistische und produktionswirtschaftliche Handlungserfordernisse für Auslandswerke. 2009.

Band 8 Matthias Bastian Theubert: Steuerung der Leercontainerströme. Simultane, dezentral koordinierte Allokation verfügbarer Ressourcen auf Basis der Vickrey-Auktion. 2010.

www.peterlang.de

Kolibri 360 GmbH
Ferdinand-Jühlke-Straße 7
99095 Erfurt, Deutschland
produktsicherheit@kolibri360.de